前　言

制造业是国民经济的主体，是立国之本、兴国之器、强国之基。2018 年，习近平总书记在两院院士大会上强调"要以智能制造为主攻方向推动产业技术变革和优化升级"，党的二十大报告也提出"推动制造业高端化、智能化、绿色化发展"，为我国制造业高质量发展指明了方向。智能制造是制造业高质量发展和科技创新的交汇点，是我国实施制造强国战略的主攻方向，智能制造要快速发展，离不开高端技术人才，特别是智能制造背景下工艺实施的专业人才。

"智能制造工艺设计"是机械制造及自动化专业的一门专业核心课程，也是一门实践性很强的综合性课程。本书以学生为中心，坚持立德树人的根本任务，以"工匠精神"和"军工精神"为主线，将典型人物故事、新技术、新工艺融入课程内容，实现"知识传授"与"价值引领"的有机统一，培养能够设计中等复杂零件加工工艺并实施的高端技术人才。

本书设有工艺讲堂（大国工匠先进事迹）、任务分组、问题引导、任务实施、任务评价和知识链接等环节，富有启发性和创新性。书中配有动画和微课视频等资源，通过扫描二维码可以观看视频和任务实施答疑，同时配套超星和学银在线课程，满足"线上+线下"的碎片化学习需求。

本书是陕西国防工业职业技术学院双高院校建设课程改革成果，与本书对应的课程也是陕西国防工业职业技术学院首批立项建设的精品在线开放课程，已被超星学习平台收录为"示范教学包"（计算机端访问地址：https://www.xueyinonline.com/detail/227400305），并在学银在线上线，累计页面浏览量930万余次，校内选课7000余人，互动30000余次。目前本课程已开设9期，被省内外50余所本科、专科高校的教师引用了80余次，累计辐射校外3000余名学生，得到兄弟院校师生的广泛关注和好评。

本书由陕西国防工业职业技术学院张伟博任主编，陕西国防工业职业技术学院常丽园任副主编，陕西国防工业职业技术学院李会荣、谭波和陕西法士特汽车传动集团张超参与了本书的编写，陕西国防工业职业技术学院李俊涛、任青剑任主审。其中，张伟博编写项目1、项目6的任务6.1和任务6.2、附录，常丽园编写项目2，李会荣编写项目3，谭波编写项目4、5，张超编写项目6的任务6.3。张伟博负责本书的统稿工作。

由于编者水平有限，书中难免有疏漏和不妥之处，恳请广大读者批评指正。

编　者

二维码索引

陕西省"十四五"职业教育规划教材（GZZK2023-1-124）

陕西省职业教育在线精品课程配套教材

"十四五"职业院校机械类专业新形态系列教材

智能制造工艺设计

主　编　张伟博

副主编　常丽园

参　编　李会荣　谭　波　张　超

主　审　李俊涛　任青剑

机械工业出版社

本书以制造工艺设计为主线，以企业真实产品轴、套、箱体、齿轮、拨叉等典型零件为载体，根据企业生产流程，设计出具有"工学结合"特色的六个项目，使实践与理论结合、工作环境与学习环境结合，构建基于工作过程的实景教学，以培养能够设计中等复杂零件加工工艺并实施的高端技术人才。

本书设有工艺讲堂、任务分组、问题引导、任务实施、任务评价和知识链接等环节，富有启发性和创新性，并配有动画和微课视频等资源，同时配套超星和学银在线课程，满足"线上+线下"的碎片化学习需求。

本书可作为高等职业院校机械类专业的教材，也可作为从事机械加工和工艺设计相关技术人员的参考书。

图书在版编目（CIP）数据

智能制造工艺设计 / 张伟博主编. -- 北京：机械工业出版社，2025. 3. --（"十四五"职业院校机械类专业新形态系列教材）. -- ISBN 978-7-111-78056-4

Ⅰ. TH166

中国国家版本馆 CIP 数据核字第 202520NW48 号

机械工业出版社（北京市百万庄大街 22 号　邮政编码 100037）

策划编辑：王晓洁　　　　　　　　　　责任编辑：王晓洁　王　良
责任校对：赵　童　杨　霞　景　飞　　封面设计：马若濛
责任印制：刘　媛

北京富资园科技发展有限公司印刷

2025 年 8 月第 1 版第 1 次印刷

184mm×260mm・15 印张・387 千字

标准书号：ISBN 978-7-111-78056-4

定价：55.00 元

电话服务　　　　　　　　　网络服务

客服电话：010-88361066　　机　工　官　网：www.cmpbook.com
　　　　　010-88379833　　机　工　官　博：weibo.com/cmp1952
　　　　　010-68326294　　金　书　网：www.golden-book.com
封底无防伪标均为盗版　机工教育服务网：www.cmpedu.com

（续）

微课视频部分								
页码	名称	二维码	页码	名称	二维码	页码	名称	二维码
57	工艺尺寸链的应用							

任务实施答案								
页码	名称	二维码	页码	名称	二维码	页码	名称	二维码
4	任务1.1		99	任务3.1		145	任务5.1	
19	任务1.2		106	任务3.2		148	任务5.2	
27	任务1.3		111	任务3.3		151	任务5.3	
44	任务1.4		120	任务3.4		155	任务5.4	
73	任务2.1		127	任务4.1		161	任务6.1	
77	任务2.2		131	任务4.2		168	任务6.2	
80	任务2.3		135	任务4.3		191	任务6.3	
87	任务2.4		139	任务4.4				

目　录

项目1 轴类零件工艺设计与实施

【项目导入】

    轴类零件是机器中的主要零件，它们的主要功能是支承传动件（齿轮、带轮、离合器等）和传递转矩。本项目通过对某型号坦克传动轴的结构工艺性分析、毛坯确定、工艺路线拟订、工序设计四个任务的学习和实施，掌握工艺基础知识及轴类零件工艺规程编制的方法和步骤。

    工作对象：图1-1所示的某型号坦克传动轴，中批量生产。

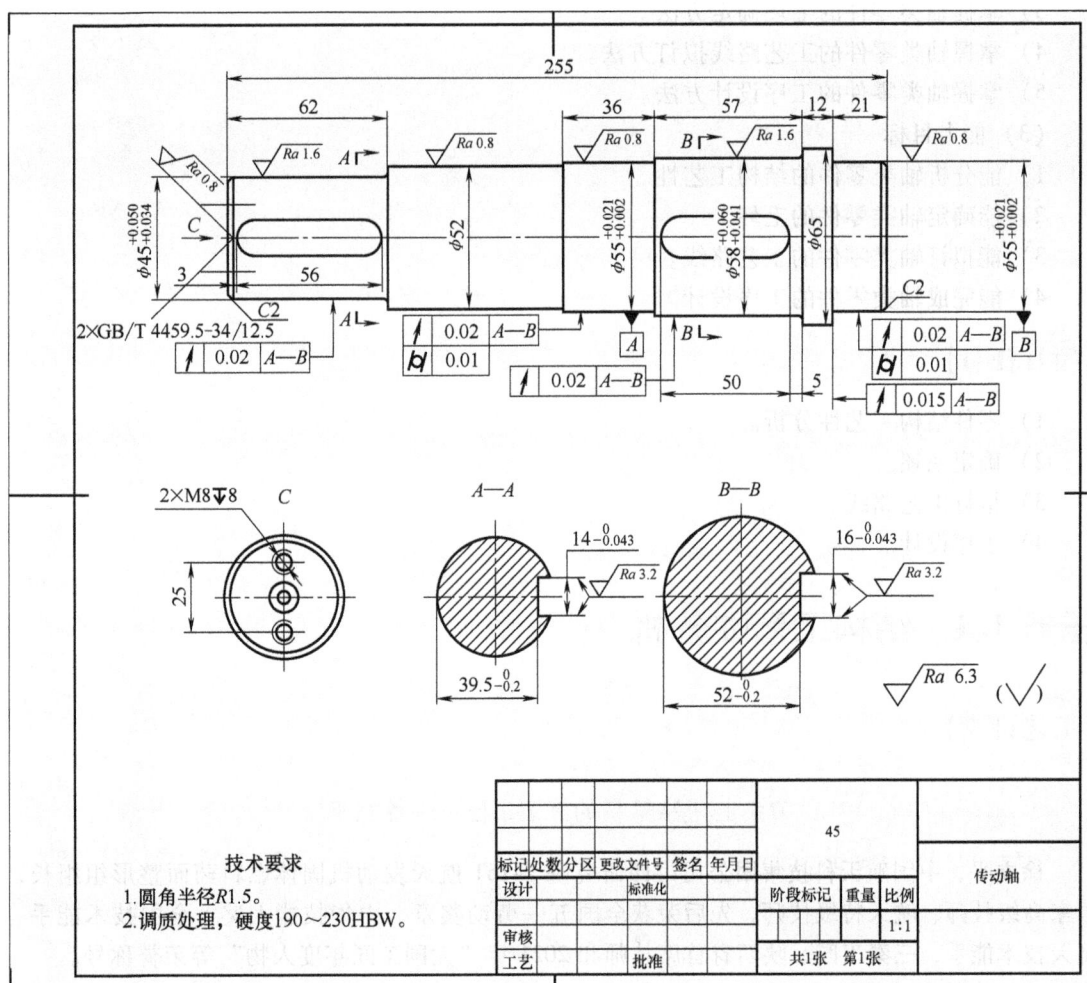

图 1-1　某型号坦克传动轴

1

【学习目标】

（1）素养目标

1）通过制订某型号坦克传动轴零件的工艺规程，培养自力更生、军工报国的军工精神。

2）通过分析零件的结构和精度、选择定位基准，培养精益求精的工匠精神。

3）通过学习毛坯制造方法，弘扬劳动精神，培养爱岗敬业的工匠精神和艰苦奋斗、甘于奉献的军工精神。

4）通过设计传动轴的工艺路线，增强勇于探索的创新精神。

5）通过确定工艺参数和优化切削参数，培养专注的工匠精神和勇攀高峰、为国争光的军工精神。

6）通过小组讨论和汇报，培养诚信、友善的社会主义核心价值观和团队协作精神。

（2）知识目标

1）掌握机械加工工艺的基本理论知识。

2）掌握轴类零件的结构工艺性分析方法。

3）掌握轴类零件的毛坯确定方法。

4）掌握轴类零件的工艺路线拟订方法。

5）掌握轴类零件的工序设计方法。

（3）能力目标

1）能分析轴类零件的结构工艺性。

2）能确定轴类零件的毛坯。

3）能拟订轴类零件的工艺路线。

4）能完成轴类零件的工序设计。

【项目任务】

1）零件结构工艺性分析。

2）确定毛坯。

3）拟订工艺路线。

4）工序设计。

任务 1.1　结构工艺性分析

【工艺讲堂】

刀尖上"跳舞"的大国工匠——徐立平

徐立平，中国航天科技集团公司第四研究院 7416T 航天发动机固体燃料药面整形组组长，国家高级技师、航天特级技师，先后荣获全国五一劳动奖章、中华技能大奖、全国技术能手、航天技术能手、三秦工匠、陕西省首席技师和 2021 年"大国工匠年度人物"等荣誉称号。

固体火箭发动机被誉为导弹的"心脏"，是灌装浇注而成的发动机"固体药柱"，表面需要用刀具整形，而刀具在复杂的药面加工中很容易与壳体摩擦产生火星，或因摩擦过大发生静电放电，瞬间引起燃烧甚至爆炸，产生几千摄氏度的高温，操作人员一丝逃生的机会都没有，因此这一工作被形象地称为"在刀尖上跳舞"。自参加工作以来，徐立平一直从事固体燃料发动机推进剂药面微整形这一危险工作。火药整形是全球性的难题，无法完全依赖机器完成。下刀的力度完全要靠工作人员自己判断，火药整形不可逆，一旦切多了或者留下刀痕，药面精度与设计不符，发动机点火之后，火药不能按照预定走向燃烧，可能导致发动机偏离轨道甚至爆炸。火箭固体燃料的微整形对精度的要求尤其严苛。徐立平在火药药面的雕刻上达到了极致，误差不超过 0.2mm，远低于规定的最大误差 0.5mm，其技艺之高超令人赞叹。

工作 30 多年来，徐立平多次经历血与火的淬炼、生与死的考验，但他凭着对事业的忠诚和担当，苦钻善学、精益求精，立足岗位不断创新创造，练就了一身高超的技艺绝活，多次出色完成急难险重任务，"在炸药堆里"拼命工作，置生死于度外，为我国航天事业的发展贡献自己的智慧和力量，以自己的实际行动谱写了一曲"以国为重的大国工匠"爱国奉献的壮丽篇章。

【任务描述】

零件结构工艺性分析是制订工艺规程的一个重要环节，只有对传动轴的结构工艺性进行充分分析，才能制订出最合理的工艺规程。本任务是分析传动轴的结构工艺性，包括功能、结构特点和技术要求，并对零件的结构工艺性做出正确评价。

【学习目标】

(1) 素养目标

1) 通过某型号坦克的介绍，培养自力更生、军工报国的军工精神。

2) 通过零件的结构和精度分析，培养精益求精的工匠精神。

3) 通过零件图分析，树立标准意识。

4) 通过小组讨论和汇报，培养诚信、友善的社会主义核心价值观和团队协作精神。

(2) 知识目标

1) 掌握零件结构工艺性的概念。

2) 掌握轴类零件的功能与结构特点。

3) 掌握轴类零件的技术要求。

4) 了解当前制造业中新技术、新工艺、新装备的应用和发展前景。

(3) 能力目标

1) 能正确审查轴类零件的零件图。

2) 能正确分析轴类零件的功能与结构特点。

3) 能正确分析轴类零件的技术要求。

4) 能正确评价轴类零件的结构工艺性。

【任务分组】

将任务 1.1 的分组信息填入表 1-1。

表 1-1　任务 1.1 分组信息

班级		组别		指导教师	
组长		学号			
组员	学号	姓名		任务分工	

【问题引导】

1. 什么是零件的结构工艺性？其概念反映的实质是什么？影响零件结构工艺性的因素有哪些？

_____

_____

2. 轴类零件的功能是什么？常见类型有哪些？如何判断其是刚性轴还是挠性轴？

_____

_____

3. 零件的技术要求分析有哪几个方面？几何公差分别包括哪些？

_____

_____

4. 零件的结构工艺性需要从哪几个方面进行分析？

_____

_____

5. 轴类零件的结构工艺性评价依据是什么？评价结论有哪几种？

_____

_____

【任务实施】

1. 审查零件图

任务 1.1

_____

_____

2. 分析零件功能与结构特点

_____

_____

_____

3. 分析零件技术要求

（1）尺寸公差分析

_____

_____

_____

（2）几何公差分析

_____

_____

_____

_____

（3）表面质量分析

_____

_____

_____

_____

4. 评价传动轴零件的结构工艺性

_____

_____

_____

【任务评价】

轴类零件的结构工艺性分析评价表见表1-2。

表1-2　轴类零件的结构工艺性分析评价表

序号	考核评价项目		考核内容	学生自评	小组互评	教师评价	配分/分	成绩/分
1	线下考核	知识目标	相关知识点的学习、自学笔记				30	
			审查零件图					
			零件功能与结构特点分析					
			技术要求分析					
			零件的结构工艺性评价					
2		能力目标	信息搜集,自主学习,分析解决问题,归纳总结及创新能力				10	
3		素养目标	工匠精神、军工精神、团队协作、沟通协调、语言表达能力				10	
4	线上考核	资源学习	线上平台教学视频、动画、章节测试等资源学习				30	
5		课堂参与度	签到、主题讨论、随堂测验、分组任务、抢答等参与情况				20	
合计								

【知识链接】

生产系统及过程

一、生产系统和生产过程

1. 生产系统

生产系统是以机械制造企业为依托，根据市场调查和生产条件等客观因素，决定产品的种类和产量，制订生产计划，进而进行产品的设计、开发与制造的有机集成系统。生产系统包括生产线技术准备、原材料运输及保管、毛坯制造、机械加工及热处理、零部件的装配、调试检验及试加工、涂装和包装等所有生产制造活动，还包括市场动态调查、政策决策、劳动力及能源资源调配、相关环境保护等各种生产经营管理活动。

图 1-2 为一典型的生产系统框图，点画线内为一生产系统，点画线外为该系统的外部环境，可以看出整个系统可分为决策层、计划管理层和生产技术层三个层次。以生产技术层为主体的生产过程又称为制造系统，而制造系统又可分为以生产对象及工艺装备为主体的"物质流"、以生产技术管理及工艺指导信息为主体的"信息流"和保证正常进行生产活动需提供的动力源的"能量流"。

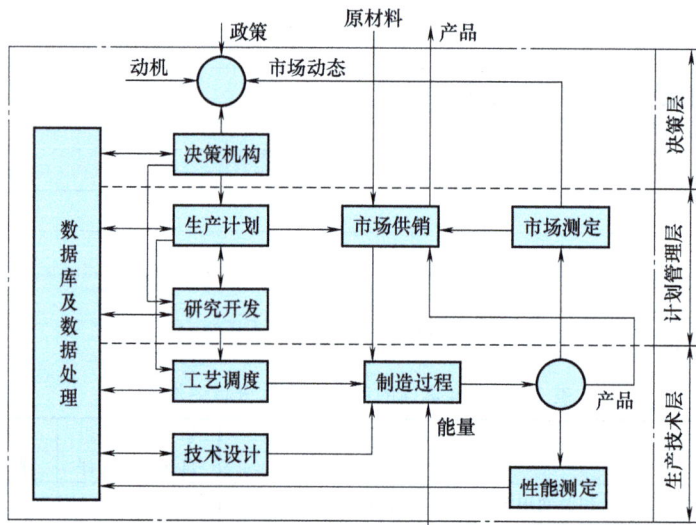

图 1-2 生产系统框图

制造系统中，机械加工所涉及的机床、刀具、夹具、辅具和工件的相对独立统一体称为工艺系统。工艺系统各环节间相互依赖、关联和配合，实现机械加工功能。工艺系统自身状态及性能对工件加工质量影响极大，是本课程研究的主要对象。

2. 生产过程

在生产系统中，从生产技术准备、原材料运输、毛坯制造、机械加工、零部件装配、调试检验到成品之间各个相互关联的生产制造活动的总和，称为生产过程。

一台机器往往由几十个甚至上千个零件组成，其生产过程相当复杂，根据机器用途、复杂程度和生产数量的不同，整台机器的生产过程是多种多样的。为了便于组织生产和提高生产率，现代机械工业的发展趋势是组织专业化生产。通常将一台比较复杂的机器的生产过程，按各部分功能及工艺进行专业化分类，然后分散在若干个工厂中进行制造，最后集中到一个工厂里组装成完整的机械产品，这样有利于零部件的标准化和通用化，同时降低了成本,提高了生产率。这种生产方式要求一些企业负责零部件制造,另一些企业负责将零部件组装成产品,因此生产过程的概念可以是针对企业和生产单位的零部件或整机的制造过程。

生产过程可以分为主要过程和辅助过程两部分。主要过程是与原材料、半成品或成品直接有关的过程,它又可分为铸造、锻压、焊接、切削加工、热处理和装配等。辅助过程是与原材料改变为成品间接有关的过程,如工艺装备的制造、原材料的供应、工件的运输和储存、设备的维修及动力供应等。

二、工艺过程及其组成

1. 工艺过程的概念

改变生产对象的形状、尺寸、相对位置和性质等,使其成为成品或半成品的过程称为工艺过程,它是生产过程中的主要部分。采用机械加工的方法,直接改变毛坯的形状、尺寸和表面质量等,使其成为零件的过程称为机械加工工艺过程(以下简称为"工艺过程")。

工艺过程及其
组成(1)

2. 工艺过程的组成

机械加工工艺过程往往是比较复杂的。在工艺过程中,根据被加工零件的结构特点、技术要求,在不同的生产条件下,需要采用不同的加工方法及加工设备,并通过一系列加工步骤才能使毛坯成为零件。为了便于深入细致地分析工艺过程,必须研究工艺过程的组成,并对它们进行科学的定义。

机械加工工艺过程是由一个或若干个顺序排列的工序组成的,而工序又可分为安装、工位、工步和行程,毛坯依次通过这些工序就成为成品。

(1)工序　一个或一组工人在一个工作地对同一个或同时对几个工件连续完成的那一部分工艺过程,称为工序。划分工序的主要依据是工作地是否变动和工作是否连续。图1-3为阶梯轴,当加工数量较少时,其工序划分见表1-3;当加工数量较大时,其工序划分见表1-4。

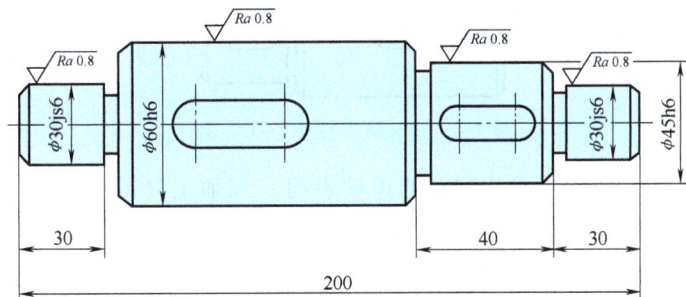

图 1-3　阶梯轴简图

在表1-3的工序2中,先车一个工件的一端,然后调头装夹,再车另一端。如果像表1-4中那样,先车好一批工件的一端,然后调头再车这批工件的另一端,对每个工件来说,两端的加工已不连续,所以即使在同一台车床上加工也应算作两道工序。

工序是组成工艺过程的基本单元,也是生产计划的基本单元。

表 1-3　阶梯轴工艺过程(生产量较小时)

工序号	工序内容	设备
1	车端面,钻中心孔	车床
2	车外圆,车槽和倒角	车床

（续）

工序号	工序内容	设备
3	铣键槽，去毛刺	铣床
4	磨外圆	磨床

表1-4 阶梯轴工艺过程（生产量较大时）

工序号	工序内容	设备
1	两边同时铣端面，钻中心孔	铣端面、钻中心孔机床
2	车一端外圆，车槽和倒角	车床
3	车另一端外圆，车槽和倒角	车床
4	铣键槽	铣床
5	去毛刺	钳工台
6	磨外圆	磨床

（2）工位 为了减少工件的装夹次数，常采用各种回转工作台、回转夹具或移动夹具，使工件在一次装夹中，先后处于几个不同的位置进行加工。

为了完成一定的工序部分，一次装夹工件后，工件（或装配单元）与夹具或设备的可动部分一起相对刀具或设备的固定部分所占据的每一个位置，称为工位。表1-4中的工序1铣端面、钻中心孔就是两个工位。工件装夹后，先铣端面，然后移动到另一位置钻中心孔，如图1-4所示。

工艺过程及
其组成（2）

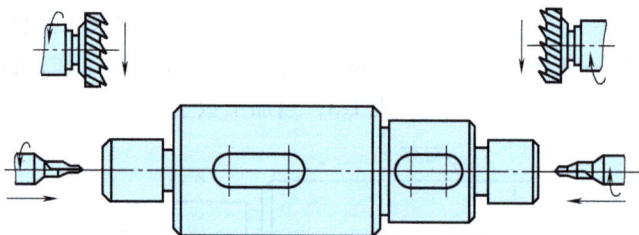

图1-4 铣端面和钻中心孔实例

（3）工步 在加工表面（或装配时的连接表面）和加工（或装配）工具不变的情况下，连续完成的那一部分工序称为工步。表1-3中的工序1，每次装夹中都有车端面、钻中心孔两个工步。为简化工艺文件，连续进行的若干个相同的工步通常都被看作一个工步。例如，加工图1-5所示的零件，在同一工序中，连续钻4个φ15mm的孔就可看作一个工步。

为了提高生产率，用几把刀具同时加工几个表面，也可看作一个工步，称为复合工步。如图1-4铣端面、钻中心孔，每个工位都是用两把刀具同时铣两个端面或钻两端的中心孔，它们都是复合工步。

图1-5 简化相同工步
的实例

辅助工步是由人和（或）设备连续完成的一部分工序，该部分工序不改变工件的形状、尺寸和表面质量，但它是完成工步所必需的，如更换工具等。引入辅助工步的概念，是为了能精确计算工步工时。

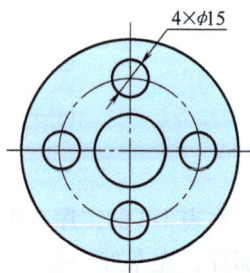

（4）行程　行程（进给次数）有工作行程和空行程之分，工作行程是指刀具以加工进给速度相对工件完成一次进给运动的工步部分，空行程是指刀具以非加工进给速度相对工件完成一次进给运动的工步部分。

三、生产纲领、生产类型及工艺特征

各种机械产品的结构、技术要求等差异很大，但它们的制造工艺则存在着很多共同的特征。这些共同的特征取决于企业的生产类型，而企业的生产类型又由企业的生产纲领决定。

生产纲领生产类型及其工艺特征

1. 生产纲领

生产纲领是指企业在计划期内应当生产的产品产量和进度计划。计划期常定为一年，所以生产纲领也称年产量。

零件的生产纲领要计入备品和废品的数量，可表示为

$$N = Qn(1+\alpha)(1+\beta) \tag{1-1}$$

式中，N 为零件的年产量（件/年）；Q 为产品的年产量（台/年）；n 为每台产品中，该零件的数量（件/台）；α 为备品的百分率；β 为废品的百分率。

生产纲领是设计或修改工艺规程的重要依据，是车间或工段设计的基本文件。生产纲领确定后，还应该确定生产类型。

2. 生产类型

生产类型是指企业（或车间、工段、班组、工作地）生产专业化程度的分类。一般分为单件生产、大量生产和成批生产三种类型。

（1）单件生产　产品品种很多，同一产品的产量很少，各个工作地的加工对象经常改变，而且很少重复生产。例如，重型机械制造、专用设备制造和新产品试制都属于单件生产。

（2）大量生产　产品的产量很大，大多数工作地按照一定的生产节拍（即在流水生产中，相继完成两件制品之间的时间间隔）进行某种零件的某道工序的重复加工。例如，汽车、拖拉机、自行车、缝纫机和手表的制造常属于大量生产。

（3）成批生产　一年中分批轮流地制造几种不同的产品，每种产品均有一定的数量，工作地的加工对象周期性地重复。例如，机床、机车、电动机和纺织机械的制造常属于成批生产。

每一次投入或产出的同一产品（或零件）的数量称为生产批量，简称批量。批量可根据零件的年产量及一年中的生产批数计算确定。一年的生产批数根据用户的需要、零件的特征、流动资金的周转以及仓库容量等具体情况确定。

按批量的多少，成批生产又可分为小批生产、中批生产和大批生产三种。在工艺上，小批生产和单件生产相似，常合称为单件小批生产；大批生产和大量生产相似，常合称大批大量生产。

生产类型的具体划分可根据生产纲领、产品及零件的特征或工作地每月担负的工序数参考表 1-5 确定。

表 1-5 中的轻型、中型和重型零件可参考表 1-6 所列的数据确定。

表 1-5　生产类型和生产纲领的关系

生产类型	生产纲领/（台/年或件/年）			工作地每月担负的工序数/（工序数/月）
	小型机械或轻型零件	中型机械或中型零件	重型机械或重型零件	
单件生产	≤100	≤10	≤5	不规定

（续）

生产类型	生产纲领/（台/年或件/年）			工作地每月担负的工序数/（工序数/月）
	小型机械或轻型零件	中型机械或中型零件	重型机械或重型零件	
小批生产	>100~500	>10~100	>5~100	>20~40
中批生产	>500~5000	>100~500	>100~300	>10~20
大批生产	>5000~50000	>500~5000	>300~1000	>1~10
大量生产	>50000	>5000	>1000	1

注：小型、中型和重型机械可分别以缝纫机、机床（或柴油机）和轧钢机为代表。

表 1-6　不同机械产品的零件质量　　　　　　　（单位：kg）

机械产品类别	零件的质量		
	轻型零件	中型零件	重型零件
电子机械	≤4	>4~30	>30
机床	≤15	>15~50	>50
重型机械	≤100	>100~2000	>2000

　　根据上述划分生产类型的方法可以发现，同一企业或车间可能同时存在几种生产类型的生产。判断企业或车间的生产类型，应根据企业或车间中占主导地位的工艺过程的性质来确定。

3. 各种生产类型的工艺特征

　　生产类型不同，零件和产品的制造工艺、所用设备及工艺装备、对工人的技术要求、采取的技术措施和达到的技术经济效果也会不同。各种生产类型的工艺特征归纳在表1-7中，在制订零件机械加工工艺规程时，先确定生产类型，再参考表1-7确定该生产类型下的工艺特征，以使所制订的工艺规程正确合理。

表 1-7　各种生产类型的工艺特征

工艺特征	生产类型		
	单件小批	中批	大批大量
零件的互换性	用修配法，钳工修配，缺乏互换性	大部分具有互换性。装配精度要求高时，灵活应用分组装配法和调整法，同时还保留某些修配法	具有广泛的互换性。少数装配精度较高时，采用分组法和调整法装配
毛坯的制造方法与加工余量	木模手工造型或自由锻造。毛坯精度低，加工余量大	部分采用金属型铸造或模锻。毛坯精度和加工余量中等	广泛采用金属型机器造型、模锻或其他高效方法。毛坯精度高，加工余量小
机床设备及其布置形式	通用机床；按机床类别采用机群式布置	部分采用通用机床和高效机床。按工件类别分工段排列设备	广泛采用高效专用机床及自动机床，按流水线和自动线排列设备
工艺装备	大多采用通用夹具、标准附件、通用刀具和万能量具。靠划线和试切法达到精度要求	广泛采用夹具，部分靠找正装夹达到精度要求。较多采用专用刀具和量具	广泛采用专用高效夹具、复合刀具、专用量具或自动检验装置，靠调整法达到精度要求
对工人的技术要求	需技术水平较高的工人	需一定技术水平的工人	对调整工的技术水平要求高，对操作工的技术水平要求较低

（续）

工艺特征	生产类型		
	单件小批	中批	大批大量
工艺文件	有工艺过程卡,关键工序有工序卡	有工艺过程卡,关键零件有工序卡	有工艺过程卡和工序卡,关键工序有调整卡和检验卡
成本	较高	中等	较低

表1-7中一些项目的结论都是在传统的生产条件下归纳的。由于大批大量生产采用专用高效设备及工艺装备,因而产品成本低,但往往不能适应多品种生产的要求;而单件小批生产由于采用通用设备及工艺装备,因而容易适应品种的变化,但产品成本高,有时还跟不上市场的需求。因此,目前各种生产类型的企业既要适应多品种生产的要求,又要提高经济效益,它们的发展趋势是既要朝着生产过程柔性化的方向发展,又要上规模、扩大批量,以提高经济效益。成组技术为这种发展趋势提供了重要的基础,各种现代先进制造技术都是在这种要求下应运而生的。

四、工艺规程的概念、作用、类型及格式

1. 工艺规程的概念

规定产品或零部件制造工艺过程和操作方法等的工艺文件称为工艺规程。其中,规定零件机械加工工艺过程和操作方法等的工艺文件称为机械加工工艺规程。它是在具体的生产条件下,最合理或较合理的工艺过程和操作方法,并按规定的形式书写成工艺文件,经审批后用来指导生产。

工艺规程的概念作用类型及格式

2. 工艺规程的作用

工艺规程是在总结实践经验的基础上,依据科学的理论和必要的工艺试验后制订的,反映了加工中的客观规律。因此,工艺规程是指导工人操作和用于生产、工艺管理工作的主要技术文件,又是新产品投产前进行生产准备和技术准备的依据,也是新建、扩建车间或工厂的原始资料。此外,先进的工艺规程还起着交流和推广先进经验的作用。典型和标准的工艺规程能缩短工厂的生产准备时间。

工艺规程是经过逐级审批的,因而也是工厂生产中的工艺纪律,有关人员必须严格执行。但工艺规程也不是一成不变的,随着科学技术的进步和生产的发展,工艺规程会出现某些不相适应的问题,因而工艺规程应定期修改,及时吸取合理化建议、技术革新成果、新技术和新工艺,使工艺规程更加完善和合理。

3. 工艺规程的类型和格式

国家标准化管理委员会指导性技术文件 GB/T 24737.5—2009《工艺管理导则工艺规程设计》中规定工艺规程的类型如下:

1）专用工艺规程:针对某一个产品或零部件所设计的工艺规程。

2）通用工艺规程。

① 典型工艺规程:为一组结构特征和工艺特征相似的零部件所设计的通用工艺规程。

② 成组工艺规程:按成组技术原理将零件分类成组,针对每一组零件所设计的通用工艺规程。

3）标准工艺规程:已纳入标准的工艺规程。

本章主要阐述零件的机械加工专用工艺规程的制订,是其他几种工艺规程制订的基础。常用的机械加工工艺过程卡和机械加工工序卡的格式见表1-8和表1-9。

表 1-8　机械加工工艺过程卡

机械加工工艺过程卡			产品型号		零件图号				
			产品名称		零件名称		共　页		第　页
材料牌号		毛坯种类		毛坯外形尺寸		每毛坯件数	每台件数		备注

工序号	工序名称	工序内容			车间	工段	设备	工艺装备	工时/min	
									准终	单件

					设计（日期）	校对（日期）	审核（日期）	标准化（日期）	会签（日期）

标记	处数	更改文件号	签字	日期	标记	处数	更改文件号	签字	日期

表 1-9　机械加工工序卡

机械加工工序卡	产品型号		零件图号			
	产品名称		零件名称		共　页	第　页

车间	工序号	工序名称	材料牌号
毛坯种类	毛坯外形尺寸	每毛坯可制件数	每台件数
设备名称	设备型号	设备编号	同时加工件数
夹具编号		夹具名称	切削液
工位器具编号		工位器具名称	工序工时/min
			准终　单件

工步号	工步内容	工艺装备	主轴转速	切削速度	进给量	背吃刀量	进给次数	工步工时	
			r/min	m/min	mm/r	mm		机动	辅助

			设计（日期）	校对（日期）	审核（日期）	标准化（日期）	会签（日期）

表1-8所示机械加工工艺过程卡是简要说明零件机械加工过程，以工序为单位的一种工艺文件，主要用于单件小批生产和中批生产的零件，大批大量生产可酌情自定。此卡是生产管理方面的文件。

表1-9所示机械加工工序卡是在工艺过程卡的基础上，进一步按每道工序编制的一种工艺文件。机械加工工序卡一般具有工序简图（图上应标明定位基准、工序尺寸及公差、几何公差和表面粗糙度要求，用粗实线表示加工部位等），并详细说明该工序中每个工步的加工内容、工艺参数、操作要求以及所用设备和工艺装备等。机械加工工序卡主要用于大批大量生产中所有的零件，中批生产中的复杂产品的关键零件以及单件小批生产中的关键工序。

实际生产中并不需要各种文件俱全，标准中允许结合具体情况作适当增减。未规定的其他工艺文件格式可根据需要自定。

五、制订工艺规程的基本要求、主要依据和步骤

1. 制订工艺规程的基本要求

制订工艺规程的基本要求是：在保证产品质量的前提下，尽量提高生产率，降低成本、资源和能源消耗。同时，还应在充分利用企业现有生产条件的基础上，尽可能采用国内外先进工艺技术和经验，并保证良好的劳动条件。

由于工艺规程是直接指导现场生产操作的重要技术文件，所以工艺规程还应做到正确、完整、统一和清晰，所用术语、符号、计量单位、编号等都要符合相应标准。

2. 制订工艺规程的主要依据

1）产品的装配图样和零件图样。

2）产品工艺方案。

3）毛坯材料与毛坯生产条件。

4）产品验收质量标准。

5）产品零部件工艺路线表或车间分工明细表。

6）产品生产纲领或生产任务。

7）现有的生产技术和企业的生产条件。

8）有关设备和工艺装备资料。

9）国内外同类产品的有关工艺资料等。

3. 制订工艺规程的步骤

1）熟悉和分析制订工艺规程的主要依据，确定零件的生产纲领和生产类型，进行零件的结构工艺性分析。

2）确定毛坯，包括选择毛坯类型及其制造方法。

3）拟订工艺路线，这是制订工艺规程的关键一步。

4）确定各工序的加工余量，计算工序尺寸及其公差。

5）确定各主要工序的技术要求及检验方法。

6）确定各工序的切削用量和时间定额。

7）进行技术经济分析，选择最佳方案。

8）填写工艺文件。

六、零件结构工艺性的概念

零件结构工艺性是指所设计的零件在能满足使用要求的前提下制造的可行性和经济性。它包括零件的各个制造过程中的工艺性，有零件结构的铸造、锻造、冲压、焊接、热处理、切削加工等的工艺性。由此可见，零

结构工艺性及
其分析过程

件结构工艺性涉及面很广，具有综合性，必须全面综合地分析。在制订机械加工工艺规程时，主要进行零件切削加工工艺性分析。

在不同的生产类型和生产条件下，同样结构的零件，其制造的可行性和经济性可能不同。图 1-6 为双联斜齿轮，两齿圈之间的轴向距离很小，因而小齿圈不能用滚齿加工，只能用插齿加工；又因插斜齿需专用螺旋导轨，因而它的结构工艺性不好。若能采用电子束焊，先分别滚切两个齿圈，再将它们焊成一体，这样的制造工艺较好，且能缩短齿轮间的轴向尺寸。由此可见，结构工艺性要根据具体的生产类型和生产条件来分析，具有相对性。

焊接处

图 1-6　双联斜齿轮的结构

从上述分析也可知，只有熟悉制造工艺、有一定实际知识并且掌握工艺理论，才能分析零件结构工艺性。

七、零件结构工艺性分析

零件结构工艺性可从审查零件图、零件的技术要求以及零件结构要素及整体结构的工艺性三个方面分析。

1. 审查零件图

零件图是制订工艺规程最主要的原始资料。只有通过对零件图和装配图的分析，才能了解产品的性能、用途和工作条件，明确各零件的相互装配位置和作用，了解零件的主要技术要求，找出生产合格产品的关键技术问题。零件图的分析包括以下三项内容：

（1）检查零件图的完整性和正确性　主要检查零件视图是否表达直观、清晰、准确、充分；尺寸、公差、技术要求是否合理、齐全。如发现错误或遗漏，应提出修改意见。

（2）分析零件材料选择是否恰当　零件材料的选择应立足于国内，尽量采用我国资源丰富的材料，尽量避免采用贵重金属；同时，所选材料必须具有良好的加工性。

（3）审查零件技术要求的合理性　分析装配图，掌握零件在机器（或机械装置）中的功用、与周围零件的装配关系和装配要求，分析零件的技术要求在保证使用性能的前提下是否经济合理，以便进行适当的调整。

2. 零件的技术要求分析

零件的技术要求包括加工表面的尺寸精度、几何精度、表面粗糙度、表面微观质量以及热处理等要求。

不同的技术要求将直接影响零件加工设备和加工方法的选择、加工工序安排顺序与多少，进而影响零件加工的难易程度和生产成本，故技术要求是影响零件结构工艺性的主要因素之一。

技术要求分析从尺寸精度、几何精度和表面粗糙度三个方面来分析。对轴类零件进行结构工艺性评价时，尺寸公差等级以 IT7 为参考，几何精度参考对应的尺寸精度评价，表面粗糙度值以 $Ra1.6\mu m$ 为参考。

3. 零件结构要素及整体结构的工艺性分析

（1）零件结构要素的工艺性　要素是指组成零件的各加工面。显然零件要素的工艺性会直接影响零件的工艺性。零件要素的切削加工工艺性归纳起来有以下三点要求：

1）各要素的形状应尽量简单，加工面积应尽量小，规格应尽量标准和

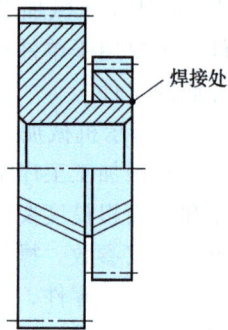

结构对工艺性的影响

统一。

2）能采用普通设备和标准刀具进行加工，且刀具易进入、退出和顺利通过加工表面。

3）加工面与非加工面应明显分开，加工面之间也应明显分开。

表 1-10 列出最常见的零件结构要素的工艺性实例，供分析时参考。

表 1-10　零件结构要素的工艺性

主要要求	结构工艺性		工艺性好的结构的优点
	不好	好	
1. 加工面积应尽量小			1. 减少加工量 2. 减少材料及切削工具的消耗量
2. 钻孔的入端和出端应避免斜面			1. 避免刀具损坏 2. 提高钻孔精度 3. 提高生产率
3. 避免斜孔			1. 简化夹具结构 2. 几个平行的孔便于同时加工 3. 减少孔的加工量
4. 孔的位置不能距壁太近			1. 可采用标准刀具和辅具 2. 提高加工精度
5. 封闭平面有与刀具尺寸及形状相应的过渡面			1. 减少加工量 2. 采用高生产率的加工方法及标准刀具

（续）

主要要求	结构工艺性		工艺性好的结构的优点
	不好	好	
6. 槽与沟的表面不应与其他加工面重合		$h>0.3\sim0.5$	1. 减少加工量 2. 改善刀具工作条件 3. 在已调整好的机床上有加工的可能性

（2）零件整体结构的工艺性　零件是各要素、各尺寸组成的一个整体，所以更应考虑零件整体结构的工艺性，具体有以下五点要求：

1）尽量采用标准件、通用件、借用件和相似件。

2）有便于装夹的基准。如图1-7中的车床小刀架，当以 C 面定位加工 A 面时，零件上为满足工艺的需要而在其上增设工艺凸台 B，就是便于装夹的辅助基准。

3）有位置要求或同方向的表面能在一次装夹中加工出来。

4）零件要有足够的刚性，便于采用高速和多刀切削。图1-8b所示的零件有加强肋，图1-8a所示的零件无加强肋，显然是有加强肋的零件刚性更好，便于高速切削，从而提高了生产率。

5）节省材料，减小质量。

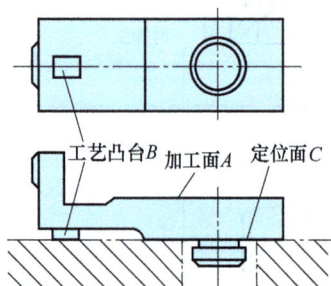

图1-7　车床小刀架的工艺凸台

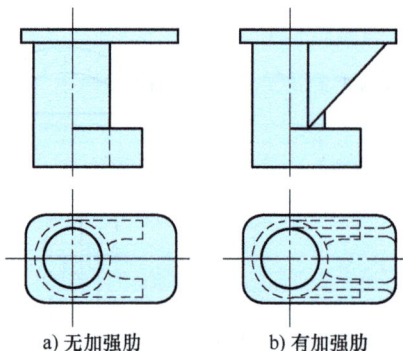

a) 无加强肋　　　b) 有加强肋

图1-8　增设加强肋以提高零件刚性

八、零件结构工艺性的评定指标

上述结构工艺性的分析中，都是根据经验概括地提出一些要求，属于定性分析指标。近来，有关部门正在探讨和研究评价结构工艺性的定量指标。如国家标准化管理委员会发布的指导性技术文件 GB/T 24737.3—2009《工艺管理导则　第3部分：产品结构工艺性审查》中推荐的部分主要指标项目有以下几个：

1. 材料利用系数 K_m

$$K_m = \frac{产品净重}{该产品的材料消耗工艺定额}$$

2. 产品结构装配性系数 K_a

$$K_a = \frac{产品各独立部件中的零件数之和}{产品的零件总数}$$

3. 加工精度系数 K_{ac}

$$K_{ac} = \frac{产品(或零件)图样中标注有公差要求的尺寸数}{产品(或零件)的表面总数}$$

4. 表面粗糙度系数 K_r

$$K_r = \frac{产品(或零件)图样中标注有粗糙度要求的表面数}{产品(或零件)的表面总数}$$

5. 结构继承性系数 K_s

$$K_s = \frac{产品中借用件数+通用件数}{产品零件总数}$$

6. 结构标准化系数 K_{st}

$$K_{st} = \frac{产品中标准件数}{产品零件总数}$$

用定量指标来分析结构工艺性，这无疑是一个研究课题。对于结构工艺性分析中发现的问题，工艺人员可提出修改意见，经设计部门同意并通过一定的审批程序后方可修改。

任务 1.2　确定毛坯

【工艺讲堂】

锻造"大国重器"的大国工匠——刘伯鸣

刘伯鸣，中国一重水压机锻造厂副厂长，先后荣获中华技能大奖、全国劳动模范、2019年"大国工匠年度人物"、第五批全国岗位学雷锋标兵等荣誉称号。

1987年，16岁的刘伯鸣带着对未来的憧憬，进了技工学校的锻工专业学习。有人说，这专业"就是个打铁的"。但他的老师却告诉他："你们是打铁的，可你们将来使用的铁锤，不是普通的锤子，而是万吨水压机；你们生产的产品将是飞机、航母、潜艇、宇宙飞船……"这句话深深植根于刘伯鸣心中，以"锻造大国重器"为己任，成为他三十多年职业生涯的座右铭。

锻件作为一种重要的毛坯，在生产中用途非常广泛，尤其是在核电、石化、航空、航天等领域。核电锻件是核电机组建设的关键部件，而核电锻件制造是世界范围内的顶尖科技，也是我国急需突破的关键领域。作为支撑国家重要核电项目的关键部分，核电锻件吨位大、质量要求高，制造工序相当复杂，从冶炼、锻造、热处理到机械加工、无损检测到性能检验……每一个环节出了问题都将前功尽弃。

为了解决核电锻件制造难题，刘伯鸣带着十几个人吃住在单位，夜以继日地进行技术攻关。在水压机锻造厂车间里，加热炉内最高温度可达1250℃。高温炙烤下，刘伯鸣常常汗流浃背。他通过揉捏面团来模拟锻件形状，深夜与技术人员讨论模拟结果，反复计算板坯的厚度和直径……终于，当重锤最后一次落下，他精确控制了锻件的每一丝形变，成功锻造出了核电锻件，并首创了同步变形技术，填补了国内行业的空白。

三十多年来，刘伯鸣带领团队独创了53种锻造方法，开发了41项锻造技术，攻克103项核电、石化装备锻造难关，填补国内行业空白50多项，为推进重大技术装备国产化并替代进口，提升我国超大锻件制造的核心竞争力作出突出贡献。

刘伯鸣曾说："科技是第一生产力、人才是第一资源、创新是第一动力。"他不仅是这样说的，更是这样做的。他以精湛技艺打造出国家重大装备的关键部件，更以坚韧不拔的意志和创新精神，引领着团队攻克一个又一个技术难关，并致力于培养更多扎根基层的工匠能手，展示了一位大国工匠的责任与担当，他用自己的实际行动，诠释了"劳动光荣、创造伟大"的时代价值。

【任务描述】

毛坯的确定是制订工艺规程中的一项重要内容。选择不同的毛坯就会有不同的加工工艺，采用不同的设备、工装，从而会影响零件加工的生产率和成本。本任务是确定传动轴的毛坯，包括选择毛坯类型、制造方法，确定毛坯余量及公差，绘制毛坯图。

【学习目标】

（1）素养目标

1）通过学习毛坯制造方法，培养爱岗敬业的工匠精神。

2）通过大国工匠的先进事迹，培养艰苦奋斗、甘于奉献的军工精神。

3）通过毛坯制造，弘扬劳动精神。

4）通过小组讨论和汇报，培养诚信、友善的社会主义核心价值观和团队协作精神。

（2）知识目标

1）了解轴类零件毛坯的种类与应用范围。

2）掌握轴类零件毛坯余量与公差的确定方法。

3）掌握毛坯图的绘制方法。

（3）能力目标

1）能合理选择轴类零件的毛坯类型与制造方法。

2）能正确确定轴类零件的毛坯余量和公差。

3）会画毛坯图。

【任务分组】

将任务 1.2 的分组信息填入表 1-11。

表 1-11　任务 1.2 分组信息

班级		组别		指导教师	
组长		学号			
组员	学号	姓名		任务分工	

【问题引导】

1. 毛坯类型有哪些？其主要的制造方法有哪些？请分类列出。

_____

_____

2. 轴类零件的材料有哪些？常用的毛坯类型有哪些？

_____

_____

3. 简述确定毛坯时应考虑的因素。

_____

_____

4. 确定毛坯时的工艺措施有哪些？

_____

_____

5. 简述确定锻件毛坯余量和公差的步骤。

_____

_____

6. 如何画毛坯-零件合图？简要说明其步骤。

_____

_____

【任务实施】

1. 选择毛坯类型和制造方法

任务 1.2

_____

_____

2. 确定毛坯余量和公差

（1）初步确定毛坯加工余量

_____

_____

（2）最终确定毛坯加工余量及公差

_____

_____

3. 画毛坯-零件合图（表1-12）

表1-12　毛坯-零件合图

【任务评价】

确定毛坯评价表见表1-13。

表1-13　确定毛坯评价表

序号	考核评价项目		考核内容	学生自评	小组互评	教师评价	配分/分	成绩/分
1	线下考核	知识目标	相关知识点的学习、自学笔记				30	
			毛坯类型与制造方法选择					
			确定毛坯加工余量与公差					
			画毛坯-零件合图					
2		能力目标	信息搜集，自主学习，分析解决问题，归纳总结及创新能力				10	
3		素养目标	工匠精神、军工精神、团队协作、沟通协调、语言表达能力				10	
4	线上考核	资源学习	线上平台教学视频、动画、章节测试等资源学习				30	
5		课堂参与度	签到、主题讨论、随堂测验、分组任务、抢答等参与情况				20	
合计								

【知识链接】

选择毛坯主要是确定毛坯的种类、制造方法及其制造精度。毛坯的形状、尺寸越接近成品，切削加工余量就越少，从而可以提高材料的利用率和生产效率，然而这样往往会使毛坯制造困难，需要采用昂贵的毛坯制造设备，从而增加毛坯的制造成本。所以选择毛坯时应从机械加工和毛坯制造两方面出发，综合考虑以求达到最佳效果。

一、毛坯的种类

毛坯的种类很多，同一种毛坯又有多种制造方法。毛坯的种类主要有以下几种：

1. 铸件

铸件适用于形状复杂的零件毛坯。根据铸造方法的不同，铸件又分为以下几种类型：

（1）砂型铸造铸件　它是应用最为广泛的一种铸件，又分为木模手工造型铸件和金属型机器造型铸件。木模手工造型铸件精度低，加工表面需留较大的加工余量，生产效率低，适用于单件小批量生产或大型零件的铸造。金属型机器造型生产效率高，铸件精度也高，但设备费用高，铸件的重量也受限制，适用于大批量生产的中小型铸件。

（2）金属型铸造铸件　将熔融的金属浇注到金属模具中，依靠金属自重充满金属铸型腔而获得的铸件。这种铸件比砂型铸造铸件精度高、表面质量和力学性能好，生产效率也较高，但需专用的金属型腔模，适用于大批量生产中的尺寸不大的有色金属铸件。

（3）离心铸造铸件　将熔融金属注入高速旋转的铸型内，在离心力的作用下，金属液充满型腔而形成的铸件。这种铸件晶粒细，金属组织致密，零件的力学性能好，外圆精度及表面质量高，但内孔精度差，且需要专门的离心浇注机，适用于批量较大的黑色金属和有色金属的旋转体铸件。

（4）压力铸造铸件　将熔融的金属在一定的压力作用下，以较高的速度注入金属型腔内而获得的铸件。这种铸件精度高，公差等级可达 IT11～IT13；表面粗糙度值小，可达 $Ra0.4～3.2\mu m$；铸件力学性能好。可铸造各种结构较复杂的零件，铸件上各种孔眼、螺纹、文字及花纹图案均可铸出。但需要一套昂贵的设备和型腔模，适用于批量较大的形状复杂、尺寸较小的有色金属铸件。

（5）精密铸造铸件　将石蜡通过型腔模压制成与工件一样的蜡制件，再在蜡制工件周围粘上特殊型砂，凝固后将其烘干焙烧，蜡被蒸化而放出，留下工件形状的模壳，用来浇铸。精密铸造铸件精度高，表面质量好，一般用来铸造形状复杂的铸钢件，可节省材料，降低成本，是一项先进的毛坯制造工艺。

2. 锻件

锻件适用于强度要求高、形状比较简单的零件毛坯，其锻造方法有自由锻造和模锻两种，对应的锻件也有以下两种。

（1）自由锻造锻件　自由锻造锻件是在锻锤或压力机上用手工操作而成形的锻件。它的精度低，加工余量大，生产率也低，适用于单件小批量生产及大型锻件。

（2）模锻件　模锻件是在锻锤或压力机上，通过专用锻模锻制成形的锻件。它的精度和表面质量均比自由锻造的好，可以使毛坯形状更接近工件形状，加工余量小。同时，由于模锻件的材料纤维组织分布好，锻制件的机械强度高。模锻的生产效率高，但需要专用的模具，且锻锤的吨位也要比自由锻造的大，主要适用于批量较大的中小型零件。

3. 焊接件

焊接件是根据需要将型材或钢板焊接而成的毛坯件，它制作方便、简单，但需要经过热处理才能进行机械加工。焊接件适用于单件小批量生产中制造大型毛坯，优点是制造简便，加工周期短，毛坯重量轻；缺点是焊接件抗振动性差，机械加工前需经过时效处理以消除内应力。

4. 冲压件

冲压件是通过冲压设备对薄钢板进行冲压加工而得到的零件，它可以非常接近成品要

求，冲压零件可以作为毛坯，有时还可以直接作为成品。冲压件的尺寸精度高，适用于批量较大而零件厚度较小的中小型零件。

5. 型材

型材主要通过热轧或冷拉而成。热轧型材的精度低，价格比冷拉型材便宜，用于一般零件的毛坯。冷拉型材的尺寸小、精度高，易于实现自动送料，但价格贵，多用于批量较大且在自动机床上进行加工的情况。按其截面形状，型材可分为圆钢、方钢、六角钢、扁钢、角钢、槽钢以及其他特殊截面的型材。

6. 冷挤压件

冷挤压件是在压力机上通过挤压模挤压而成，其生产效率高。冷挤压毛坯精度高，表面粗糙度值小，可以不再进行机械加工，但要求材料塑性好，主要为有色金属和塑性好的钢材，适用于大批量生产中制造形状简单的小型零件。

7. 粉末冶金件

粉末冶金件是以金属粉末为原料，在压力机上通过模具压制成型后经高温烧结而成。其生产效率高，零件的精度高，表面粗糙度值小，一般可不再进行精加工，但金属粉末成本较高，适用于大批量生产中压制形状较简单的小型零件。

二、确定毛坯时应考虑的因素

在确定毛坯时应考虑以下因素。

1. 零件的材料及其力学性能

当零件的材料选定以后，毛坯的类型就大体确定了。例如，材料为铸铁的零件，自然应选择铸造毛坯；而对于重要的钢质零件，力学性能要求高时，可选择锻造毛坯。

2. 零件的结构和尺寸

形状复杂的毛坯常采用铸件，但对于形状复杂的薄壁件，一般不能采用砂型铸造；对于一般用途的阶梯轴，如果各段直径相差不大、力学性能要求不高时，可选择棒料做毛坯，倘若各段直径相差较大，为了节省材料，应选择锻件。

3. 生产类型

当零件的生产批量较大时，应采用精度和生产率都比较高的毛坯制造方法，这时毛坯制造增加的费用可由材料耗费减少的费用以及机械加工工时减少的费用来补偿。

4. 现有生产条件

选择毛坯类型时，要结合本企业的具体生产条件，如现场毛坯制造的实际水平和能力、外协的可能性等。

5. 充分考虑利用新技术、新工艺和新材料的可能性

为了节约材料和能源，减少机械加工余量，提高经济效益，只要有可能，必须尽量采用精密铸造、精密锻造、冷挤压、粉末冶金和工程塑料等新工艺、新技术和新材料。

三、确定毛坯时的几项工艺措施

实现少切屑、无切屑加工，是现代机械制造技术的发展趋势。但是，由于毛坯制造技术的限制，加之现代机器对零件精度和表面质量的要求越来越高，为了保证机械加工能达到一定的质量要求，毛坯的某些表面仍需留有加工余量。加工毛坯时，由于一些零件形状特殊，装夹和加工不大方便，必须采取一定的工艺措施才能进行机械加工。以下列举几种常见的工艺措施：

1）为了便于装夹，有些铸件毛坯需铸出工艺凸台（也称工艺搭子），如图1-7所示车床小刀架的工艺凸台 B。工艺凸台在零件加工完毕后一般应切除，如对使用和外观没有影响，也可保留在零件上。

2）装配后需要形成同一工作表面的两个配合件，为了保证加工质量并使加工方便，常常将这些分离零件先制作成一个整体毛坯，加工到一定阶段后再切割分离。图1-9所示为车床走刀系统中的开合螺母外壳，其毛坯就是两件合制的；柴油机连杆的大端也是合制的。

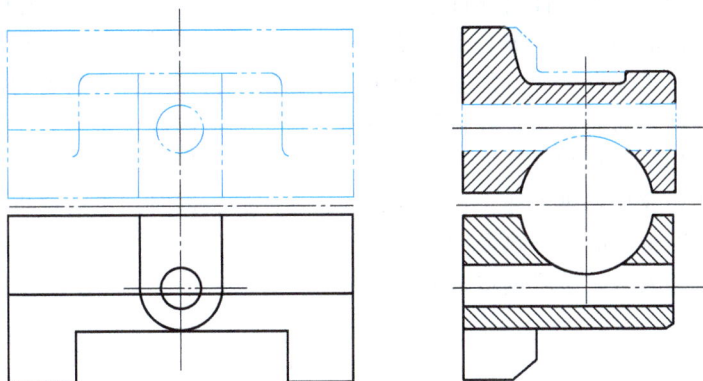

图1-9　车床开合螺母外壳简图

3）对于形状比较规则的小型零件，为了便于安装和提高机械加工的生产率，可将多件合成一个毛坯，加工到一定阶段后，再分离成单件，如图1-10所示的滑键，将毛坯的各平面加工好后再切离成单件，再对单件进行加工。

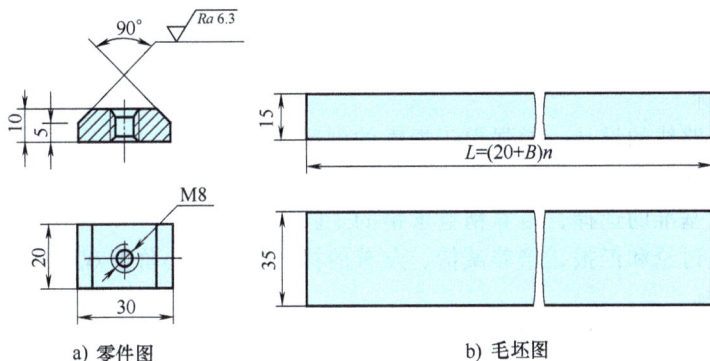

a）零件图　　　　　　　　　　b）毛坯图

图1-10　滑键零件图与毛坯图

任务1.3　拟订工艺路线

【工艺讲堂】

从中职生到大国工匠——陈行行

陈行行，中国工程物理研究院机械制造工艺研究所加工中心特聘高级技师，先后荣获全国五一劳动奖章、全国技术能手、2018年大国工匠年度人物、四川工匠等多项荣誉，在第六届全国数控技能大赛中，荣获加工中心（四轴）职工组第一名。

自2011年工作以来，陈行行先后取得了加工中心高级技师、数控车技师、高级制图员等8项职业资格。他精通多轴联动加工技术、高速高精度加工技术和参数化自动编程技术，尤其擅长薄壁类、弱刚性类零件的加工工艺与技术。

在一次极具挑战的任务中，他需要用仅 $\phi0.02mm$ 直径的钻头，在直径不到 $\phi2cm$ 的圆盘上钻 36 个小孔，这比用绣花针给老鼠种睫毛还难。凭借其坚韧不拔的精神，经过无数次修改加工程序与摸索尝试，他最终成功攻克了这一难题。

工艺路线的合理性和正确性对零件加工质量有重要影响，尤其是要合理选择定位基准、表面加工方法和零件的加工顺序等。动叶轮是国家某重大专项的核心零部件，不仅加工精度要求高、定位与夹紧难度大，而且加工过程中程序调试异常烦琐，费时费力，尤其是会因加工振动容易导致零件表面质量差。陈行行与技术人员一起从问题、难点入手，通过优化工艺路线、铣削方式、加工刀具和工装夹具，编制合理的加工程序，并利用设备智能辅助专家系统的两个高级功能，成功解决了加工振动导致的质量问题，同时加工效率也提高了 3.5 倍。

陈行行以对国防事业的无限热爱和忠诚，为自己树立了这样的人生信条："投身国防，扎根岗位，技能成就人生，学习创造未来。"

【任务描述】

零件的机械加工工艺路线是指主要用机械加工的方法将毛坯加工成零件的整个加工路线，工艺路线不但影响加工质量和生产效率，而且影响工人的劳动强度以及设备投资、车间面积、生产成本等，拟订零件的工艺路线是制订工艺规程的关键阶段。本任务是拟订传动轴的工艺路线，包括选择定位基准和表面加工方法、划分加工阶段、确定加工顺序、画工艺流程图、填写机械加工工艺过程卡。

【学习目标】

（1）素养目标

1）通过工艺路线的设计，增强勇于探索的创新精神。

2）通过先进加工方法介绍，培养勇攀高峰、为国争光的军工精神。

3）通过定位基准的选择，培养精益求精的工匠精神。

4）通过小组讨论和汇报，培养诚信、友善的社会主义核心价值观和团队协作精神。

（2）知识目标

1）掌握定位基准的选择原则。

2）掌握表面加工方法的选择知识。

3）掌握划分加工阶段的方法。

4）掌握工序顺序的安排原则。

5）掌握机械加工工艺过程卡的填写方法。

6）掌握工艺流程图的绘制方法。

（3）能力目标

1）能合理选择轴类零件的定位基准。

2）能合理选择轴类零件各加工表面的加工方法。

3）能合理划分零件的加工阶段。

4）能合理确定轴类零件的加工顺序。

5）能拟订中等难度轴类零件的机械加工工艺路线。

6）会画工艺流程图。

【任务分组】

将任务 1.3 分组信息填入表 1-14。

表 1-14　任务 1.3 分组信息

班级		组别		指导教师	
组长		学号			
组员	学号	姓名	任务分工		

【问题引导】

1. 什么是基准？根据作用不同，基准可分为哪几类？

2. 定位基准有几种类型？定位基准的选择依据和选择顺序是什么？

3. 粗基准和精基准的选择原则分别是什么？

4. 什么是表面加工方法？其选择的依据是什么？

5. 什么是加工经济精度和加工经济表面粗糙度？

6. 选择表面加工方法应考虑哪些因素？

7. 划分加工阶段的依据是什么？一般可以划分为几个加工阶段？

8. 简述各加工阶段的主要任务？

_____

_____

_____

9. 零件的加工是否必须划分加工阶段？请简述原因。

_____

_____

_____

10. 机械加工工艺过程包含哪几类工序？这几类工序的先后顺序如何安排？

_____

_____

_____

11. 简述切削加工工序的安排原则及其安排顺序。

_____

_____

_____

12. 简述热处理工序的类型与功用，其安排位置是什么？

_____

_____

_____

13. 辅助工序的种类有哪些？其安排位置是什么？简述检验工序的安排位置。

_____

_____

_____

14. 什么是工序集中和工序分散？请简述两者的特点和应用场合。

_____

_____

_____

15. 选择机床加工设备应该考虑哪些因素？

_____

_____

_____

16. 针对不同的生产类型，如何选择工艺装备（夹具、刀具和量具）？

_____

_____

_____

17. 填写机械加工工艺过程卡的基本要求是什么？

_____

_____

_____

18. 绘制工艺流程图的基本要求是什么？

_____

_____

_____

【任务实施】

任务 1.3

1. 选择定位基准

_____

_____

_____

2. 选择表面加工方法

_____

_____

_____

3. 划分加工阶段

_____

_____

_____

4. 确定工序顺序

_____

_____

_____

5. 填写传动轴零件机械加工工艺过程卡（表 1-15）

表 1-15　传动轴零件机械加工工艺过程卡

机械加工工艺过程卡		产品型号		零件图号				
		产品名称		零件名称		共　页　第　页		
材料牌号		毛坯种类		毛坯外形尺寸	每毛坯件数	每台件数	备注	
工序号	工序名称	工序内容		车间	工段	设备	工艺装备	工时/min
								准终　单件
					设计（日期）	校对（日期）	审核（日期）	标准化（日期）　会签（日期）
标记	处数	更改文件号	签字	日期	标记	处数	更改文件号	签字　日期

6. 画工艺流程图（表 1-16）

表 1-16　工艺流程图

【任务评价】

拟订工艺路线评价表见表 1-17。

表 1-17　拟订工艺路线评价表

序号	考核评价项目		考核内容	学生自评	小组互评	教师评价	配分/分	成绩/分
1	线下考核	知识目标	相关知识点的学习、自学笔记				30	
			选择定位基准					
			选择表面加工方法					
			划分加工阶段					
			确定工序顺序					
			填写机械加工工艺过程卡					
			画工艺流程图					
2		能力目标	信息搜集，自主学习，分析解决问题，归纳总结及创新能力				10	
3		素养目标	工匠精神、军工精神、团队协作、沟通协调、语言表达能力				10	
4	线上考核	资源学习	线上平台教学视频、动画、章节测试等资源学习				30	
5		课堂参与度	签到、主题讨论、随堂测验、分组任务、抢答等参与情况				20	
			合计					

【知识链接】

一、定位基准的选择

制订机械加工工艺规程时，正确选择定位基准对保证零件表面间的位置要求（位置尺寸和位置精度）和安排加工顺序都有很大的影响。用夹具装夹时，定位基准的选择还会影响到夹具的结构。因此，定位基准的选择是一个很重要的工艺问题。

基准的概念分类

1. 基准的概念及其分类

（1）基准的概念　基准是用来确定生产对象上几何要素间的几何关系所依据的那些点、线、面。一个几何关系就有一个基准。

（2）基准的分类　根据作用的不同，基准可分为设计基准和工艺基准两大类。

1）设计基准。设计基准是设计图样上所采用的基准（国标中仅指零件图样上采用的基准，不包括装配图样上采用的基准）。如图 1-11 所示三个零件图样，图 1-11a 中对尺寸 20mm 而言，B 面是 A 面的设计基准，或者 A 面是 B 面的设计基准，它们互为设计基准。一般说来，设计基准是可逆的。图 1-11b 中对同轴度而言，$\phi 50$mm 的轴线是 $\phi 30$mm 轴线的设计基准；而 $\phi 50$mm 圆柱面的设计基准是 $\phi 50$mm 的轴线，$\phi 30$mm 圆柱面的设计基准是 $\phi 30$mm 的轴线。不应笼统地说，轴的中心线是它们的设计基准。图 1-11c 中对尺寸 45mm 而言，圆柱面的下素线 D 是槽底面 C 的设计基准。又如图 1-12 为主轴箱箱体图样，顶面 F 的设计基准是底面 D，孔Ⅲ和Ⅳ轴线的设计基准是底面 D 和导向侧面 E，孔Ⅱ轴线的设计基准是孔Ⅲ和Ⅳ的轴线。

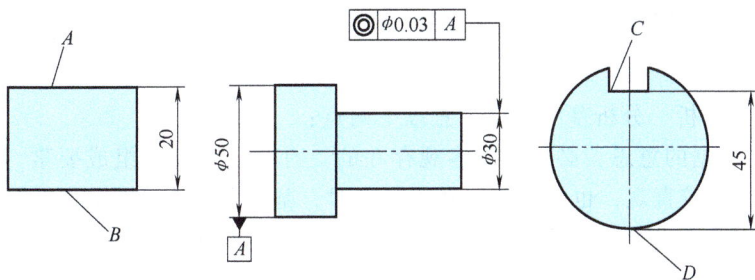

a) 两面之间距离(位置)尺寸　　b) 阶梯轴同轴度和圆柱度尺寸　　c) 键槽底面位置尺寸

图 1-11　设计基准的实例

2）工艺基准。工艺基准是在工艺过程中所采用的基准。它包括以下几类：

① 工序基准：在工序图上用来确定本工序所加工表面加工后的尺寸、形状、位置的基准。简言之，它是工序图上的基准。

② 定位基准：在加工中用作定位的基准。用夹具装夹时，定位基准就是工件上直接与夹具的定位元件相接触的点、线、面。

③ 测量基准：测量时所采用的基准。

④ 装配基准：在装配时用来确定零件或部件在产品中的相对位置所采用的基准。图 1-12 中主轴箱箱体的 D 和 E 面是确定箱体在机床床身上相对位置的平面，它们

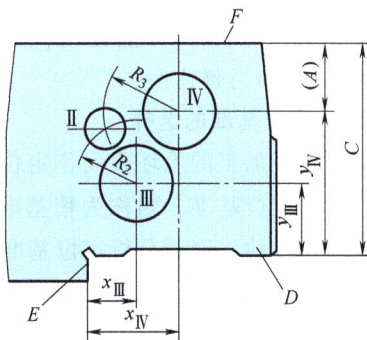

图 1-12　主轴箱箱体的设计基准

就是装配基准。

现以图 1-13 为例说明各种基准及其相互关系。图 1-13a 为短阶梯轴图样的三个设计尺寸 d、D 和 C，圆柱面 Ⅰ 的设计基准是 d 尺寸段的轴线，圆柱面 Ⅱ 的设计基准是 D 尺寸段的轴线，平面 Ⅲ 的设计基准是含 D 尺寸段轴线的平行平面。图 1-13b 为平面 Ⅲ 的加工工序简图，定位基准都是 d 尺寸段的圆柱面 Ⅰ。有时可用轴线替代圆柱面，但替代后要产生误差。为了区别圆柱面和轴线，也有把轴线称为定位基准，把圆柱面称为定位基面（基面实质上仍是基准）的。加工工序简图中有两种工序基准方案。第一方案的工序要求是尺寸 C，即工序基准是含 D 尺寸段轴线的平行平面；第二方案的工序要求是尺寸 $C+D/2$，即工序基准是圆柱面 Ⅱ 的下素线。图 1-13c 是两种测量平面 Ⅲ 的方案。第一方案是以外圆柱面 Ⅰ 的上素线为测量基准，第二方案是以外圆柱面 Ⅰ 的素线为测量基准。

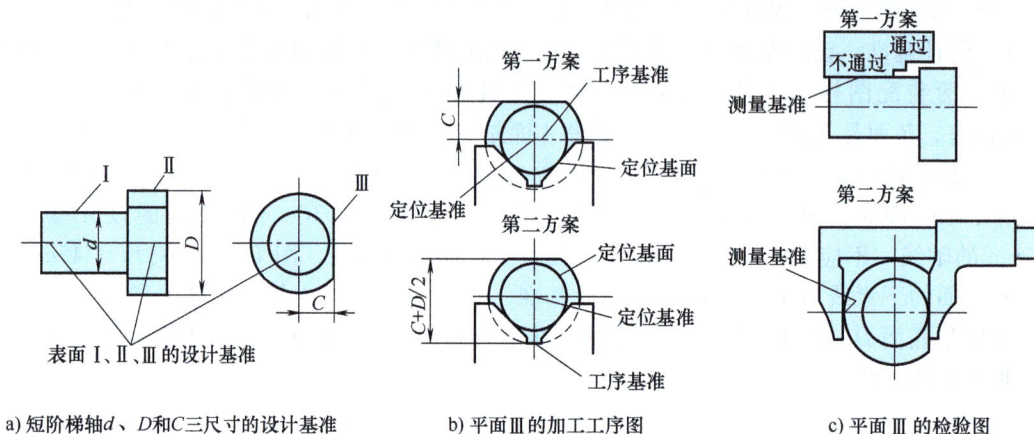

a) 短阶梯轴 d、D 和 C 三尺寸的设计基准　　b) 平面 Ⅲ 的加工工序图　　c) 平面 Ⅲ 的检验图

图 1-13　各种基准的实例

（3）基准的分析　分析基准时应注意以下两点：

1）基准是依据的意思，必然都是客观存在的。有时，基准是组成要素，如圆柱面、平面等，这些基准比较直观，也易直接接触到；有时，基准是导出要素，如球心、轴线、中间平面等，它们不像组成要素那样摸得着、看得见，但它们却是客观存在的。随着测量技术的发展，总会把那些导出要素反映出来，圆度仪就是设法通过测量圆柱面来确定其客观存在的圆心。

2）基准要确切。要分清是圆柱面还是圆柱面的轴线，两者有所不同。为了使用上的方便有时可以相互替代（不是体现），但应引入替代后的误差。还要分清轴线的区段，如阶梯轴的轴线必定要说清是哪段阶梯的轴线，不可笼统说明。这方面的问题，可参考国家标准 GB/T 1182—2018《产品几何技术规范（GPS）几何公差形状、方向、位置和跳动公差标注》，在此不再赘述。

2. 定位基准的选择

用未经加工的毛坯表面作定位基准，这种基准称为粗基准；用加工过的表面作定位基准，则称为精基准。在选择定位基准时，是从保证工件精度要求出发的，因而分析定位基准选择的顺序就应从精基准到粗基准。

（1）精基准的选择　选择精基准时，应能保证加工精度和装夹可靠方便，可按下列原则选取：

1）基准重合原则。采用设计基准作为定位基准称为基准重合。为避免

精基准的选择原则

基准不重合而引起的基准不重合误差，
保证加工精度应遵循基准重合原则。如
图 1-12 为主轴箱箱体，孔 Ⅳ 轴线在垂直
方向的设计基准是底面 D。加工孔 Ⅳ 时采
用设计基准作定位基准，能直接保证尺
寸 $y_{Ⅳ}$ 的精度，即遵循基准重合原则。若
如图 1-14 用夹具装夹、调整法加工，为
了在镗模（镗孔夹具）上布置固定的中
间导向支承，提高镗杆的刚性，需把箱
体倒放，采用面 F 作定位基准。此时，
加工一批主轴箱箱体，由于镗模能直接

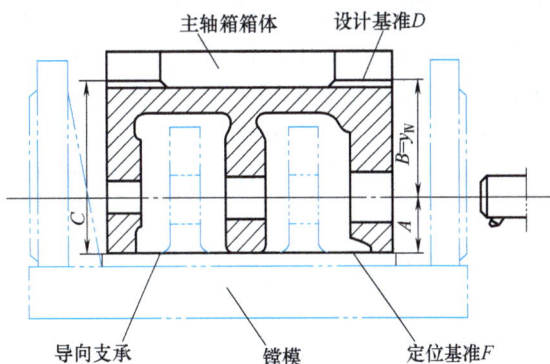

图 1-14　设计基准与定位基准不重合

保证尺寸 A，而设计要求是尺寸 B（B 即图 1-12 中的尺寸 $y_{Ⅳ}$），两者不同。这样，尺寸 B 只
能通过控制尺寸 A 和 C 间接保证。控制尺寸 A 和 C 就是控制它们的误差变化范围。设尺寸 A
和 C 可能的误差变化范围分别为它们的公差值 $\pm T_A/2$ 和 $\pm T_C/2$，那么在调整好镗杆加工一批
主轴箱箱体后，尺寸 B 可能的误差变化范围为

$$B_{\max} = C_{\max} - A_{\min}$$
$$B_{\min} = C_{\min} - A_{\max}$$

将上两式相减，可得到

$$B_{\max} - B_{\min} = C_{\max} - A_{\min} - (C_{\min} - A_{\max})$$

即 $T_B = T_C + T_A$

此式说明：尺寸 B 所产生的误差变化范围是尺寸 C 和尺寸 A 误差变化范围之和。

从上述分析可知，零件图样上原设计要求是尺寸 C 和 B，它们是分别单独要求的，彼此
无关。但是，由于加工时定位基准与设计基准不重合，致使尺寸 B 的加工误差中引入了一
个从定位基准到设计基准之间的尺寸 C 的误差，这个误差称为基准不重合误差。

为了加深对基准不重合误差的理解，下面通过具体数据来进一步说明。设零件图样上要
求：$T_B = 0.6\mathrm{mm}$，$T_C = 0.4\mathrm{mm}$。在基准重合时，尺寸 B 可直接获得，加工误差在 $\pm0.3\mathrm{mm}$ 范
围内就达到要求。如采用顶面定位，即基准不重合，则按 $T_B = T_C + T_A$ 的关系式可得：$T_A =$
$T_B - T_C = (0.6 - 0.4)\mathrm{mm} = 0.2\mathrm{mm}$。即原零件图样上并无严格要求的尺寸 A，现在必须将其加
工误差控制在 $\pm0.1\mathrm{mm}$ 范围内，显然加工要求提高了。

上面分析的是设计基准与定位基准不重合而产生的基准不重合误差，它是在加工的定位
过程中产生的。同样，基准不重合误差也可引申到其他基准不重合的场合。如装配基准与设
计基准、设计基准与工序基准、工序基准与定位基准、工序基准与测量基准、设计基准与测
量基准等基准不重合时，都会产生基准不重合误差。

在应用本规律时，要注意应用条件。定位过程中的基准不重合误差是在用夹具装夹、调
整法加工一批工件时产生的。若用试切法加工，每一个箱体都可直接测量尺寸 B，从而直接
保证尺寸 B，就不存在基准不重合误差。

2）基准统一原则。在工件的加工过程中尽可能地采用统一的定位基准，称为基准统一
原则（也称基准单一原则或基准不变原则）。

工件上往往有多个表面要加工，会有多个设计基准。要遵循基准重合原则，就会有较多
定位基准，因而夹具种类也较多。为了减少夹具种类，简化夹具结构，可设法在工件上找到
一组基准，或者在工件上专门设计一组定位面，用它们来定位加工工件上多个表面，使之遵

循基准统一原则。这种为满足工艺需要，在工件上专门设计的定位面称为辅助基准。常见的辅助基准有轴类工件的中心孔、箱体工件的两个工艺孔、工艺凸台（图 1-7）和活塞类工件的内止口和中心孔（图 1-15）等。

在自动化生产中，为了减少工件的搬动和装夹次数，也需遵循基准统一原则。

采用基准统一原则时，若统一的基准面和设计基准一致，则又符合基准重合原则。此时，既能获得较高的精度，又能减少夹具种类，这是最理想的方案。图 1-16 所示为盘形齿轮，孔既是装配基准，又是设计基准。用孔作定位基准加工外圆、端面和齿面，既符合基准重合原则又符合基准统一原则。

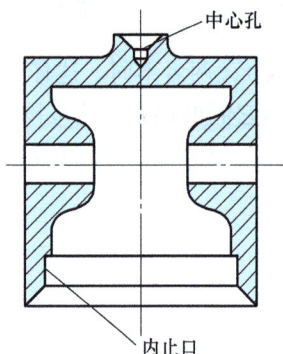

图 1-15　活塞的辅助基准

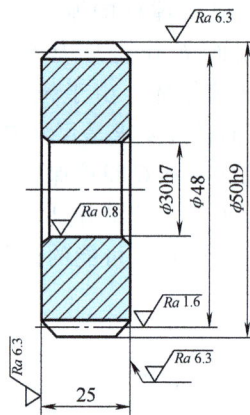

图 1-16　盘形齿轮

遵循基准统一原则时，若统一的基准面和设计基准不一致，则加工面之间的位置精度虽不如基准重合时那样高，即增加了一个由辅助基准到设计基准之间的基准不重合误差，但是仍比基准多次转换时的精度高，因为多次转换基准会有多个基准不重合误差。

若采用一次装夹加工多个表面，那么多个表面间的位置尺寸及精度和定位基准的选择无关，而是取决于加工多个表面的各主轴及刀具间的位置精度和调整精度。箱体类工件上孔系（若干个孔）的加工常采用一次装夹而成，孔系间的位置精度和定位基准选择无关，常用基准统一原则。

当采用基准统一原则后，无法保证表面间位置精度时，往往是先用基准统一原则，在最后工序用基准重合原则保证表面间的位置精度。例如，活塞加工时用内止口作基准加工所有表面后，最后采用基准重合原则，以活塞外圆定位加工活塞销孔，保证活塞外圆和活塞销孔的位置精度。

3）自为基准原则。当某些表面精加工要求加工余量小而均匀时，选择加工表面本身作为定位基准称为自为基准原则。遵循自为基准原则时，不能提高加工面的位置精度，只是提高加工面本身的精度。图 1-17 是在导轨磨床上，以自为基准原则磨削床身导轨。方法是用百分表（或观察磨削火花）找正工件的导轨面，然后加工导轨面，保证导轨面余量均匀，以满足对导轨面的质量要求。另外，如用拉刀、浮动镗刀、浮动铰刀和珩磨等加工孔的方法，也都是自为基准的实例。

4）互为基准原则。为了使加工面间有较高的位置精度，又为了使其加工余量小而均匀，可采取反复加工、互为基准的原则。例如，加工精密齿轮时，用高频感应加热淬火把齿面淬硬后需进行磨齿，因齿面淬硬层较薄，所以要求磨削余量小而均匀。这时，就得先以齿面为基准磨孔，再以孔为基准磨齿面。从而保证齿面余量均匀，且孔和齿面又有较高的位置

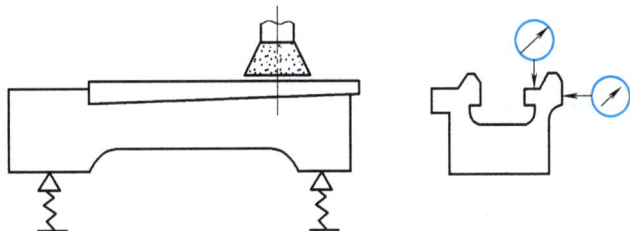

图 1-17 床身导轨面自为基准的实例

精度。

5）保证工件定位准确、夹紧可靠、操作方便的原则。所选精基准应能保证工件定位准确、稳定，夹紧可靠。精基准应该是精度较高、表面粗糙度值较小、支承面积较大的表面。图 1-18 为锻压机立柱铣削加工中的两种定位方案。底面与导轨面的尺寸比 $a:b=1:3$，若用已加工的底面为精基准加工导轨面，如图 1-18a 所示。设在底面产生 0.1mm 的装夹误差，则在导轨面上引起的实际误差应为 0.3mm。如果先加工导轨面，然后以导轨面为定位基准加工底面，如图 1-18b 所示。当仍有同样的装夹误差（0.1mm）时，则在底面所引起的实际误差约为 0.03mm。可见，图 1-18b 的方案比图 1-18a 的方案好。

当用夹具装夹时，选择的精基准面还应使夹具结构简单、操作方便。

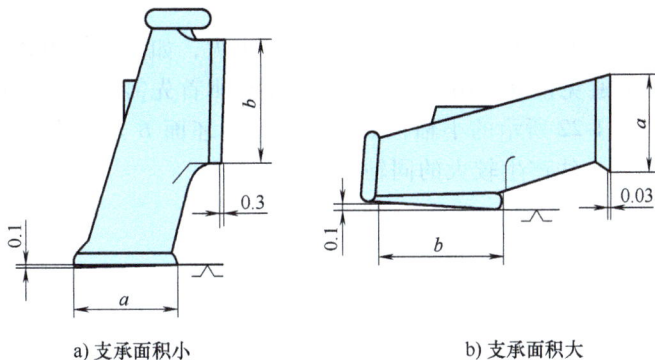

a）支承面积小   b）支承面积大

图 1-18 锻压机立柱精基准的选择

（2）粗基准的选择　粗基准选择的要求是应能保证加工面与非加工面之间的位置要求及合理分配各加工面的加工余量，同时要为后续工序提供精基准。具体可按下列原则选择：

1）不加工面原则。为了保证加工面与非加工面之间的位置要求，应选非加工面为粗基准。如图 1-19 所示的毛坯，铸造时孔 B 和外圆 A 有偏心。若采用非加工面（外圆 A）为粗基准加工孔 B，则加工后的孔 B 与外圆 A 的轴线是同轴的，即壁厚是均匀的，而孔 B 的加工余量不均匀。

粗基准的选择
原则

当工件上有多个非加工面与加工面之间有位置要求时，则应以其中要求较高的非加工面为粗基准。

2）余量最小原则。为了保证各加工面都有足够的加工余量，应选择毛坯加工余量最小的面为粗基准。图 1-20 为阶梯轴，因 $\phi 55$mm 外圆的加工余量较小，故应选 $\phi 55$mm 外圆为粗基准。如果选 $\phi 108$mm 外圆为粗基准加工 $\phi 55$mm 外圆时，当两外圆有 3mm 的偏心时，则有可能因 $\phi 50$mm 处的加工余量不足而使工件报废。

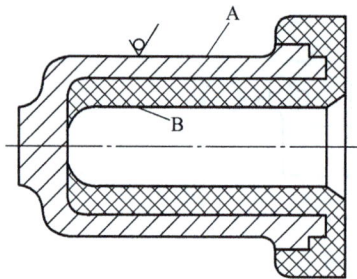

图 1-19　粗基准选择的实例
A—外圆　B—孔

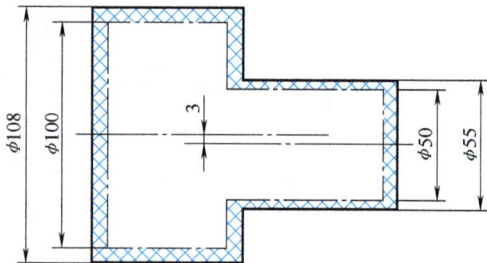

图 1-20　阶梯轴加工的粗基准选择

3）重要表面原则。为了保证重要加工面的加工余量均匀，应选重要加工面为粗基准。例如，机床床身加工时，为保证导轨面有均匀的金相组织和较高的耐磨性，应使其加工余量小而均匀。为此，应选择导轨面为粗基准加工床腿底面，如图 1-21a 所示；然后，再以底面为精基准，加工导轨面，保证导轨面的加工余量小而均匀，如图 1-21b 所示。

当工件上有多个重要加工面都要求保证加工余量均匀时，应选加工余量要求最严的面为粗基准。

4）使用一次原则。粗基准应避免重复使用，在同一尺寸方向上（即同一自由度方向上），通常只允许用一次。

粗基准是毛面，一般说来表面较粗糙，形状误差也大，如重复使用就会造成较大的定位误差。因此，粗基准应避免重复使用，若以粗基准定位则首先需把精基准加工好，为后续工序准备好精基准。如图 1-22 所示的小轴，如重复使用毛坯面 B 定位去加工表面 A 和 C，则必然会使 A 与 C 表面的轴线产生较大的同轴度误差。

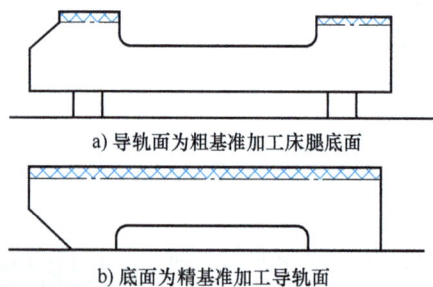

a) 导轨面为粗基准加工床腿底面

b) 底面为精基准加工导轨面

图 1-21　床身加工的粗基准选择

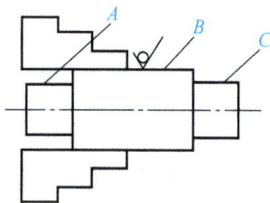

图 1-22　重复使用粗基准实例
A、C—加工面　B—毛坯面

5）选作粗基准的表面应平整光洁，要避开锻造飞边和铸造浇冒口、分型面、毛刺等缺陷，以保证定位准确、夹紧可靠。当用夹具装夹时，选择的粗基准面还应使夹具结构简单、操作方便。

精、粗基准选择的各条原则，都是从不同方面提出的要求，特别是粗基准的选择原则，每个原则都只说明一个方面的要求。有时，这些要求会出现相互矛盾的情况，甚至在同一条原则内也会存在相互矛盾的情况，这就要求全面辩证地分析，分清主次，解决主要矛盾。例如，在选择箱体零件的粗基准时，既要保证主轴孔和内腔壁（加工面与非加工面）的位置要求，又要求主轴孔的加工余量足够且均匀，或者要求孔系中各孔的加工余

定位基准的
选择实例

量都足够且均匀，就会产生相互矛盾的情况。此时，要在保证加工质量的前提下，结合具体生产类型和生产条件，灵活运用各条原则。当中、小批生产或箱体零件的毛坯精度较低时，常用划线找正装夹，兼顾各项要求，解决几方面的矛盾。

二、表面加工方法的选择

为了正确选择加工方法，应了解各种加工方法的特点和掌握加工经济精度及经济表面粗糙度的概念。

表面加工方法的选择

1. 加工经济精度和经济表面粗糙度的概念

加工过程中，影响精度的因素很多。每种加工方法在不同的工作条件下，所能达到的精度会有所不同。例如，精细地操作，选择较低的切削用量，就能得到较高的精度。但是，这样会降低生产率，增加成本。反之，如增加切削用量而提高了生产效率，虽然成本能降低，但会增加加工误差而使精度下降。

有统计资料表明，各种加工方法的加工误差和加工成本之间的关系呈负指数函数曲线形状，如图 1-23 所示。图中横坐标是加工误差 Δ，沿横坐标的反方向即加工精度，纵坐标是成本 Q。由图 1-23 可知，如每种加工方法欲获得较高的精度（即加工误差小），则成本就要加大；反之，精度降低，则成本下降。但是，上述关系只是在一定范围内，即曲线之 AB 段才比较明显。在 A 点左侧，精度不易提高，且有一极限值 Δ_j；在 B 点右侧，成本不易降低，也有一极限值（Q_j）。曲线 AB 段的精度区间属经济精度范围。

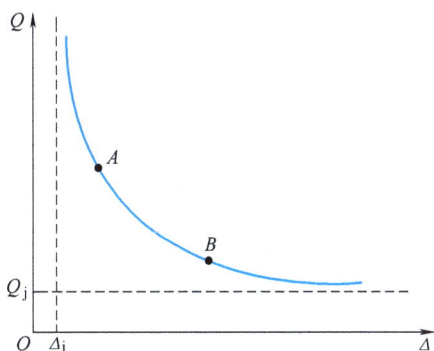

图 1-23　加工误差（或加工精度）和加工成本的关系

加工经济精度是指在正常加工条件下（采用符合质量标准的设备、工艺装备和标准技术等级的工人，不延长加工时间）所能保证的加工精度。若延长加工时间，就会增加成本，虽然精度能提高，但不经济了。

经济表面粗糙度的概念类同于经济精度的概念。各种加工方法所能达到的经济精度和经济表面粗糙度等级，以及各种典型表面的加工方法均已制成表格，在机械加工的各种手册中都能找到。表 1-18、表 1-19 和表 1-20 分别摘录了外圆柱面、孔和平面等典型表面的加工方法及其经济精度和经济表面粗糙度（经济精度以公差等级表示），表 1-21 摘录了各种加工方法加工轴线平行的孔的位置精度（以误差表示），供选用时参考。

表 1-18　外圆柱面加工方法

序号	加工方法	经济精度（以公差等级表示）	经济表面粗糙度 $Ra/\mu m$	适用范围
1	粗车	IT11 ~ IT13	12.5 ~ 50	适用于淬火钢以外的各种金属
2	粗车→半精车	IT8 ~ IT10	3.2 ~ 6.3	
3	粗车→半精车→精车	IT7 ~ IT8	0.8 ~ 1.6	
4	粗车→半精车→精车→滚压（或抛光）	IT7 ~ IT8	0.025 ~ 0.2	
5	粗车→半精车→磨削	IT7 ~ IT8	0.4 ~ 0.8	主要用于淬火钢，也可用于未淬火钢，但不宜加工有色金属
6	粗车→半精车→粗磨→精磨	IT6 ~ IT7	0.1 ~ 0.4	
7	粗车→半精车→粗磨→精磨→超精加工（或轮式超精磨）	IT5	0.012 ~ 0.1（或 $Rz0.1$）	

（续）

序号	加工方法	经济精度 （以公差等级表示）	经济表面粗糙度 $Ra/\mu m$	适用范围
8	粗车→半精车→精车→精细车（或金刚石车）	IT6~IT7	0.025~0.4	主要用于要求较高的有色金属加工
9	粗车→半精车→粗磨→精磨→超精磨（或镜面磨）	IT5 以上	0.006~0.025 （或 $Rz0.05$）	极高精度的外圆加工
10	粗车→半精车→粗磨→精磨→研磨	IT5 以上	0.006~0.1 （或 $Rz0.05$）	

表 1-19　孔加工方法

序号	加工方法	经济精度 （以公差等级表示）	经济表面粗糙度 $Ra/\mu m$	适用范围
1	钻	IT11~IT13	12.5	加工未淬火钢及铸铁的实心毛坯，也可用于加工有色金属。孔径小于15~20mm
2	钻→铰	IT8~IT10	1.6~6.3	
3	钻→粗铰→精铰	IT7~IT8	0.8~1.6	
4	钻→扩	IT10~IT11	6.3~12.5	加工未淬火钢及铸铁的实心毛坯，也可用于加工有色金属。孔径大于15~20mm
5	钻→扩→铰	IT8~IT9	1.6~3.2	
6	钻→扩→粗铰→精铰	IT7	0.8~1.6	
7	钻→扩→机铰→手铰	IT6~IT7	0.2~0.4	
8	钻→扩→拉	IT7~IT9	0.1~1.6	大批大量生产（精度由拉刀的精度而定）
9	粗镗（或扩孔）	IT11~IT13	6.3~12.5	除淬火钢外的各种材料，毛坯有铸出孔或锻出孔
10	粗镗（或粗扩）→半精镗（或精扩）	IT9~IT10	1.6~3.2	
11	粗镗（或粗扩）→半精镗（或精扩）→精镗（或铰）	IT7~IT8	0.8~1.6	
12	粗镗（或粗扩）→半精镗（或精扩）→精镗→浮动镗刀精镗	IT6~IT7	0.4~0.8	
13	粗镗（或扩）→半精镗→磨孔	IT7~IT8	0.2~0.8	主要用于淬火钢，也可用于未淬火钢，但不宜用于有色金属
14	粗镗（或扩）→半精镗→粗磨→精磨	IT6~IT7	0.1~0.2	
15	粗镗→半精镗→精镗→精细镗（或金刚镗）	IT6~IT7	0.05~0.4	主要用于精度要求高的有色金属加工
16	钻（或扩）→粗铰→精铰→珩磨；钻→（或扩）→拉→珩磨，粗镗→半精镗→精镗→珩磨	IT6~IT7	0.025~0.2	精度要求很高的孔
17	以研磨代替上述方法中的珩磨	IT5~IT6	0.006~0.1 （或 $Rz0.05$）	

表 1-20　平面加工方法

序号	加工方法	经济精度 （以公差等级表示）	经济表面粗糙度 $Ra/\mu m$	适用范围
1	粗车	IT11~IT13	12.5~50	端面
2	粗车→半精车	IT8~IT10	3.2~6.3	

（续）

序号	加工方法	经济精度 （以公差等级表示）	经济表面粗糙度 $Ra/\mu m$	适用范围
3	粗车→半精车→精车	IT7～IT8	0.8～1.6	端面
4	粗车→半精车→磨削	IT6～IT8	0.2～0.8	
5	粗刨（或粗铣）	IT11～IT13	6.3～25	一般用于不淬硬平面（端铣表面粗糙度值 Ra 较小）
6	粗刨（或粗铣）→精刨（或精铣）	IT8～IT10	1.6～6.3	
7	粗刨（或粗铣）→精刨（或精铣）→刮研	IT6～IT7	0.1～0.8	精度要求较高的不淬硬平面，批量较大时宜采用宽刃精刨方案
8	以宽刃精刨代替上述刮研	IT7	0.2～0.8	
9	粗刨（或粗铣）→精刨（或精铣）→磨削	IT7	0.2～0.8	精度要求高的淬硬平面或不淬硬平面
10	粗刨（或粗铣）→精刨（或精铣）→粗磨→精磨	IT6～IT7	0.025～0.4	
11	粗铣→拉	IT7～IT9	0.2～0.8	大量生产，较小的平面（精度视拉刀精度而定）
12	粗铣→精铣→磨削→研磨	IT5 以上	0.006～0.1 （或 $Rz0.05$）	高精度平面

表 1-21 轴线平行的孔的位置精度（经济精度）　　　　　　　（单位：mm）

加工方法	工具的定位	两孔轴线间的距离误差，或从孔轴线到平面的距离误差	加工方法	工具的定位	两孔轴线间的距离误差，或从孔轴线到平面的距离误差
立钻或摇臂钻上钻孔	用钻模	0.1～0.2		用镗模	0.05～0.08
	按划线	0.05～0.08		按定位样板	0.08～0.2
立钻或摇臂钻镗孔	用镗模	1.0～3.0		按定位器的指示读数	0.04～0.06
车床上镗孔	按划线	1.0～2.0	卧式铣镗床上镗孔	用量块	0.05～0.1
	用带有滑座的直角尺	0.1～0.3		用内径规或用塞尺	0.05～0.25
坐标镗床上镗孔	用光学仪器	0.004～0.015		用程序控制的坐标装置	0.04～0.05
金刚镗床上镗孔	—	0.008～0.02		用游标卡尺	0.2～0.4
多轴组合机床镗孔	用镗模	0.03～0.05		按划线	0.4～0.6

还须指出，经济精度的数值不是一成不变的，随着科学技术的发展、工艺的改进和设备及工艺装备的更新，加工经济精度会逐步提高。

2. 选择加工方法时考虑的因素

选择加工方法时常根据经验或查表来确定，再根据实际情况或通过工艺试验进行修改。从表 1-18～表 1-20 中的数据可知，满足同样精度要求的加工方法有若干种，所以选择时还应考虑下列因素：

（1）工件材料的性质　例如，淬火钢的精加工要用磨削，有色金属的精加工为避免磨削时堵塞砂轮，则要用高速精细车或精细镗（金刚镗）。

（2）工件的形状和尺寸　例如，对于公差为IT7的孔采用镗、铰、拉和磨削等都可以。但是，箱体上的孔一般不宜采用拉或磨，而常选择镗孔（大孔时）或铰孔（小孔时）。

（3）生产类型及考虑生产率和经济性问题　选择加工方法要与生产类型相适应。大批大量生产应选用生产率高和质量稳定的加工方法。例如，平面和孔采用拉削加工，单件小批生产则采用刨削、铣削平面和钻、扩、铰孔；又如为保证质量可靠和稳定，保证有高的成品率，在大批大量生产中采用珩磨和超精加工加工较精密零件，常降级使用高精度方法。同时，由于大批大量生产能选用精密毛坯，如用粉末冶金制造液压泵齿轮，精锻锥齿轮，精铸中、小零件等，因而可简化机械加工，在毛坯制造后直接进入磨削加工。

（4）具体生产条件　应充分利用现有设备和工艺手段，发挥群众的创造性，挖掘企业潜力。有时，因设备负荷的原因，需改用其他加工方法。

（5）充分考虑利用新工艺、新技术的可能性，提高工艺水平。

（6）特殊要求　如表面纹路方向的要求，铰削和镗削孔的纹路方向与拉削的纹路方向不同，应根据设计的特殊要求选择相应的加工方法。

三、加工顺序的安排

复杂工件的机械加工工艺路线中要经过切削加工、热处理和辅助工序。因此，在拟订工艺路线时，工艺人员要全面地把切削加工、热处理和辅助工序三者一起加以考虑，现分别阐述如下：

1. 切削加工工序的安排

（1）先加工基准面　选为精基准的表面应安排在起始工序先进行加工，以便尽快为后续工序的加工提供精基准。

（2）划分加工阶段　工件的加工质量要求较高时，都应划分阶段。一般可分为粗加工、半精加工和精加工三个阶段。加工精度和表面质量要求特别高时，还可增设光整加工和超精密加工阶段。

1）各加工阶段的主要任务

① 粗加工阶段是从坯料上切除较多加工余量，所能达到的精度和表面质量都比较低的加工过程。

② 半精加工阶段是在粗加工和精加工之间所进行的切削加工过程。

③ 精加工阶段是从工件上切除较少加工余量，所得精度和表面质量都比较高的加工过程。

④ 光整加工阶段是精加工后，从工件上不切除或切除极薄金属层，用以获得很光洁表面或强化其表面的加工过程。一般不用来提高位置精度。

⑤ 超精密加工阶段是按照超稳定、超微量切除等原则，实现加工尺寸误差和形状误差在 $0.1\mu m$ 以下的加工技术。

当毛坯加工余量特别大、表面非常粗糙时，在粗加工阶段前还有荒加工阶段。为能及时发现毛坯缺陷、减少运输量，荒加工阶段常在毛坯准备车间进行。

2）划分加工阶段的原因

① 保证加工质量。工件加工划分阶段后，因粗加工的加工余量大、切削力大等因素造成的加工误差，可通过半精加工和精加工逐步得到纠正，以保证加工质量。

② 有利于合理使用设备。粗加工要求使用功率大、刚性好、生产率高、精度要求不高的设备。精加工则要求使用精度高的设备。划分加工阶段后，就可充分发挥粗、精加工设备

切削加工
工序及安排

划分加工阶段

的特点，避免以"精"干"粗"，做到合理使用设备。

③便于安排热处理工序，使冷、热加工工序配合得更好。例如，粗加工后工件残余应力大，可安排时效处理，消除残余应力；热处理引起的变形又可在精加工中消除等。

④便于及时发现毛坯缺陷。毛坯的各种缺陷如气孔、砂眼和加工余量不足等，在粗加工后即可发现，便于及时修补或决定报废，以免继续加工后造成工时和费用的浪费。

⑤精加工、光整加工安排在后，可保护精加工和光整加工过的表面少受磕碰损坏。

上述划分加工阶段并非所有工件都应如此，在应用时要灵活掌握。例如，对于那些加工质量要求不高、刚性好、毛坯精度较高、加工余量小的工件，就可少划分几个阶段或不划分阶段；对于有些刚性好的重型工件，由于装夹及运输很费时，也常在一次装夹下完成全部粗、精加工。为了弥补不分阶段带来的缺陷，重型工件在粗加工工步后，松开夹紧机构，让工件减少变形，然后用较小的夹紧力重新夹紧工件，继续进行精加工工步加工。

应当指出，划分加工阶段是对整个工艺过程而言的，因而应以工件的主要加工面来分析，不应以个别表面（或次要表面）和个别工序来判断。

（3）先面后孔　对于箱体、支架和连杆等工件，应先加工平面后加工孔。这是因为平面的轮廓平整，安放和定位比较稳定可靠，若先加工好平面，就能以平面定位加工孔，保证平面和孔的位置精度。此外，由于平面先加工好，给平面上的孔加工也带来方便，使刀具的初始切削条件能得到改善。

（4）次要表面可穿插在各阶段间进行加工　次要表面一般加工量都较少，加工比较方便。若把次要表面的加工穿插在各加工阶段之间进行，就能使加工阶段更加明显，又增加了阶段间的间隔时间，便于工件有足够时间让残余应力重新分布并引起变形，以便在后续工序中纠正其变形。

综上所述，一般机械加工的顺序是：加工精基准→粗加工主要面→精加工主要面→精加工主要面→光整加工主要面→超精密加工主要面，次要表面的加工穿插在各阶段之间进行。

2. 热处理工序的安排

热处理的目的是用于提高材料的力学性能、改善金属的加工性能以及消除残余应力。在制订工艺规程时，热处理工序由工艺人员根据设计和工艺要求全面考虑。

（1）最终热处理　最终热处理的目的是提高力学性能，如调质、淬火、渗碳淬火、液体碳氮共渗和渗氮等，都属最终热处理，应安排在精加工前后。变形较大的热处理，如渗碳淬火应安排在精加工磨削前进行，以便在精加工磨削时纠正热处理的变形，调质也应安排在精加工前进行。变形较小的热处理如渗氮等，应安排在精加工后。

表面装饰性镀层和发蓝处理，一般都安排在机械加工完毕后进行。

热处理工序及安排

（2）预备热处理　预备热处理的目的是改善加工性能，为最终热处理做好准备和消除残余应力，如正火、退火和时效处理等，它应安排在粗加工前、后和需要消除应力处。放在粗加工前，可改善粗加工时材料的加工性能，并可减少车间之间的运输工作量；放在粗加工后，有利于粗加工后残余应力的消除。调质处理能得到组织均匀细致的回火索氏体，有时也作为预备热处理，常安排在粗加工后。

精度要求较高的精密丝杠和主轴等工件，常需多次安排时效处理，以消除残余应力，减少变形。

3. 辅助工序的安排

辅助工序的种类较多，包括检验、去毛刺、倒棱、清洗、防锈、去磁

辅助工序及其安排

及平衡等。辅助工序也是必要的工序，若安排不当或遗漏，将会给后续工序和装配带来困难，影响产品质量，甚至使机器不能使用。例如，未去净的毛刺将影响装夹精度、测量精度、装配精度以及工人安全；润滑油中未去净的切屑，将影响机器的使用质量；研磨、珩磨后没清洗过的工件会带入残存的砂粒，加剧工件在使用中的磨损；用磁力夹紧的工件没有安排去磁工序，会使带有磁性的工件进入装配线，影响装配质量。因此，要重视辅助工序的安排。辅助工序的安排不难掌握，问题是常被遗忘。

检验工序更是必不可少的工序，它对保证质量、防止产生废品起到重要作用。除了工序中自检外，需要在下列场合单独安排检验工序：

1）粗加工阶段结束后。

2）重要工序前后。

3）送往外车间加工的前后，如热处理工序前后。

4）全部加工工序完成后。

有些特殊的检验，如应用探伤检验等检查工件的内部质量，一般都安排在精加工阶段。密封性检验、工件的平衡和重量检验，一般都安排在工艺过程最后进行。

四、确定工序集中与分散的程度

工序集中与工序分散，是拟订工艺路线时确定工序数目（或工序内容多少）的两种不同的原则，它们和设备类型的选择有密切的关系。

1. 工序集中和工序分散的概念

工序集中就是将工件的加工集中在少数几道工序内完成，每道工序的加工内容较多。工序集中可采用技术上的措施集中，称为机械集中，如多

刃、多刀和多轴机床、自动机床、数控机床、加工中心等；也可采用人为的组织措施集中，称为组织集中，如卧式车床的顺序加工。

工序分散就是将工件的加工分散在较多的工序内进行。每道工序的加工内容很少，最少时即每道工序仅一个简单工步。

2. 工序集中和工序分散的特点

（1）工序集中的特点（指机械集中）

1）采用高效专用设备及工艺装备，生产率高。

2）工件装夹次数减少，易于保证表面间位置精度，还能减少工序间运输量，缩短生产周期。

3）工序数目少，可减少机床数量、操作工人数和生产厂地面积，还可简化生产计划和生产组织工作（本特点也适用于组织集中）。

4）因采用结构复杂的专用设备及工艺装备，使投资大，调整和维修复杂，生产准备工作量大，转换新产品比较费时。

（2）工序分散的特点

1）设备及工艺装备比较简单，调整和维修方便，工人容易掌握，生产准备工作量少，又易于平衡工序时间，易适应产品更换。

2）可采用最合理的切削用量，减少基本时间。

3）设备数量多，操作工人多，占用生产场地面积也大。

3. 工序集中与工序分散的选用

工序集中与工序分散各有利弊，应根据生产类型、现有生产条件、工件结构特点和技术要求等进行综合分析后选用。

单件小批生产采用组织集中，以便简化生产组织工作。大批大量生产可采用较复杂的机械集中，如多刀、多轴机床，各种高效组合机床和自动机床加工；对一些结构较简单的产品，如轴承生产，也可采用分散的原则。成批生产应尽可能采用效率较高的机床，如转塔车床、多刀半自动车床、数控机床等，使工序适当集中。

对于重型零件，为了减少工件装卸和运输的劳动量，工序应适当集中；对于刚性差且精度高的精密工件，则工序应适当分散。

目前的发展趋势是倾向于工序集中。

五、设备与工艺装备的选择

1. 设备的选择

确定了工序集中或工序分散的原则后，基本上也就确定了设备的类型。如采用机械集中，则选用高效自动加工的设备，如多刀、多轴机床；若采用组织集中，则选用通用设备；若采用工序分散，则加工设备可较简单。此外，选择设备时还应考虑：

选择设备与
工艺装备

1）机床精度与工件精度相适应。

2）机床规格与工件的外形尺寸相适应。

3）与现有加工条件相适应，如设备负荷的平衡状况等。如果没有现成设备供选用，经过方案的技术经济分析后，也可提出专用设备的设计任务书或改装旧设备。

2. 工艺装备的选择

工艺装备选择的合理与否，将直接影响工件的加工精度、生产效率和经济性。应根据生产类型、具体加工条件、工件结构特点和技术要求等选择工艺装备。

（1）夹具的选择　单件小批生产首先采用各种通用夹具和机床附件，如卡盘、机用虎钳、分度头等。有组合夹具站的，可采用组合夹具。对于中、大批和大量生产，为提高劳动生产率而采用专用高效夹具。中、小批生产应用成组技术时，可采用可调夹具和成组夹具。

（2）刀具的选择　一般优先采用标准刀具。若采用机械集中，则应采用各种高效的专用刀具、复合刀具和多刃刀具等。刀具的类型、规格和精度等级应符合加工要求。

（3）量具的选择　单件小批生产应广泛采用通用量具，如游标卡尺、百分表和千分尺等。大批大量生产应采用极限量块和高效的专用检验夹具和量仪等。量具的精度必须与加工精度相适应。

任务 1.4　工序设计

【工艺讲堂】

削铝成"纸"的大国工匠——王刚

王刚，中航工业沈阳飞机工业（集团）有限公司数控加工厂"王刚班"班长、铣工高级技师，先后获得中华技能大奖、全国技术能手、全国五一劳动奖章、全国青年岗位能手、新中国成立60周年航空报国突出贡献奖、中航工业首席技能专家、全国劳动模范等40多项荣誉称号，享受国务院政府特殊津贴。

一张80g重的A4纸厚度是0.1mm，王刚加工的铝片能薄到0.1mm；铣床铣削加工的最高精度为0.01mm，他的手工精度能达到0.005mm。20多年来，王刚始终扎根在航空数控加工生产一线，刻苦钻研数控铣削技术，精确计算每道工序的工序尺寸及公差、切削用量等参数，因此破解了一系列数控加工生产技术难题，创造了上万件飞机零件无一废品的纪录。

"既做航空人，就知责任重，既做新装备，就得多付出。"早已成为王刚内化于心外化于行的行动自觉。作为中航工业集团首席技能专家，他率领的团队攻克了600余项科研生产重大技术和质量难题，获得了16项国家专利，创造经济效益近2亿元。2011年10月，"王刚劳模创新工作室"挂牌，成为集团首家劳模创新工作室。如今，工作室成员共获得"全国技术能手"等市级以上荣誉40余项，培养各级人才150人，32人成长为专家型技能人才。

"精雕细琢，把每一件东西都当成艺术品。"这是王刚给自己定下的目标。作为一名航空人，他痴迷于追求加工技能极致，践行精益求精的工匠精神，不断探索加工新方法，提升产品质量。他探索出小孔铰削技术绝活，能用一把铰刀通过不同的切削方法和冷却润滑介质的配合，使加工孔径可在一定范围内微调，达到0.002mm的精度极限，创造了机械加工领域的奇迹，为我国航空装备跨代发展做出了突出贡献。

【任务描述】

工序设计是制订工艺规程的最后一个重要环节，直接影响零件的加工质量、生产效率和生产成本。本任务是针对传动轴零件进行工序设计，包括确定工序加工余量、计算工序尺寸与公差、选择切削用量、计算时间定额、选择加工设备和工艺装备、填写工序卡。

【学习目标】

（1）素养目标

1）通过确定工艺参数、工艺文件，培养专注的工匠精神。

2）通过优化切削参数，培养勇攀高峰、为国争光的军工精神。

3）通过小组讨论和汇报，培养诚信、友善的社会主义核心价值观和团队协作精神。

（2）知识目标

1）掌握确定加工余量和工序尺寸及公差的计算方法。

2）掌握时间定额的组成及计算方法。

3）了解加工设备与工艺装备选择应考虑的因素。

4）掌握工序图的绘制及工序卡的填写。

（3）能力目标

1）能正确计算工序尺寸及公差。

2）能正确计算时间定额和切削用量。

3）能合理选择加工设备和工艺装备。

4）会画工序图和正确填写工序卡。

【任务分组】

将任务1.4的分组信息填入表1-22。

表 1-22 任务 1.4 分组信息

班级		组别		指导教师	
组长		学号			
组员	学号	姓名	任务分工		

【问题引导】

1. 什么是加工余量？加工余量的类型有哪些？

_____

_____

2. 用公式表示工序加工余量与工序尺寸之间的关系。

_____

_____

3. 用公式表示总加工余量与工序加工余量的关系。

_____

_____

4. 影响加工余量的因素有哪些？

_____

_____

5. 确定加工余量的方法是什么？针对初学者，最常用的是哪一种方法？

_____

_____

6. 确定工序尺寸及公差时，当基准重合时采用什么方法？基准不重合呢？

_____

_____

7. 什么是尺寸链？其组成是什么？简述尺寸链的特性。

8. 绘制尺寸链图的方法是什么？如何判断增减环？

9. 尺寸链图的类型有哪些？尺寸链的计算公式是什么？

10. 采用尺寸链求解工序尺寸及公差时，其计算步骤是什么？

11. 选择切削用量的原则是什么？粗加工和精加工时如何选择切削用量？

12. 什么是时间定额？其组成有哪些？

13. 什么是劳动生产率？提高劳动生产率的途径有哪些？

14. 如何绘制工序图？

【任务实施】

1. 确定工序加工余量、计算工序尺寸及公差
（1）径向工序尺寸及公差确定（表 1-23～表 1-27）

任务 1.4

表 1-23　外圆 ϕ65mm（IT11，Ra6.3μm）

工艺路线	工序加工余量/mm	经济精度	工序尺寸及公差/mm	表面粗糙度 Ra/μm

表 1-24　外圆 $\phi 58^{+0.060}_{+0.041}$ mm（IT6，$Ra1.6\mu m$）

工艺路线	工序加工余量/mm	经济精度	工序尺寸及公差/mm	表面粗糙度 $Ra/\mu m$

表 1-25　外圆 $\phi 55^{+0.021}_{+0.002}$ mm（IT6，$Ra0.8\mu m$）

工艺路线	工序加工余量/mm	经济精度	工序尺寸及公差/mm	表面粗糙度 $Ra/\mu m$

表 1-26　外圆 $\phi 52$ mm（IT7，$Ra0.8\mu m$）

工艺路线	工序加工余量/mm	经济精度	工序尺寸及公差/mm	表面粗糙度 $Ra/\mu m$

表 1-27　外圆 $\phi 45^{+0.050}_{+0.034}$ mm（IT6，$Ra1.6\mu m$）

工艺路线	工序加工余量/mm	经济精度	工序尺寸及公差/mm	表面粗糙度 $Ra/\mu m$

（2）键槽工序尺寸及公差确定　铣键槽工序尺寸属于基准不重合情况，需建立工艺尺寸链计算工序尺寸。

1）外圆 $\phi 45^{+0.050}_{+0.034}$ mm 处键槽。

2）外圆 $\phi 58^{+0.060}_{+0.041}$ mm 处键槽。

2. 选择切削用量，计算时间定额

以粗车外圆 $\phi 65$ mm 中 55mm 的工序为例，说明选择切削用量和计算时间定额的方法和步骤。

（1）选择切削用量

（2）计算时间定额

_____

_____

3. 选择加工设备与工艺装备

（1）选择加工设备

_____

_____

_____

（2）选择工艺装备

_____

_____

_____

4. 填写传动轴零件机械加工工序卡（表1-28）

表1-28　传动轴零件机械加工工序卡

		产品型号		零件图号				
	机械加工工序卡	产品名称		零件名称		共　页	第　页	
		车间	工序号	工序名称	材料牌号			
		毛坯种类	毛坯外形尺寸	每毛坯可制件数	每台件数			
		设备名称	设备型号	设备编号	同时加工件数			
		夹具编号	夹具名称	切削液				
		工位器具编号	工位器具名称	工序工时/min				
				准终	单件			

工步号	工步内容	工艺装备	主轴转速	切削速度	进给量	背吃刀量	进给次数	工步工时	
			r/min	m/min	mm/r	/mm		机动	辅助

			设计（日期）	校对（日期）	审核（日期）	标准化（日期）	会签（日期）

【任务评价】

工序设计评价表见表1-29。

表1-29　工序设计评价表

序号	考核评价项目		考核内容	学生自评	小组互评	教师评价	配分/分	成绩/分
1	线下考核	知识目标	相关知识点的学习、自学笔记				30	
			计算工序尺寸与公差					
			选择切削用量、计算时间定额					
			选择设备与工艺装备					
			填写机械加工工序卡					
2		能力目标	信息搜集,自主学习,分析解决问题,归纳总结及创新能力				10	
3		素养目标	工匠精神、军工精神、团队协作、沟通协调、语言表达能力				10	
4	线上考核	资源学习	线上平台教学视频、动画、章节测试等资源学习				30	
5		课堂参与度	签到、主题讨论、随堂测验、分组任务、抢答等参与情况				20	
合计								

【知识链接】

一、加工余量的概念

加工余量是指加工过程中所切去的金属层厚度。加工余量有工序加工余量和加工总加工余量（毛坯加工余量）之分。工序加工余量是相邻两工序的工序尺寸之差,加工总余量（毛坯余量）是毛坯尺寸与零件图样的设计尺寸之差。

由于工序尺寸有公差,故实际切除的加工余量大小不等。

图1-24所示为工序加工余量与工序尺寸及其公差的关系。由图1-24可知,工序余量的公称尺寸（简称公称余量或基本余量）Z可按下式计算

对于被包容面

Z = 上工序公称尺寸 - 本工序公称尺寸

对于包容面

Z = 本工序公称尺寸 - 上工序公称尺寸

为了便于加工,工序尺寸都按"入体原则"标注极限偏差,即被包容面的工序尺寸取上极限偏差为零；包容面的工序尺寸取下极限偏差为零。毛坯尺寸则按双向布置上、下极限偏差。工序加工余量和工序尺寸及其公差的计算公式为

$$Z = Z_{\min} + T_{a} \tag{1-2}$$

$$Z_{\max} = Z + T_{b} = Z_{\min} + T_{a} + T_{b}$$

式中,$Z_{\min}$为最小工序加工余量（mm）；$Z_{\max}$为最大工序加工余量（mm）；T_{a}为上工序尺寸的公差（mm）；T_{b}为本工序尺寸的公差（mm）。

加工余量的概念

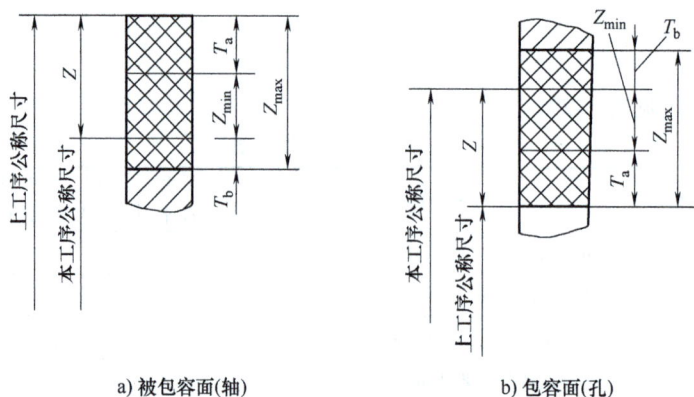

a) 被包容面(轴)　　　　b) 包容面(孔)

图 1-24　工序加工余量与工序尺寸及其公差的关系

图 1-25 为加工总余量与工序加工余量的关系。由图可得（适用于包容面和被包容面）

$$Z_0 = Z_1 + Z_2 + \cdots + Z_n = \sum_{i=1}^{n} Z_i$$

(1-3)

式中，Z_0 为加工总余量（毛坯加工余量）（mm）；Z_i 为各工序加工余量（mm）；n 为工序数（mm）。

加工余量有双边加工余量和单边加工余量之分。对于外圆和孔等回转表面，加工余量指双边加工余

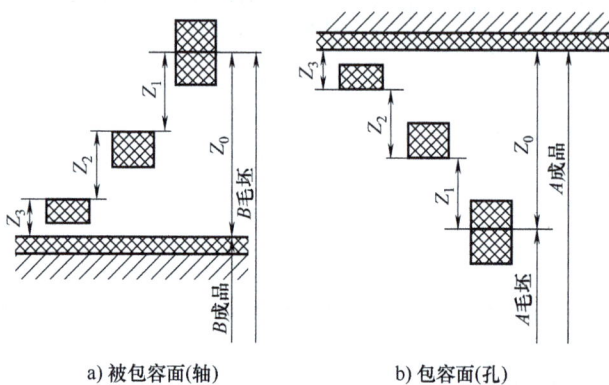

a) 被包容面(轴)　　　　b) 包容面(孔)

图 1-25　加工总余量（毛坯加工余量）与工序加工余量的关系

量，即以直径方向计算，实际切削的金属层厚度为加工余量的一半。平面的加工余量则是单边加工余量，它等于实际切削的金属层厚度。

二、加工余量的影响因素

加工余量的大小对于工件的加工质量和生产率均有较大的影响。加工余量过大，不仅增加机械加工的劳动量，降低了生产率，而且增加材料、工具和电力的消耗，提高了加工成本。若加工余量过小，则既不能消除上工序的各种表面缺陷和误差，又不能补偿本工序加工时工件的装夹误差，造成废品。因此，应当合理地确定加工余量。确定加工余量的基本原则是：在保证加工质量的前提下越小越好。下面分析影响加工余量的各个因素。

加工余量的影响因素和确定方法

1. 上工序的各种表面缺陷和误差的因素

1）表面粗糙度 Ra 和缺陷层 D_a。本工序必须把上工序留下的表面粗糙度 Ra 全部切除，还应切除上工序在表面留下的一层金属组织已遭破坏的缺陷层 D_a，如图 1-26 所示。

各种加工方法所得试验数据 Ra 和 D_a 见表 1-30。

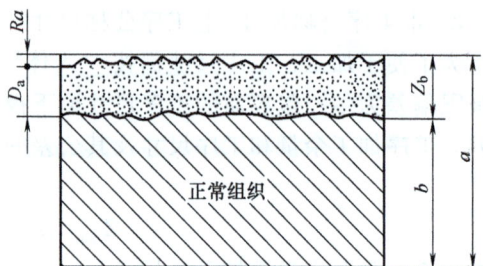

图 1-26　表面粗糙度及缺陷层

表 1-30　各种加工方法所得试验数据 Ra 和 D_a

加工方法	$Ra/\mu m$	$D_a/\mu m$	加工方法	$Ra/\mu m$	$D_a/\mu m$
粗车	15~100	40~50	精扩孔	25~100	30~40
精车	5~45	30~40	粗铰	25~100	25~30
磨外圆	1.7~15	15~25	精铰	8.5~25	10~20
钻	45~225	40~60	粗车端面	15~225	40~60
扩钻	25~225	35~60	精车端面	5~54	30~40
粗镗	25~225	30~50	磨端面	1.7~15	15~35
精镗	5~25	25~40	磨内圆	1.7~15	20~30
粗扩孔	25~225	40~60	拉削	1.7~8.5	10~20
粗刨	15~100	40~50	磨平面	1.7~15	20~30
粗插	25~100	50~60	切断	45~225	60
精刨	5~45	25~40	研磨	0~1.6	3~5
精插	5~45	35~50	超级光磨	0~0.8	0.2~0.3
粗铣	15~225	40~60	抛光	0.06~1.6	2~5
精铣	5~45	25~40			

2）上工序的尺寸公差 T_a。由图 1-24 中可知，工序的基本余量中包括了上工序的尺寸公差 T_a。

3）上工序的几何误差 ρ_a。ρ_a 是指不由尺寸公差 T_a 所控制的几何误差。此时，加工余量中要包括上工序的几何误差 ρ_a。如图 1-27 所示的小轴，当轴线有直线度误差 ω 时，须在本工序中纠正，因而直径方向的加工余量应增加 2ω。

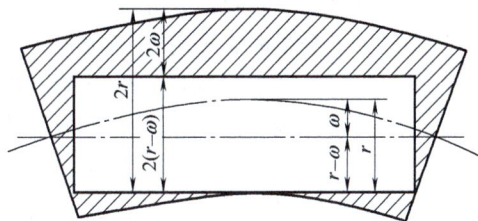

图 1-27　轴线直线度误差对加工余量的影响

ρ_a 的数值与加工方法和热处理方法有关，可通过有关工艺资料查得或通过试验确定。ρ_a 具有矢量性质。

2. 本工序加工时的装夹误差 ε_b

装夹误差包括工件的定位误差和夹紧误差，若用夹具装夹时，还有夹具在机床上的装夹误差。这些误差会使工件在加工时的位置发生偏移，所以加工余量还必须考虑装夹误差的影响。图 1-28 所示用自定心卡盘夹持工件外圆磨削孔时，由于自定心卡盘定心不准，使工件轴线偏离主轴旋转轴线 e 值，造成孔的磨削余量不均匀。因此，为确保上工序各项误差和缺陷的切除，孔的直径余量应增加 $2e$。

装夹误差 ε_b 的数值，可通过先分别求出定位误差、夹紧误差和夹具的装夹误差后再相加而得。ε_b 也具有矢量性质。

综上所述，加工余量的基本公式为

$$Z_b = T_a + Ra + D_a + |\rho_a + \varepsilon_b| \qquad （单边余量时）$$
$$2Z_b = T_a + 2(Ra + D_a) + 2|\rho_a + \varepsilon_b| \qquad （双边余量时）$$

在应用上述公式时，要结合具体情况进行修正。例如，在无心磨床上加工小轴或用浮动铰刀、浮动镗刀和拉刀加工孔时，都是采用自为基准原则，不计装夹误差 ε_b。几何误差 ρ_a 中仅剩形状误差，不计位置误差，故公式为

$$2Z_b = T_a + 2(Ra + D_a) + 2\rho_a$$

对于研磨、珩磨、超精磨和抛光等光整加工，若主要是为了改善表面粗糙度，则公式为

$$2Z_b = 2Ra$$

若还需提高尺寸和几何精度，则公式为

$$2Z_b = T_a + 2Ra + 2|\rho_a|$$

三、确定加工余量的方法

确定加工余量的方法有下列三种：

（1）查表法　根据各工厂的生产实践和试验研究积累的数据，先制成各种表格，再汇集成手册。确定加工余量时查阅这些手册，再结合工厂的实际情况进行适当修改后确定。目前，我国各工厂广泛采用查表法。

（2）经验估计法　本法是根据实际经验确定加工余量。一般情况下，为防止因加工余量过小而产生废品，经验估计的数值总是偏大。经验估计法常用于单件小批生产。

（3）分析计算法　本法是根据上述加工余量计算公式和一定的试验资料，对影响加工余量的各项因素进行分析，并计算确定加工余量。这种方法比较合理，但必须有比较全面和可靠的试验资料。目前，只在材料十分贵重以及军工生产或少数大量生产的工厂中采用。

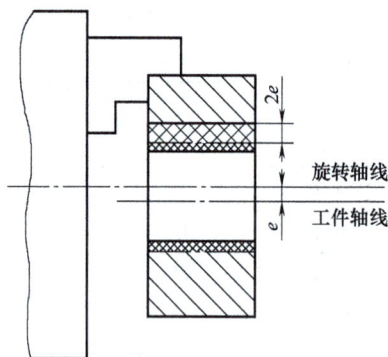

图 1-28　自定心卡盘装夹误差对加工余量的影响

在确定加工余量时，要分别确定加工总余量（毛坯余量）和工序加工余量。加工总余量的大小与所选择的毛坯制造精度有关。用查表法确定工序加工余量时，粗加工工序加工余量不能用查表法得到，而是由加工总余量减去其他各工序加工余量而得。

四、确定工序尺寸及其公差

零件图样上的设计尺寸及其公差是经过各加工工序后得到的。每道工序的工序尺寸都不相同，它们是逐步向设计尺寸接近的。为了最终保证零件的设计要求，需要规定各工序的工序尺寸及其公差。

工序加工余量确定之后，就可计算工序尺寸。工序尺寸公差的确定，则要依据工序基准或定位基准与设计基准是否重合，采取不同的计算方法。

1. 基准重合时工序尺寸及其公差的计算

这是指工序基准或定位基准与设计基准重合，零件表面多次加工时，需要计算各道工序的工序尺寸及其公差，工件上外圆和孔的多工序加工都属于这种情况。此时，工序尺寸及其公差与工序加工余量的关系如图 1-24 和图 1-25 所示。计算顺序是：先确定各工序加工余量的公称尺寸，再由后往前逐个工序推算，即由零件上的设计尺寸开始，由最后一道工序开始向前工序推算，直到毛坯尺寸。工序尺寸的公差则都按各工序的经济精度确定，并按"入体原则"确定上、下极限偏差。

【例 1-1】　某主轴箱箱体的主轴孔，设计要求为 $\phi100JS6$，$Ra0.8\mu m$，加工工序为粗镗→半精镗→精镗→浮动镗四道工序。试确定各工序尺寸及其公差。

解：首先根据有关手册及工厂实际经验确定各工序的基本加工余量，具体数值见表 1-31 中的第二列；其次根据各种加工方法的经济精度表确定各工序尺寸的公差，具体数值见表 1-31 中的第三列；然后由后工序向前工序逐个计算工序尺寸，具体数值见表 1-31 中的第四列；最后得到各工序尺寸及其公差和 Ra，见表 1-31 中的第五列。

表 1-31 主轴孔各工序的工序尺寸及其公差的计算实例

工序名称	工序加工余量/mm	经济精度	工序尺寸/mm	工序尺寸及公差和 Ra
浮动镗	0.1	JS6（±0.011）	100	$\phi100\text{mm}\pm0.011\text{mm}$，$Ra0.8\mu\text{m}$
精镗	0.5	H7（$^{+0.035}_{0}$）	100-0.1=99.9	$\phi99.9^{+0.035}_{0}\text{mm}$，$Ra1.6\mu\text{m}$
半精镗	2.4	H10（$^{+0.14}_{0}$）	99.9-0.5=99.4	$\phi99.4^{+0.14}_{0}\text{mm}$，$Ra3.2\mu\text{m}$
粗镗	5	H13（$^{+0.54}_{0}$）	99.4-2.4=97	$\phi97^{+0.54}_{0}\text{mm}$，$Ra6.4\mu\text{m}$
毛坯孔	8	±1.3mm	97-5=92	$\phi92\pm1.3$

2. 基准不重合时工序尺寸及其公差的计算

工序基准或定位基准与设计基准不重合时，工序尺寸及公差的计算比较复杂，需用工艺尺寸链来进行分析计算，详细内容见本节八和九（尺寸链的相关内容）。

五、时间定额

机械加工生产率是指工人在单位时间内生产的合格产品的数量，或者指制造单件产品所消耗的劳动时间。它是劳动生产率的指标。机械加工生产率通常通过时间定额来衡量。

时间定额是指在一定的生产条件下，规定每个工人完成单件合格产品或某项工作所必需的时间。

时间定额

时间定额是安排生产计划、核算生产成本的重要依据，也是设计、扩建工厂或车间时计算设备和工人数量的依据。

完成零件一道工序的时间定额称为单件时间，它由下列部分组成：

1. 基本时间

基本时间（T_b）：直接改变生产对象的尺寸、形状、相对位置与表面质量或材料性质等工艺过程所消耗的时间。对机械加工而言，就是切除金属所耗费的时间（包括刀具切入、切出的时间）。时间定额中的基本时间可以根据切削用量和行程长度来计算。

2. 辅助时间

辅助时间（T_a）：为实现工艺过程所必须进行的各种辅助动作消耗的时间。它包括装卸工件，开、停机床，改变切削用量，试切和测量工件，进刀和退刀具等所需的时间。

基本时间与辅助时间之和称为操作时间 T_B，它是直接用于制造产品或零部件所消耗的时间。

3. 布置工作场地时间

布置工作场地时间（T_{sw}）：为使加工正常进行，工人管理工作场地和调整机床等（如更换、调整刀具、润滑机床、清理切屑、收拾工具等）所需时间。一般按操作时间的 2%～7%（以百分率 α 表示）计算。

4. 生理和自然需要时间

生理和自然需要时间（T_r）：工人在工作班内为恢复体力和满足生理需要等消耗的时间。一般按操作时间的 2%～4%（以百分率 β 表示）计算。

以上四部分时间的总和称为单件时间 T_P 即

$$T_P = T_b + T_a + T_{sw} + T_r = T_B + T_{sw} + T_r = (1+\alpha+\beta)T_B$$

5. 准备与终结时间

准备与终结时间（T_e）：简称为准终时间，指工人在加工一批产品、零件时进行准备和

结束工作所消耗的时间。加工开始前，通常都要熟悉工艺文件，领取毛坯、材料、工艺装备，调整机床，安装刀具和夹具，选定切削用量等；加工结束后，需送交产品，拆下、归还工艺装备等。准终时间对一批工件来说只消耗一次，零件批量越大，分摊到每个工件上的准终时间 T_e/n 就越小，其中 n 为批量。因此，单件或成批生产的单件计算时间 T_c 应为

$$T_c = T_P + T_e/n = T_b + T_a + T_{sw} + T_r + T_e/n$$

大量生产中，由于 n 的数值很大，$T_e/n \approx 0$，可忽略不计，所以大量生产的单件计算时间 T_c 应为

$$T_c = T_P = T_b + T_a + T_{sw} + T_r$$

六、提高机械加工生产率的工艺措施

劳动生产率是一个综合技术经济指标，它与产品设计、生产组织、生产管理和工艺设计都有密切关系。这里讨论提高机械加工生产率的问题，主要从工艺技术的角度，研究如何通过减少时间定额，寻求提高生产率的工艺途径。

1. 缩短基本时间

（1）提高切削用量　增大切削速度、进给量和背吃刀量都可以缩短基本时间，这是机械加工中广泛采用的提高生产率的有效方法。近年来国外出现了聚晶金刚石和聚晶立方氮化硼等新型刀具材料，切削普通钢材的速度可达 900m/min；加工硬度为 60HRC 以上的淬火钢、高镍合金钢，在 980℃ 时仍能保持其热硬性，切削速度可在 900m/min 以上。高速滚齿机的切削速度可达 65~75m/min，目前最高滚切速度已超过 300m/min。磨削方面，近年的发展趋势是在不影响加工精度的条件下，尽量采用强力磨削，提高金属切除率，磨削速度已超过 60m/s 以上；而高速磨削速度已达到 180m/s 以上。

提高生产率措施

（2）减少或重合切削行程长度　利用几把刀具或复合刀具对工件的同一表面或几个表面同时进行加工，或者利用宽刃刀具、成形刀具做横向进给同时加工多个表面，实现复合工步，都能减少每把刀的切削行程长度或使切削行程长度部分或全部重合，减少基本时间。

（3）采用多件加工　多件加工可分顺序多件加工、平行多件加工和平行顺序多件加工三种形式。

顺序多件加工是指工件按进给方向一个接一个地顺序装夹，减少了刀具的切入、切出时间，即减少了基本时间。这种形式的加工常见于滚齿、插齿、龙门刨、平面磨和铣削加工中。

平行多件加工是指工件平行排列，一次进给可同时加工 n 个工件，加之所需基本时间和加工一个工件相同，所以分摊到每个工件的基本时间就减少到原来的 $1/n$，其中 n 为同时加工的工件数。这种方式常见于铣削和平面磨削中。

平行顺序多件加工是上述两种形式的综合，常用于工件较小、批量较大的情况，如立轴平面磨削和立轴铣削加工中。

2. 缩短辅助时间

缩短辅助时间的方法通常是使辅助操作实现机械化和自动化，或使辅助时间与基本时间重合。具体措施有：

（1）采用先进高效的机床夹具　这不仅可以保证加工质量，而且大大减少了装卸和找正工件的时间。

（2）采用多工位连续加工　采用多工位连续加工是指在批量和大量生产中，采用回转工作台和转位夹具，在不影响切削加工的情况下装卸工件，使辅助时间与基本时间重合。该

方法在铣削平面和磨削平面中得到广泛地应用，可显著地提高生产率。

（3）采用主动测量或数字显示自动测量装置　零件在加工中需多次停机测量，尤其是精密零件或重型零件更是如此，这样不仅降低了生产率，不易保证加工精度，还增加了工人的劳动强度，主动测量的自动测量装置能在加工中测量工件的实际尺寸，并能用测量的结果控制机床进行自动补偿调整。该方法在内、外圆磨床上采用，已取得了显著的效果。

（4）采用两个相同夹具交替工作的方法　当一个夹具安装好工件进行加工时，另一个夹具同时进行工件装卸，这样也可以使辅助时间与基本时间重合。该方法常用于批量生产中。

3. 缩短布置工作场地时间

布置工作场地时间，主要消耗在更换刀具和调整刀具的工作上。因此，缩短布置工作场地时间主要是减少换刀次数、换刀时间和调整刀具的时间。减少换刀次数就是要提高刀具或砂轮的耐用度，而减少换刀和调刀时间是通过改进刀具的装夹和调整方法、采用对刀辅具来实现的。例如，采用各种机外对刀的快换刀夹具、专用对刀样板或样件以及自动换刀装置等。目前，在车削和铣削中已广泛采用机械夹固的可转位硬质合金刀片，既能减少换刀次数，又减少了刀具的装卸、对刀和刃磨时间，从而大大提高了生产效率。

4. 缩短准备与终结时间

缩短准备与终结时间的主要方法是扩大零件的批量和减少调整机床、刀具和夹具的时间。

七、工艺过程的技术经济分析

制订机械加工工艺规程时，通常应提出几种方案。这些方案应都能满足零件的设计要求，但成本则会有所不同。为了选取最佳方案，需要进行技术经济分析。

1. 生产成本和工艺成本

制造一个零件或一件产品所必需的一切费用的总和，称为该零件或产品的生产成本。生产成本实际上包括与工艺过程有关的费用和与工艺过程无关的费用两类。因此，对不同的工艺方案进行经济分析和评价时，只需分析、评价与工艺过程直接相关的生产费用，即所谓工艺成本。

在进行经济分析时，应首先统计出每一方案的工艺成本，再对各方案的工艺成本进行比较，以其中成本最低、见效最快的为最佳方案。

工艺成本由两部分构成，即可变成本（V）和不变成本（S）。

1）可变成本（V）是指与生产纲领 N 直接有关，并随生产纲领成正比例变化的费用。它包括工件材料（或毛坯）费用、操作工人工资、机床电费、通用机床的折旧费和维修费、通用工艺装备的折旧费和维修费等。

2）不变成本（S）是指与生产纲领 N 无直接关系，不随生产纲领的变化而变化的费用。它包括调整工人的工资、专用机床的折旧费和维修费、专用工艺装备的折旧费和维修费等。

零件加工的全年工艺成本（E）为

$$E = VN + S \tag{1-4}$$

式（1-4）为直线方程，其坐标关系如图 1-29 所示，可以看出，E 与 N 是线性关系，即全年工艺成本与生产纲领成正比，直线的斜率为工件的可变费用，直线的起点为工件的不变费用，当生产纲领产生 ΔN 的变化时，则全年工艺成本的变化为 ΔE。

单件工艺成本 E_d 可由式（1-4）变换得到，即

$$E_d = V + \frac{S}{N} \tag{1-5}$$

图 1-30 为单件工艺成本与生产纲领的关系，由图 1-30 可知，E_d 与 N 呈双曲线关系，当 N 增大时，E_d 逐渐减小，极限值接近可变费用。

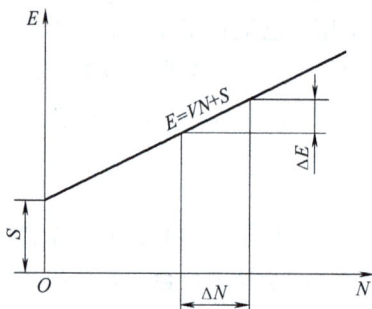

图 1-29　全年工艺成本与生产纲领的关系

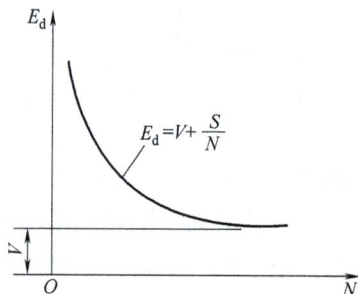

图 1-30　单件工艺成本与生产纲领的关系

2. 不同工艺方案的经济性比较

在进行不同工艺方案的经济分析时，常对零件或产品的全年工艺成本进行比较，这是因为全年工艺成本与生产纲领呈线性关系，容易比较。设两种不同方案分别为 Ⅰ 和 Ⅱ，它们的全年工艺成本分别为

$$E_1 = V_1 N + S_1, \quad E_2 = V_2 N + S_2$$

两种方案比较时，往往一种方案的可变费用较大时，另一种方案的不变费用就会较大。如果某方案的可变费用和不变费用均较大，那么该方案在经济上是不可取的。

在同一坐标图上分别画出方案 Ⅰ 和 Ⅱ 全年的工艺成本与年产量的关系，如图 1-31 所示。由图 1-31 可知，两条直线相交于 $N=N_K$ 处，N_K 称为临界产量，在此年产量时，两种工艺路线的全年工艺成本相等。由 $V_1 N_K + S_1 = V_2 N_K + S_2$ 可得

$$N_K = (S_1 - S_2)/(V_2 - V_1)$$

当 $N < N_K$ 时，宜采用方案 Ⅱ，即年产量小时，宜采用不变费用较少的方案；当 $N > N_K$ 时，则宜采用方案 Ⅰ，即年产量大时，宜采用可变费用较少的方案。

如果需要比较的工艺方案中基本投资差额较大，还应考虑不同方案的基本投资差额的回收期。投资回收期必须满足以下要求：

1）小于采用设备和工艺装备的使用年限。

2）小于该产品由于结构性能或市场需求等因素所决定的生产年限。

图 1-31　两种方案全年工艺成本的比较

3）小于国家规定的标准回收期，即新设备的回收期应小于 4~6 年，新夹具的回收期应小于 2~3 年。

八、尺寸链的基本概念

1. 尺寸链的定义

在机器装配或零件加工过程中，由相互连接的尺寸形成的封闭的尺寸组称为尺寸链。图 1-32a 所示为台阶零件，零件图样上标注设计尺寸 A_1 和

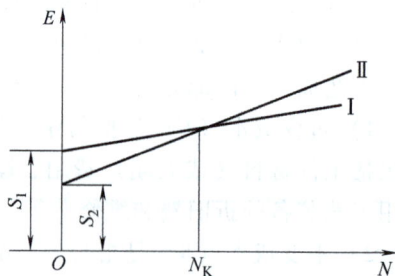

工艺尺寸链

A_0。当用调整法最后加工表面 B 时（其他表面均已加工完成），为了使工件定位可靠和夹具结构简单，常选 A 面为定位基准，按尺寸 A_2 对刀加工 B 面，间接保证尺寸 A_0。这样，尺寸 A_1、A_2 和 A_0 是在加工过程中，由相互连接的尺寸形成封闭的尺寸组，如图 1-32b 所示，它就是一个尺寸链。

在设计、装配和测量过程中也都会形成类似的封闭尺寸组，即形成尺寸链。

2. 尺寸链的组成

为了便于分析和计算尺寸链，对尺寸链中各尺寸作如下定义：

（1）环　列入尺寸链中的每一尺寸。如图 1-32 中的 A_1、A_2 和 A_0 都称为尺寸链的环。

（2）封闭环　尺寸链中在装配过程或加工过程最后（自然或间接）形成的一环。图 1-32 中的 A_0 是封闭环。封闭环以下角标"0"表示。

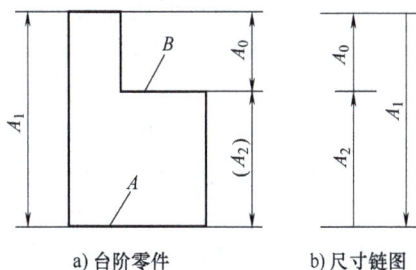

a）台阶零件　　　b）尺寸链图

图 1-32　零件加工过程中的尺寸链

（3）组成环　尺寸链中对封闭环有影响的全部环。这些环中任一环的变动必然引起封闭环的变动。图 1-32 中的 A_1 和 A_2 均是组成环。组成环以下角标"i"表示，i 从 1 到 m，m 是环数。

（4）增环　尺寸链中的组成环，由于该环的变动引起封闭环同向变动。同向变动是指该环增大时封闭环也增大，该环减小时封闭环也减小。图 1-32 中的 A_1 是增环。

（5）减环　尺寸链中的组成环，由于该环的变动引起封闭环反向变动。反向变动是指该环增大时封闭环减小，该环减小时封闭环增大。图 1-32 中的 A_2 是减环。

3. 尺寸链的特性

（1）封闭性　由于尺寸链是封闭的尺寸组，因而它是由一个封闭环和若干个相互连接的组成环所构成的封闭图形，具有封闭性。不封闭就不能称为尺寸链，一个尺寸链只有一个封闭环。

（2）关联性　由于尺寸链具有封闭性，所以尺寸链中的各环都相互关联。尺寸链中封闭环随所有组成环的变动而变动，组成环是自变量，封闭环是因变量。

4. 尺寸链图

尺寸链图是将尺寸链中各相应的环按大致比例，用首尾相接的单箭头线顺序画出的尺寸图，如图 1-32b 所示。用尺寸链图，可迅速判别组成环的性质，凡是与封闭环箭头方向同向的环是减环；与封闭环箭头方向反向的环是增环。

5. 尺寸链形式

1）按环的几何特征划分为长度尺寸链和角度尺寸链两种。

2）按其应用场合划分为装配尺寸链（全部组成环为不同零件的设计尺寸）、工艺尺寸链（全部组成环为同一零件的工艺尺寸，如图 1-32b 所示）和零件尺寸链（全部组成环为同一零件的设计尺寸）。设计尺寸是指零件图样上标注的尺寸，工艺尺寸是指工序尺寸、测量尺寸和定位尺寸等。必须注意：零件图样上的尺寸不能标注成封闭的。

3）按各环所处空间位置划分为直线尺寸链、平面尺寸链和空间尺寸链。尺寸链还可分为基本尺寸链和派生尺寸链（后者指它的封闭环为另一尺寸链组成环的尺寸链），标量尺寸链和矢量尺寸链等（详见 GB/T 5847—2004 尺寸链计算方法）。

6. 尺寸链的计算公式

尺寸链的计算，是指计算封闭环与组成环的基本尺寸、公差及极限偏差之间的关系。计算方法分为极值法和统计（概率）法两类。极值法多用于环数少的尺寸链，统计（概率）多用于环数多的尺寸链。以下介绍极值法解尺寸链的基本计算公式：

机械制造中的尺寸及公差要求，通常是用基本尺寸（A）及上、下极限偏差（ES_A、EI_A）来表示的。在尺寸链计算中，各环的尺寸及公差要求还可以用最大极限尺寸（A_{max}）和最小极限尺寸（A_{min}）或用平均尺寸（A_M）和公差（T_A）来表示。这些尺寸、偏差和公差之间的关系，如图 1-33 所示。

由基本尺寸求平均尺寸可按下式进行

$$A_M = \frac{A_{max} + A_{min}}{2} = A + \Delta_M A$$

$$\Delta_M A = \frac{ES_A + EI_A}{2}$$

图 1-33 各种尺寸、偏差和公差的关系

式中，$\Delta_M A$ 为中间偏差（mm）。

（1）封闭环的基本尺寸 封闭环的基本尺寸等于所有增环基本尺寸之和减去所有减环尺寸之和，即

$$A_0 = \sum_{i=1}^{m} A_i - \sum_{j=m+1}^{n} A_j$$

式中，A_0 为封闭环的基本尺寸（mm）；A_i 为增环的基本尺寸（mm）；A_j 为减环的基本尺寸（mm）；m 为增环的环数（mm）；n 为组成环的总环数（不包括封闭环）（mm）。

（2）封闭环的极限尺寸 封闭环的最大极限尺寸等于增环的最大极限尺寸之和减去减环的最小极限尺寸之和，即

$$A_{0max} = \sum_{i=1}^{m} A_{imax} - \sum_{j=m+1}^{n} A_{jmin}$$

同理，封闭的最小极限尺寸等于各增环的最小极限尺寸之和减去各减环的最大极限尺寸之和，即

$$A_{0min} = \sum_{i=1}^{m} A_{imin} - \sum_{j=m+1}^{n} A_{jmax}$$

（3）封闭环的上、下极限偏差 用封闭环的最大极限尺寸和最小极限尺寸分别减去封闭环的基本尺寸，可得到封闭环的上极限偏差 ES_0 和下极限偏差 EI_0，即

$$ES_0 = A_{0max} - A_0 = \sum_{i=1}^{m} ES_i - \sum_{j=m+1}^{n} EI_j \tag{1-6}$$

$$EI_0 = A_{0min} - A_0 = \sum_{i=1}^{m} EI_i - \sum_{j=m+1}^{n} ES_j \tag{1-7}$$

式中，ES_i、ES_j 分别为增环和减环的上极限偏差（mm）；EI_i、EI_j 分别为增环和减环的下极限偏差（mm）。

式（1-6）和式（1-7）表明，封闭环的上极限偏差等于所有增环上极限偏差之和减去所有减环下极限偏差之和，封闭环的下极限偏差等于所有增环下极限偏差之和减去所有减环上极限偏差之和。

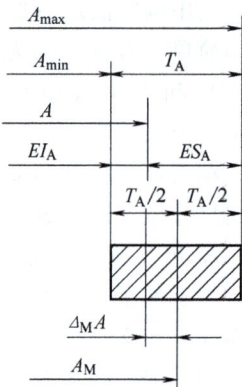

（4）封闭环的公差 封闭环的上极限偏差减去封闭环的下极限偏差，可求出封闭环的公差，即

$$T_0 = ES_0 - EI_0 = \sum_{i=1}^{m} T_i + \sum_{j=m+1}^{n} T_j \qquad (1-8)$$

式中，T_i、T_j 分别为增环和减环的公差（mm）。

式（1-8）表明，尺寸链封闭环的公差等于各组成环公差之和。由于封闭环公差比任何组成环的公差都大，因此，在零件设计时，应尽量选择最不重要的尺寸作封闭环。由于封闭环是加工中最后自然得到的，或者是装配的最终要求，不能任意选择，因此，为了减小封闭环的公差，就应当尽量减少尺寸链中组成环的环数。对于工艺尺寸链，则可通过改变加工工艺方案来改变工艺尺寸链，达到减少尺寸链环数的目的。

（5）封闭环的平均尺寸

$$A_{0M} = \frac{A_{0max} + A_{0min}}{2} = A_0 + \frac{ES_0 + EI_0}{2} = \sum_{i=1}^{m} A_{iM} - \sum_{j=m+1}^{n} A_{jM} \qquad (1-9)$$

式中，A_{iM}、A_{jM} 分别为增环和减环的平均尺寸（mm）。

式（1-9）表明，封闭环的平均尺寸等于所有增环平均尺寸之和减去所有减环平均尺寸之和。

在计算复杂尺寸链时，当计算出有关环的平均尺寸后，先将其公差对平均尺寸作双向对称分布，写成 $A_{0M} \pm T_0/2$ 的形式，全部计算完成后，再根据加工、测量等方面的需要，改注成具有整数基本尺寸和上、下极限偏差的形式。这样往往可使计算过程简化。

7. 尺寸链的计算形式

计算尺寸链时，会遇到下列三种形式：

（1）正计算形式 已知各组成环的基本尺寸、公差及极限偏差，求封闭环的基本尺寸、公差及极限偏差。它的计算结果是唯一的。产品设计的校验工作常遇到此形式。

（2）反计算形式 已知封闭环的基本尺寸、公差及极限偏差，求各组成环的基本尺寸、公差及极限偏差。由于组成环有若干个，所以反计算形式是将封闭环的公差值合理地分配给各组成环，以求得最佳分配方案。产品设计工作常遇到此形式。

（3）中间计算形式 已知封闭环和部分组成环的基本尺寸、公差及极限偏差，求其余组成环的基本尺寸、公差及极限偏差。工艺尺寸链多属此种计算形式。

九、工艺尺寸链的应用和解算方法

应用工艺尺寸链解决实际问题的关键是找出工艺尺寸之间的内在联系，确定封闭环及组成环即建立工艺尺寸链。当确定好尺寸链的封闭环及组成环后，就能运用尺寸链的计算公式进行具体计算。下面，由简到繁，通过几种典型的应用实例，分析工艺尺寸链的建立和计算方法。

1. 工艺基准与设计基准重合时工艺尺寸链的建立和计算

这种情况就是工序基准、定位基准、测量基准与设计基准重合，表面多次加工时工序尺寸及其公差的计算。具体计算方法已在本节（知识链接四，确定工序尺寸及其公差）中分析过。现用工艺尺寸链来分析工序尺寸和加工余量之间的关系。如图 1-34 所示，上工序尺寸 A_1、本工序尺寸 A_2 和工序基本加工余量 Z 形成三环的工艺尺寸链。尺寸链中：A_1 在本工序加

工艺尺寸链的应用

工前已经形成；一般情况下，尺寸 A_2 是本工序控制的工序尺寸，因而它们都是组成环。只有工序基本加工余量是最后形成的环，即封闭环。每个工序基本加工余量都是一个三环工艺尺寸链的封闭环。工艺尺寸链建立后，就可按尺寸链的计算公式计算各尺寸及其公差。本尺寸链是直线尺寸链，因而

$$Z = A_1 - A_2 \qquad T_Z = T_1 + T_2$$

式中，T_Z 为加工余量的公差（mm）；T_1 为工序尺寸 A_1 的公差（mm）；T_2 为工序尺寸 A_2 的公差（mm）。

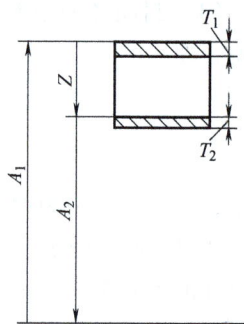

图 1-34　加工余量为封闭环的三环尺寸链

由上两公式可知：工序加工余量的基本值影响工序尺寸的基本尺寸，工序尺寸的公差则影响工序加工余量的变化。一般情况，工序尺寸的公差按经济精度选定后，就可计算最大工序加工余量和最小工序加工余量，并验算工序加工余量是否过大或过小，以便修改工序加工余量。

若加工时直接控制工序加工余量，而不是直接控制工序尺寸，如靠火花磨削，那么工序加工余量就成为组成环，而本工序的工序尺寸是最后形成的封闭环。

2. 工艺基准与设计基准不重合时工艺尺寸链的建立和计算

为简便起见，设工序基准与定位基准或测量基准重合（一般情况下与生产实际相符），此时，工艺基准与设计基准不重合，就变为测量基准或定位基准与设计基准不重合的两种情况。

（1）测量基准与设计基准不重合时测量尺寸的换算

1）测量尺寸的换算。图 1-35 为套筒零件，设计图样上根据装配要求标注尺寸 $50_{-0.17}^{0}$mm 和 $10_{-0.36}^{0}$mm，大孔深度尺寸未注。零件上设计尺寸 A_1（$50_{-0.17}^{0}$mm）、A_2（$10_{-0.36}^{0}$mm）和大孔的深度尺寸形成零件尺寸链，如图 1-35b 所示。大孔深度尺寸 A_0 是最后形成的封闭环。根据计算公式可得：$A_0 = 40_{-0.17}^{+0.36}$mm。

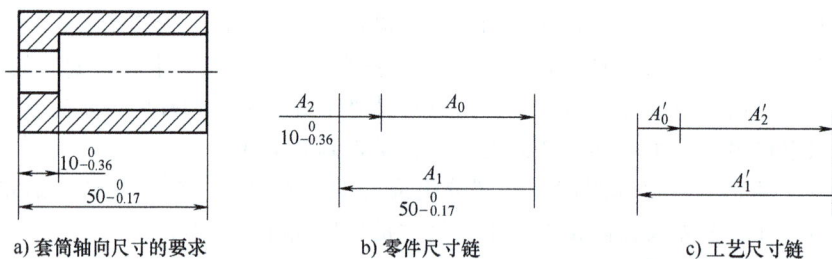

a) 套筒轴向尺寸的要求　　　　b) 零件尺寸链　　　　c) 工艺尺寸链

图 1-35　测量尺寸的换算

加工时，由于尺寸 $10_{-0.36}^{0}$mm 测量比较困难，改用游标深度卡尺测量大孔深度，因而 $10_{-0.36}^{0}$mm 就成为图 1-35c 所示工艺尺寸链的封闭环 A_0'，组成环为 $A_1' = 50_{-0.17}^{0}$mm 和 A_2'。根据计算公式可得：$A_2' = 40_{0}^{+0.19}$mm。

比较大孔深度的测量尺寸 $A_2' = 40_{0}^{+0.19}$mm 和原设计要求 $A_0 = 40_{-0.17}^{+0.36}$mm 可知，由于测量基准与设计基准不重合，就要进行尺寸换算。换算的结果明显地提高了对测量尺寸的精度要求。

2）假废品的分析。对零件进行测量，当 A_2' 的实际尺寸在 $40_{0}^{+0.19}$mm 之间、A_1' 的实际尺寸在 $50_{-0.17}^{0}$mm 之间时，A_0' 必在 $10_{-0.36}^{0}$mm 之间，零件为合格品。

若 A_2' 的实际尺寸超出 $40_{0}^{+0.19}$mm 范围，但仍在原设计要求 $40_{-0.17}^{+0.36}$mm 之间，工序检验时

认为该零件为不合格品。此时，检验人员将会逐个测量另一组成环 A_1'，再由 A_1' 和 A_2' 的具体值计算出 A_0' 值，并判断零件是否合格。

假如 A_2' 的实际尺寸比换算后允许的最小值（$A_{2\min}'=40\text{mm}$）还小 0.17mm，即 $A_{2C}'=(40-0.17)\text{mm}=39.83\text{mm}$，如果 A_1' 刚巧做到最小，即 $A_{1\min}'=(50-0.17)\text{mm}=49.83\text{mm}$，则此时 A_0' 实际尺寸为 $A_0'=A_{1\min}'-A_{2\min}'=(49.83-39.83)\text{mm}=10\text{mm}$，零件为合格品。

同样，当 A_2' 的实际尺寸比换算后允许的最大值（$A_{2\max}'=40.19\text{mm}$）还大 0.17mm，即 $A_{2C}'=(40.19+0.17)\text{mm}=40.36\text{mm}$，如果 A_1' 刚巧也做到最大，即 $A_{1\max}'=50\text{mm}$，则此时 A_0' 的实际尺寸为 $A_0'=A_{1\min}'-A_{2\min}'=(50-40.36)\text{mm}=9.64\text{mm}$，零件仍为合格品。

由上可见，在实际加工中，由于测量基准与设计基准不重合，因而要换算测量尺寸。如果零件换算后的测量尺寸超差，只要它未超出按零件图尺寸链计算出的尺寸（$40_{-0.17}^{+0.36}\text{mm}$）范围，则该零件有可能是假废品，应对该零件进行复检，逐个测量并计算出零件的实际尺寸，由零件的实际尺寸来判断合格与否。

3）设计工艺装备来保证设计尺寸。图 1-36a 为轴承座零件，设计尺寸为 $50_{-0.1}^{0}\text{mm}$ 和 $10_{-0.15}^{0}\text{mm}$（尺寸标注在图样上方）。由于设计尺寸 $50_{-0.1}^{0}\text{mm}$ 在加工时不易测量，如改测尺寸 x，则尺寸 10mm、50mm 和 x 三尺寸形成工艺尺寸链，其中尺寸 50mm 是封闭环。由于封闭环的公差已小于组成环 10mm 的公差，所以必须压缩尺寸 10mm 的公差至 T_{10}'，使 $T_{50}\geqslant T_{10}'+T_x$。设：取 $T_{10}'=0.05\text{mm}$，并标注为 $10_{-0.05}^{0}\text{mm}$（图 1-36a 零件图样的下方），则通过计算求得：$x=60_{-0.10}^{-0.05}\text{mm}$。可见，换算后的测量尺寸精度高于原设计要求。

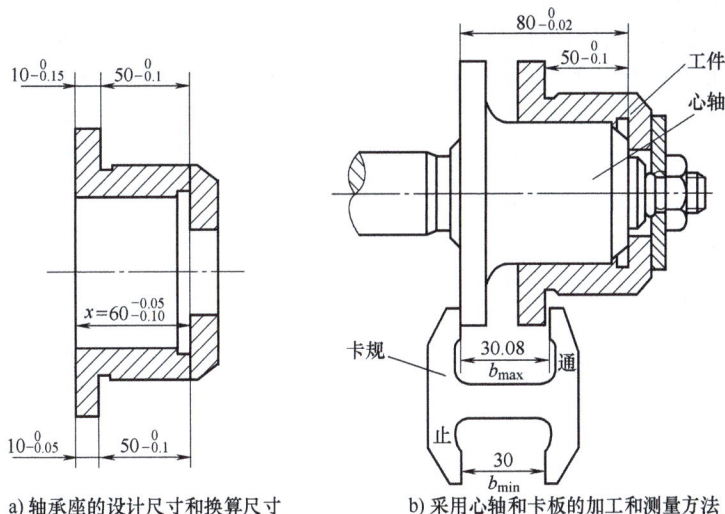

a) 轴承座的设计尺寸和换算尺寸　　　　b) 采用心轴和卡板的加工和测量方法

图 1-36　轴承座的尺寸换算、加工和测量方法

在成批和大量生产中，可设计心轴和卡规来进行加工和测量，如图 1-36b 所示。图中尺寸 50mm、80mm 和 b 形成工艺尺寸链，其中 $50_{-0.1}^{0}\text{mm}$ 是封闭环。组成环 80mm 尺寸因是夹具尺寸，故定为 $80_{-0.02}^{0}\text{mm}$，通过计算可得另一组成环 b 为 $30_{0}^{+0.08}\text{mm}$，即卡规的通端和止端尺寸。由上述分析可知，因测量基准与设计基准不重合，仍要进行尺寸换算，所不同的是工艺尺寸链中的组成环用夹具尺寸替代零件尺寸，从而降低了对测量尺寸的精度要求。但是，该测量尺寸的精度要求仍然比原设计要求高（由原设计要求的公差 0.1mm 缩小到 0.08mm）。可见，最理想的方案是避免测量尺寸的换算。

（2）定位基准与设计基准不重合时工序尺寸及其公差的换算

图 1-14 中尺寸 A、B、C 是设计基准与定位基准不重合时，用调整法加工主轴箱箱体孔，其基准不重合时的尺寸关系。此时，孔的设计基准是底面 D，设计尺寸为 B；孔的定位基准是顶面 F，工序尺寸为 A。应该怎样确定工序尺寸 A 及其公差 T_A，才能保证设计尺寸 B 及其公差 T_B 的要求呢？

首先，要建立设计尺寸 B 和工序尺寸 A 之间的工艺尺寸链，然后进行尺寸链计算，确定工序尺寸 A 及其公差 T_A。

图 1-14 中尺寸 A、B、C 的基准不重合时工序尺寸的换算关系如图 1-37 所示，包含 A、B 和 C 三尺寸的工艺尺寸链，即为所求之尺寸链。其中，尺寸 C 是上工序尺寸，尺寸 A 是本工序加工时控制的尺寸，因而都是组成环，只有设计尺寸 B 才是最后形成的封闭环。它们之间的公差关系可按尺寸链计算公式确定，即

$$T_B = T_A + T_C$$

上式中，已知设计尺寸公差 T_B，因而工序尺寸公差可由设计尺寸的公差按"反计算"形式分配而得。

综上可知，定位基准与设计基准不重合时，工序尺寸及其公差的换算方法是，先找出以设计尺寸为封闭环、以工序尺寸为组成环的工艺尺寸链，再按尺寸链"中间计算"形式分配工序尺寸公差。

下面是定位基准与设计基准不重合的常见应用类型：

1）从待加工的设计基准标注工序尺寸时工序尺寸及其公差的换算。从待加工的设计基准标注工序尺寸，因为待加工的设计基准与设计基准两者差一个加工余量，所以它仍然是设计基准与定位基准不重合。现通过两个实例的分析，进一步加深对基准不重合时工艺尺寸链的建立和计算的理解。

【例 1-2】 图 1-38a 所示为某齿轮孔的局部视图，其设计尺寸是：孔径 $\phi 40^{+0.05}_{0}$ mm 需淬硬，键槽深度尺寸为 $46^{+0.3}_{0}$ mm。其加工顺序如下：

① 镗孔至 $\phi 39.6^{+0.1}_{0}$ mm。

② 插键槽，工序尺寸为 A。

③ 热处理淬火。

④ 磨孔至 $\phi 40^{+0.05}_{0}$ mm，同时保证 $46^{+0.3}_{0}$ mm（假设磨孔和镗孔的同轴度误差很小，可忽略），试求插键槽的工序尺寸及公差。

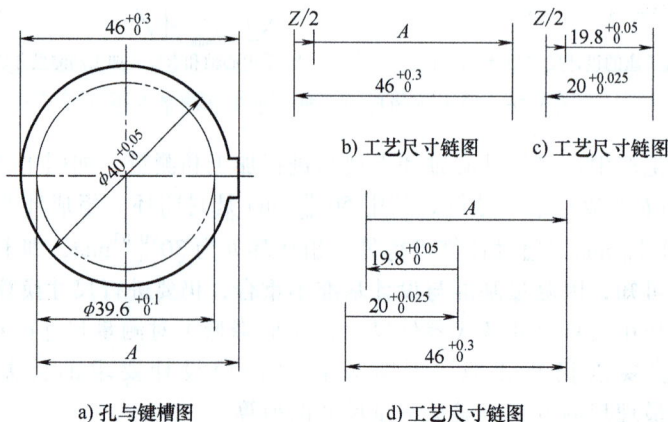

图 1-37 定位基准与设计基准不重合时工序尺寸的换算

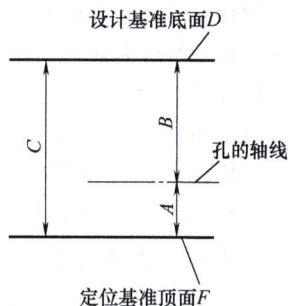

a) 孔与键槽图　　　　d) 工艺尺寸链图

图 1-38 孔与键槽加工的工艺尺寸链

解： ① 建立工艺尺寸链，包括画尺寸链图，确定封闭环和判断增减环。

设计要求尺寸 $46_0^{+0.3}$ mm 和工序尺寸 A 两者仅差半径方向的磨削工序磨削余量即 $Z/2$（Z 是磨削余量）。因此，尺寸 46mm、A 和 $Z/2$ 形成三环工艺尺寸链，如图 1-38b 所示。其中尺寸 A 是插键槽时已形成的尺寸，因而不是封闭环；尺寸 46mm 是在磨孔时最后形成的环，因而尺寸 46mm 是封闭环。

另一方面，磨削余量 $Z/2$ 又是基准重合，表面两次加工时的工序尺寸的封闭环，如图 1-38c 所示。组成环是镗孔和磨孔工序的半径尺寸 $19.8_0^{+0.05}$ mm 和 $20_0^{+0.025}$ mm。若把图 1-38b 和图 1-38c 所示的两个工艺尺寸链串联起来，可得到图 1-38d 所示的四环工艺尺寸链。其中，设计尺寸 $46_0^{+0.3}$ mm 是封闭环，三个工序尺寸（A、$19.8_0^{+0.05}$ mm 和 $20_0^{+0.025}$ mm）是组成环。由尺寸链图可知 A 和 $20_0^{+0.025}$ mm 是增环，$19.8_0^{+0.05}$ mm 是减环。若不忽略磨孔和镗孔的同轴度误差，则尺寸链中增加一个同轴度误差的组成环即可。

② 计算工序尺寸及其公差。建立工艺尺寸链后，就可计算工序尺寸 A 及其公差。本例按"中间计算"形式进行。

按基本尺寸公式求尺寸 A：

因为　　　　46mm = 20mm + A − 19.8mm

所以　　　　A = 45.8mm

按上极限偏差公式求 ES_A

因为　　　　+0.30mm = (+0.025mm + ES_A) − (0)

所以　　　　ES_A = 0.275mm

按下极限偏差公式求 EI_A

因为　　　　+0 = (0 + EI_A) − (+0.05mm)

所以　　　　EI_A = 0.05mm

插键槽的工序尺寸及其偏差

$A = 45.80_{-0.050}^{+0.275}$ mm

按"入体原则"标注偏差，并圆整得

$A = 45.85_0^{+0.23}$ mm

从上述分析可知，从待加工的设计基准标注工序尺寸时的工序尺寸换算和定位基准与设计基准不重合时的工序尺寸换算一样，都是先找出以设计尺寸为封闭环和以工序尺寸为组成环的工艺尺寸链，然后再按尺寸链的计算公式，以"反计算"或"中间计算"形式确定所求工序尺寸及其公差值。

【例 1-3】 图 1-39a 所示为轴套零件图，其轴向的设计尺寸为 $50_{-0.34}^{0}$ mm、$10_{-0.30}^{0}$ mm、（15±0.2）mm。加工顺序如下：

① 镗孔及车端面，工序尺寸为 L_1，如图 1-39b 所示。

② 车外圆及端面，主序尺寸为 L_2 和 L_3，如图 1-39c 所示。

③ 钻孔，工序尺寸为 L_4，如图 1-39d 所示。

④ 磨外圆及台肩，工序尺寸为 L_5，如图 1-39e 所示。

试确定各轴向工序尺寸及其公差。

解： ①确定基准重合时表面多次加工的工序尺寸及其公差。

工序尺寸 L_1 和 L_2 以及 L_3 和 L_5 均属基准重合时表面多次加工的工序尺寸。其中，最后工序的尺寸 L_2 和 L_5 应满足设计要求，即 $L_2 = 50_{-0.34}^{0}$ mm、$L_5 = 10_{-0.30}^{0}$ mm。前工序的工序尺寸 L_1 和 L_3，要先查出工序加工余量再计算确定，现查得端面车削加工余量为 1mm，磨台肩

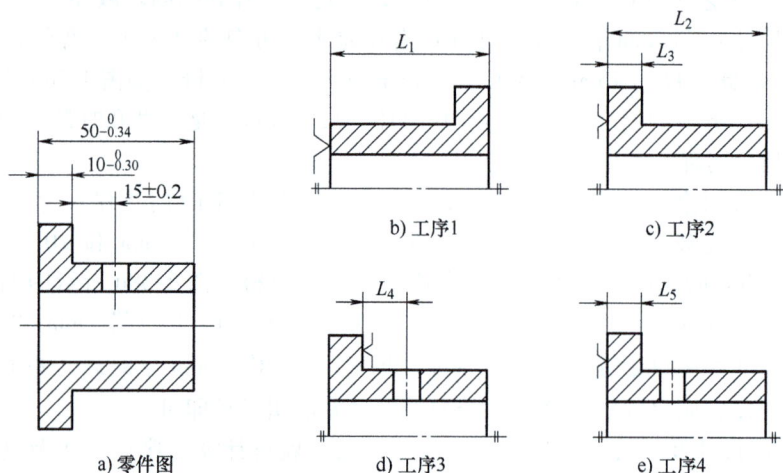

图 1-39 套筒的轴向尺寸加顺序

面磨削余量为 0.4mm，因而

$$L_1 = L_2 + 1\text{mm} = 51\text{mm}$$

$$L_3 = L_5 + 0.4\text{mm} = 10.4\text{mm}$$

工序尺寸公差按经济精度确定。查得 $T_1 = 0.4\text{mm}$，$T_2 = 0.2\text{mm}$，并按"入体原则"标注偏差得：$L_1 = 51_{-0.40}^{\ 0}\text{mm}$，$L_3 = 10.4_{-0.20}^{\ 0}\text{mm}$。

② 确定基准不重合时的工序尺寸及其公差。L_4 是从待加工的设计基准标注的工序尺寸。按下列步骤求解：

建立工艺尺寸链。设计尺寸（15±0.2）mm 和工序尺寸 L_4 仅差磨削时的工序磨削余量 Z，因而尺寸（15±0.2）mm、L_4 和 Z 形成三环的工艺尺寸链，如图 1-40a 所示。其中，设计尺寸（15±0.2）mm 是封闭环。

另一方面，磨削余量 Z 又是基准重合时表面两次加工后工序尺寸 L_3 和 L_5 的封闭环，三个尺寸形成图 1-40b 所示的工艺尺寸链。把图 1-40a 和图 1-40b 两个三环尺寸链串联成一个四环尺寸链，如图 1-40c 所示。其中，设计尺寸（15±0.2）mm 是封闭环，工序尺寸 L_3、L_4 和 L_5 是组成环；L_3 和 L_4 是增环，L_5 是减环。

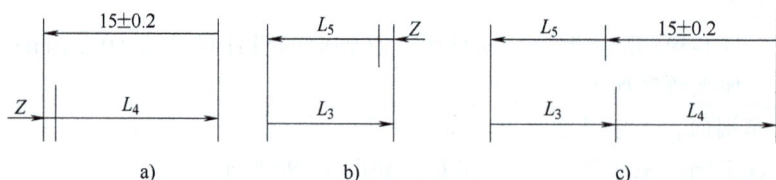

图 1-40 轴套零件轴向尺寸的工艺尺寸链

计算（或校验）各工序尺寸及其公差。由封闭环的极值公差公式，按"反计算"形式分配各组成环公差

$$T_{0L} = \sum_{i=1}^{m} T_i$$

所以　　　$T_{0L} = 0.4\text{mm} = T_3 + T_4 + T_5$

由基准重合、表面多次加工时，求得：$T_3 = 0.2\text{mm}$、$T_5 = 0.3\text{mm}$，代入上式可知，实际加工误差已超过零件设计要求。为此，必须压缩有关工序尺寸公差。现定为 $T_3 = T_5 = 0.1\text{mm}$，并按"入体原则"标注偏差得：$L_3 = 10.4_{-0.10}^{0}\text{mm}$，$L_5 = 10_{-0.10}^{0}\text{mm}$。通过计算可得：$L_4 = (14.6\pm0.1)\ \text{mm}$。

从上述两例的分析可知：

① 两例的第4工序磨削都是同时保证两个设计尺寸：例 1-2 工序 4 同时保证 $\phi40_{0}^{-0.05}\text{mm}$ 和 $46_{0}^{+0.30}\text{mm}$，例 1-3 工序 4 同时保证 $10_{-0.30}^{0}\text{mm}$ 和 $(15\pm0.2)\text{mm}$。其中一个设计尺寸是直接获得的，它们分别为 $\phi40_{0}^{-0.05}\text{mm}$ 和 $10_{-0.30}^{0}\text{mm}$；另一个设计尺寸是最后自然形成的封闭环，它们分别为 $46_{0}^{+0.30}\text{mm}$ 和 $(15\pm0.2)\text{mm}$。因此，也有把"从待加工的设计基准标注工序尺寸的工艺尺寸链计算"称为"多尺寸同时保证的工艺尺寸链计算"。实质上，它们又都是定位基准和设计基准不重合的工艺尺寸链计算的一种特例。

② 尺寸链换算的结果明显地提高了加工要求。因此，要避免尺寸链换算，就要尽量避免定位基准和设计基准不重合，避免从待加工的设计基准标注工序尺寸，避免多尺寸同时保证。在例 1-3 中，若将工序 3 的钻孔改在最后进行，就可避免工艺尺寸链的换算，降低工件的加工要求。

2）多尺寸保证时工艺尺寸链的计算。

【例 1-4】　在图 1-41a 所示的零件中，A 面为主要轴向设计基准，直接从它标注的设计尺寸有 4 个，$(52\pm0.4)\text{mm}$、9.5_{0}^{+1}mm、$5_{-0.16}^{0}\text{mm}$ 和 $(2\pm0.20)\text{mm}$。由于 A 面要求高，安排在最后加工，但在磨削加工工序中（图 1-41b），只能直接控制（即图中标注的）一个尺寸。这个尺寸通常是同一设计基准标注的设计尺寸中精度最高的，本例中即为 $5_{-0.16}^{0}\text{mm}$，而其他 3 个尺寸则需通过换算来间接保证。即要求计算表面 A 磨削前的车削工序中，上述各设计尺寸的控制尺寸及公差。

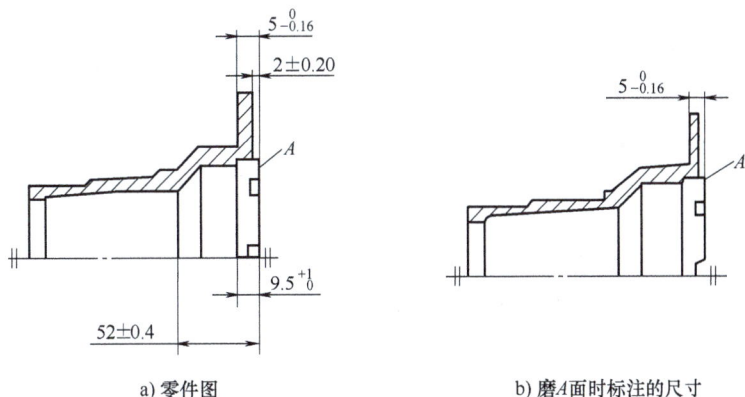

a) 零件图　　　　　　　　　　　　　　b) 磨 A 面时标注的尺寸

图 1-41　多尺寸保证

解：在图 1-42 所示的尺寸链图中，假定尺寸 $5_{-0.16}^{0}\text{mm}$ 磨削前的车削尺寸控制在 $A\pm T_A = (5.3\pm0.05)\text{mm}$，此时磨削余量 Z 为封闭环，则

$$ES_Z = +0.05\text{mm} - (-0.16\text{mm}) = 0.21\text{mm}$$

$$EI_Z = -0.05\text{mm} - 0 = -0.05\text{mm}$$

因此，磨削余量尺寸 $Z = 0.3_{-0.05}^{+0.21}\text{mm}$。

为了在 A 面磨削后，其余的 3 个设计尺寸达到要求，则磨削前的车削尺寸 B、C、D 也应控制。此时磨后的各尺寸为封闭环，磨削余量 Z 为组成环之一，按尺寸链图分别求出磨前各尺寸为 $B = 2.3^{+0.15}_{-0.01}\text{mm}$，$C = 9.8^{+0.95}_{-0.21}\text{mm}$，$D = 52.3^{+0.35}_{-0.19}\text{mm}$。

（3）加工余量校核　工序加工余量的变化量取决于本工序以及前面有关工序加工误差的大小，在已知工序尺寸及其公差的条件下，用工艺尺寸链可以计算加工余量的变化，校核其大小是否合适，通常只需要校核精加工加工余量。

【例 1-5】　图 1-43a 所示为小轴零件图，轴向尺寸需做以下加工：

① 车端面 1。

② 车端面 2，保证端面 1 和端面 2 之间距离尺寸 $A_2 = 49.5^{+0.3}_{0}\text{mm}$。

③ 车端面 3，保证总长 $A_3 = 80^{0}_{-0.2}\text{mm}$。

④ 磨端面 2，保证端面 2 与端面 3 之间距离尺寸 $A_1 = 30^{0}_{-0.14}\text{mm}$。

试校核磨端面 2 的磨削余量。

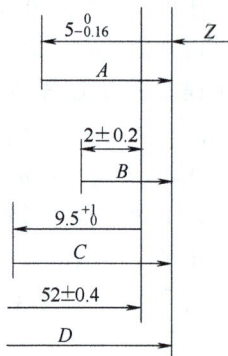

图 1-42　多尺寸保证时的尺寸链

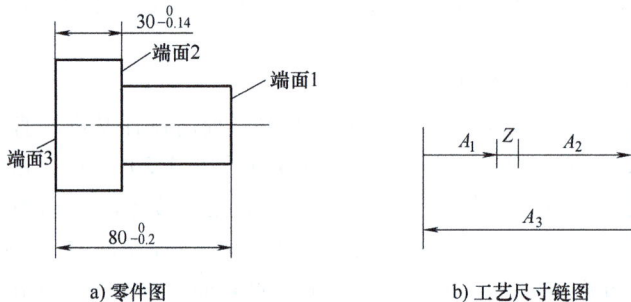

a）零件图　　　　b）工艺尺寸链图

图 1-43　用工艺尺寸链校核余量

解： 由图 1-43b 所示的轴向尺寸工艺尺寸链，因余量 Z 是在加工中间接获得的，故是尺寸链的封闭环。按尺寸链的计算公式，即

$$Z = A_3 - (A_1 + A_2) = 80\text{mm} - (30 + 49.5)\text{mm} = 0.5\text{mm}$$

$$Z_{max} = A_{3max} - (A_{1min} + A_{2min}) = 80\text{mm} - (30 - 0.14)\text{mm} - (49.5 - 0)\text{mm} = 0.64\text{mm}$$

$$Z_{min} = A_{3min} - (A_{1max} + A_{2max}) = (80 - 0.2)\text{mm} - (30 - 0)\text{mm} - (49.5 + 0.3)\text{mm} = 0\text{mm}$$

由于 $Z_{min} = 0$，因此，对有些零件，磨端面 2 时就可能没有加工余量，故必须加大 Z_{min}。因 A_{3min} 和 A_{1max} 是设计尺寸，不能更改，所以只有让 A_{2max} 减小。令 $Z_{min} = 0.1\text{mm}$，代入上式可得

$$A_{2max} = 49.7\text{mm}$$

所以工序尺寸 $A_2 = 49.5^{+0.2}_{0}\text{mm}$。

必须注意：A_2 的基本尺寸不能更改，否则尺寸链中的基本尺寸就不封闭了。

（4）零件进行表面热处理时的工序尺寸换算

1）零件进行表面镀层处理（镀铬、镀锌、镀铜等）时的工序尺寸换算。

【例 1-6】　图 1-44a 为圆环零件图，外圆表面要求镀铬，镀前进行磨削加工，需保证尺寸 $\phi 28^{0}_{-0.045}\text{mm}$。试确定磨削时的工序尺寸 ϕA 及其上、下极限偏差。

解: 由于零件尺寸 $\phi 28_{-0.045}^{0}$ mm 是镀后间接保证的，所以它是封闭环。列出工艺尺寸链（图 1-44b），解之可得

$$\phi A = 28\text{mm} - 0.08\text{mm} = 27.92\text{mm}$$

$$ES_A = 0 - 0 = 0\text{mm}$$

$$EI_A = -0.45\text{mm} - (-0.03)\text{mm} = -0.42\text{mm}$$

所以镀前磨削工序尺寸 $\phi A = 27.92_{-0.42}^{0}$ mm。

应当指出，某些进行镀层处理的零件（如手柄、罩壳等），只是为了美观和防锈，镀层表面没有精度要求，就不存在工序尺寸换算问题。

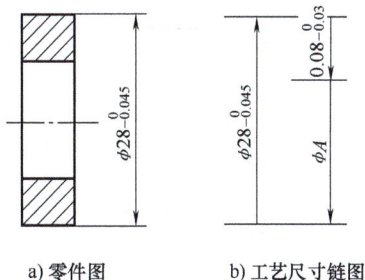

a) 零件图　　b) 工艺尺寸链图

图 1-44　镀层零件工序尺寸换算

2）零件表面渗碳、渗氮处理时的工序尺寸换算。

【例 1-7】　图 1-45a 为轴承衬套，内孔要求渗氮处理，渗氮层深度 t_0（单边）为 $0.3_{0}^{+0.2}$ mm，有关加工工序是：磨内孔保证尺寸 $\phi 144.76_{0}^{+0.04}$ mm；渗氮并控制渗氮层深度为 t_1（单边）；最后精磨内孔，保证尺寸 $\phi 145_{0}^{+0.04}$ mm，同时保证渗氮层深度 t_0 达到图样规定的要求。试确定渗氮层的深度 t_1。

解: 由于图样规定的渗氮层深度是精磨内孔后间接保证的尺寸 t_0，因而是尺寸链的封闭环（图 1-45b），解尺寸链得

$$t_1 = (145/2 + 0.3 - 144.76/2)\text{mm} = 0.42\text{mm}$$

$$ES_{t1} = 0.2\text{mm} - 0.02\text{mm} + 0 = 0.18\text{mm}$$

$$EI_{t1} = 0 - 0 + 0.02\text{mm} = 0.02\text{mm}$$

即精磨前渗氮层深度 $t_1 = 0.42_{+0.02}^{+0.18}$ mm。

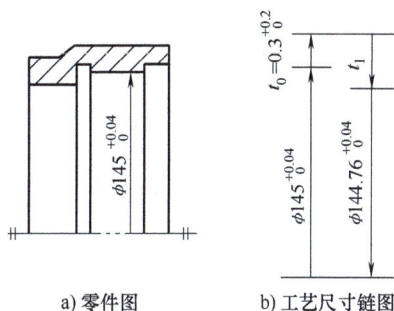

a) 零件图　　b) 工艺尺寸链图

图 1-45　渗氮层零件工序尺寸换算

3. 工序尺寸的图解法

在工序较多、工序中的工艺基准与设计基准又不重合，且各工序的工艺基准需多次转换时，工序尺寸及其公差的换算会变得很复杂，难以迅速地建立工艺尺寸链，而且容易出错。采用把全部工序尺寸、工序加工余量画在一张图表（计算卡）上的图解法，可以直观、简便地建立工艺尺寸链，进而计算工序尺寸及其公差和验算工序加工余量；还便于利用计算机辅助建立和计算工艺尺寸链。

在利用图解法计算零件加工过程的工序尺寸及公差时，不是所有的设计尺寸都需要进行计算，对于两类尺寸是不需要列入的，其一是精度很低（公差等级 IT12 左右）且加工精度高低对装配精度没有影响的尺寸；其二是这些尺寸在设计时在工程尺寸上已经作了处理，且加工精度高低不影响装配精度。

下面以齿轮各端面加工时轴向工序尺寸及其公差的计算为例，具体介绍图表法的绘制和建立及计算工艺尺寸链的方法。为简明起见，仅求算与设计尺寸 $68_{-0.74}^{0}$ mm 及 $49.9_{0}^{+0.068}$ mm 有关的工序尺寸及其公差，见表 1-32 工艺尺寸链的计算卡。

（1）图表的绘制　绘制图表的步骤如下：

1）在图表正上方画出工件简图。简图中标出与工艺计算有关的轴向设计尺寸。为了便于计算，设计尺寸都按平均尺寸表示，即 $68_{-0.74}^{0}$ mm = (67.63 ± 0.37) mm 和 $49.9_{0}^{+0.068}$ mm = (49.934 ± 0.034) mm。从有关表面向下引出三条直线，并按 A、B、C 顺序编好。

表 1-32　工艺尺寸链计算卡　　　　　　　（单位：mm）

代表符号
- ⌐ 定位基准
- •— 工序基准
- —→ 加工表面
- •—→ 工序尺寸
- ▪—→ 封闭环尺寸
- ▨ 切去加工余量

图中标注：67.63±0.37　Ra 0.8　Ra 6.3　Ra 0.8　49.934±0.034

工序号	工序名称	工序平均尺寸 L_{iM}	工序对称偏差 $\pm\frac{1}{2}T_i$	A	B	C	最小加工余量 Z_{imin}	加工余量变动量 $\pm\frac{1}{2}T_{Zi}$	平均加工余量 Z_{iM}	工序尺寸及偏差 L_i　$\dfrac{ES_i}{EI_i}$
I	转塔粗车	70.2	±0.2	①						$70.40^{\ 0}_{-0.4}$
II	转塔粗车	68.7	±0.15	② Z_2			1.2	±0.35	1.55	$68.85^{\ 0}_{-0.3}$
		50.6	±0.15	③ Z_3						$50.75^{\ 0}_{-0.3}$
III	精车	50.27	±0.10	Z_4 ④			0.1	±0.25	0.35	$50.37^{\ 0}_{-0.2}$
		67.73	±0.10	⑤ Z_5			0.1	±0.5	0.6	$67.83^{\ 0}_{-0.2}$
IV	内圆靠火花磨端面	50.17	(±0.02)$=Z_6$　±0.12	(6)$=Z_6$　⑦			0.08	±0.02	0.1	$59.29^{\ 0}_{-0.24}$（封闭环）
V	磨端面	(49.934)	±0.034	⑧ Z_8			0.08	±0.154	0.234	$(49.9^{+0.068}_{\ 0})$
结果尺寸校核	49.934±0.034	49.934	±0.034	⑧			合　格			
	67.63±0.37	67.63	±0.12	⑨			合　格			

设计尺寸	实际获得尺寸	计　算　关　系　式
		$L_{5M}=L_{9M}+Z_{6M}=67.73$；　$L_{4M}=L_{8M}+Z_{6M}+Z_{8M}=50.27$
		$L_{7M}=L_{4M}-Z_{6M}=50.17$；　$L_{3M}=L_{4M}+Z_{4M}=50.62$
		$L_{2M}=L_{3M}-L_{4M}+L_{5M}+Z_{5M}=68.66$；　$L_{1M}=L_{2M}+Z_{2M}=70.21$

2）自上而下画出表格，依次分栏说明各工序的名称和加工内容。

3）用表中左上方的代表符号，画出各工序的定位基准、工序基准、加工表面、工序尺寸、切去加工余量等以及封闭环尺寸。

4）在图表的左侧，写明工序号、工序名称、工序平均尺寸和工序对称偏差等。在图表的右侧，写明最小加工余量、加工余量变动量、平均加工余量和工序尺寸及其偏差。在图表的最下方，写明设计尺寸（并在其数字代号上标上圆圈，以示与未知工序尺寸相区别）、实际获得尺寸和计算关系式及其计算结果，并校核加工的结果。

5）各加工余量所处的位置，应画在待加工表面引线的体内位置，然后又折回原表面引线位置。在计算前工序尺寸时，应按所画加工余量的实际位置，予以相加或相减。

（2）用图解法建立工艺尺寸链的方法

1）确定全部封闭环。封闭环一般有两种：

① 除"靠火花"磨削余量外的各工序加工余量（靠火花磨削时，该工序尺寸则是封闭环）。

② 间接形成的设计尺寸（直接形成的设计尺寸是组成环）。

本例的封闭环是设计尺寸⑨ = (67.63±0.37) mm 和除工序Ⅳ靠火花磨削余量 Z_6 以外的全部余量，以及工序Ⅳ的工序尺寸 7。

2）按每个封闭环查找其组成环。图解法查找组成环的方法是：从封闭环的两端沿相应表面线同时向上寻找，当遇到尺寸箭头时，说明此表面是在该工序加工而得，因而可判定该工序尺寸就是一个组成环。此时，就应拐弯沿该工序尺寸的箭头逆向追踪至工序基准。然后，再沿该工序基准的相应表面线以上述方法继续向上寻找组成环，直到两条寻找线汇合封闭为止。显然，工艺尺寸链的组成环，应该是也只能是由那些在寻找时被经过的工序尺寸（或靠火花磨削时的加工余量）所组成。表 1-32 中以设计尺寸⑨和余量 Z_5 为封闭环的实例，用虚线和箭头表示图解法寻找组成环所经过的封闭路线。

设计尺寸⑨为封闭环的工艺尺寸，链图如图 1-46a 所示，组成环有工序尺寸 5 和 Z_6（工序Ⅳ靠火花磨削的余量）。余量 Z_5 为封闭环的工艺尺寸，链图如图 1-46d 所示，组成环有工序尺寸 2、3、4 和 5 四个。工序Ⅳ靠火花磨削时的工序尺寸 7 也是封闭环，它需注明在工序卡中作为检验用的尺寸，其尺寸链图如图 1-46c 所示，组成环为工序尺寸 4 和加工余量 Z_6。同样，还可建立加工余量 Z_8、Z_4 和 Z_2 等作为封闭环的工艺尺寸链图，分别如图 1-46b、e和 f 所示。

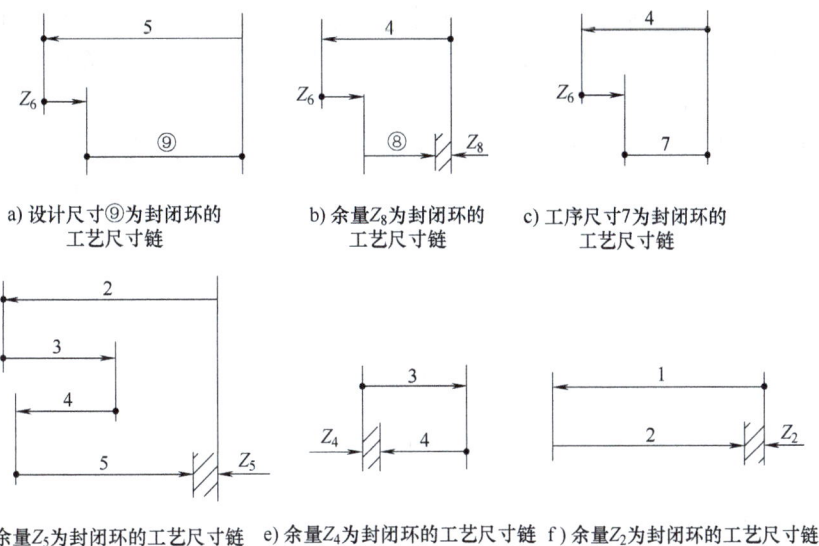

a) 设计尺寸⑨为封闭环的
工艺尺寸链

b) 余量 Z_8 为封闭环的
工艺尺寸链

c) 工序尺寸7为封闭环的
工艺尺寸链

d) 余量 Z_5 为封闭环的工艺尺寸链　e) 余量 Z_4 为封闭环的工艺尺寸链　f) 余量 Z_2 为封闭环的工艺尺寸链

图 1-46 齿轮端面尺寸的工艺尺寸链图

（3）计算工艺尺寸链的步骤和方法 计算工艺尺寸链的具体步骤如下：

1）确定各工序尺寸的公差。首先，确定要求高（即公差小）的工序尺寸，再确定公差大的工序尺寸，一般是先确定和设计尺寸有关的工序尺寸公差。这种工序尺寸出现在两种情况下：第一种情况，工序尺寸是以设计尺寸为封闭环中的组成环。此时按"反计算"形式把设计尺寸的公差先按"等公差原则"均分，再根据加工难易和尺寸大小，适当调整后分配给各有关的工序尺寸（组成环）；第二种情况，工序尺寸等于设计尺寸，此时，工序尺寸公差直接按设计尺寸确定，工序尺寸公差等于设计尺寸公差。

其次，确定和设计尺寸要求无直接关系的工序尺寸公差。这些工序尺寸公差影响加工余量的变动量，常按该工序的经济精度确定。

从表 1-32 中可知，本实例中和设计尺寸有关且要求较严的工序尺寸是尺寸⑧，该工序尺寸直接等于设计尺寸，故工序尺寸⑧的公差等于设计尺寸 49.934mm 的公差，即 $T_⑧ =$ 0.068mm。与设计尺寸有关的工序尺寸，还有图 1-46a 所示的以设计尺寸⑨为封闭环的工艺尺寸链中的工序尺寸 5。因设计尺寸⑨的公差要求较低，即 $T_⑨ = 0.74$mm，故工序尺寸 5 可按经济精度定。其余的工序尺寸和设计尺寸无直接关系，因此这些工序尺寸也均按经济精度确定。

按有关经济精度表格查得：精车时，$T_4 = T_5 = 0.2$mm；粗车时，$T_2 = T_3 = 0.3$mm，$T_1 = 0.4$mm。靠火花磨削的磨削余量根据现场加工确定，即 $T_{Z6} = 0.04$mm。最后，再验算设计尺寸⑨的公差。由图 1-46a 可知

$$T_⑨ = T_5 + T_{Z6}$$

代入上述数值后得

$$T_⑨ = 0.2\text{mm} + 0.04\text{mm} = 0.24\text{mm} < 0.74\text{mm}$$

故满足设计要求。

将确定的各工序尺寸公差化成对称偏差，即 ±T/2，并填入计算卡中。

2）确定工序加工余量值。确定加工余量值的方法有两种：一种方法是先查出加工余量的基本值，再由加工余量为封闭环的工艺尺寸链中，求出加工余量的公差值即加工余量的变化范围，并验算最大加工余量和最小加工余量是否合理。若不合理，则调整加工余量的基本值，使其满足要求。另一种方法是先确定最小加工余量，再由加工余量为封闭环的工艺尺寸链中求出加工余量的公差值，并求出平均加工余量。此法不必返工，计算比较方便。本例按后一种方法确定工序加工余量值。

先确定最小工序加工余量 $Z_{\min}$。按分析计算法确定的最小工序加工余量为：磨削时，$Z_{8\min} = Z_{6\min} = 0.08$mm；精车时，$Z_{5\min} = Z_{4\min} = 0.1$mm；粗车时 $Z_{2\min} = 1.2$mm。再求工序加工余量的变动范围和平均加工余量，各工序的平均加工余量计算如下

$$Z_{8M} = Z_{8\min} + \frac{T_8 + T_{Z6} + T_4}{2} = 0.08\text{mm} + \frac{0.068 + 0.04 + 0.2}{2}\text{mm} = 0.234\text{mm}$$

$$Z_{6M} = Z_{6\min} + \frac{T_{Z6}}{2} = 0.08\text{mm} + \frac{0.04}{2}\text{mm} = 0.1\text{mm}$$

$$Z_{5M} = Z_{5\min} + \frac{T_5 + T_4 + T_3 + T_2}{2} = 0.1\text{mm} + \frac{0.2 + 0.2 + 0.3 + 0.3}{2}\text{mm} = 0.6\text{mm}$$

$$Z_{4M} = Z_{4\min} + \frac{T_3 + T_4}{2} = 0.1\text{mm} + \frac{0.3 + 0.2}{2}\text{mm} = 0.35\text{mm}$$

$$Z_{2M} = Z_{2\min} + \frac{T_1 + T_2}{2} = 1.2\text{mm} + \frac{0.4 + 0.3}{2}\text{mm} = 1.55\text{mm}$$

3）按一定次序求各工序尺寸。从表 1-32 中，由带圆圈的工序尺寸（已知的尺寸）逐步加或减加工余量（平均加工余量），就能求出各工序的平均尺寸。各工序的平均尺寸计算如下

$$L_{5M} = L_{9M} + Z_{6M} = 67.63\text{mm} + 0.1\text{mm} = 67.73\text{mm}$$

$$L_{4M} = L_{8M} + Z_{6M} + Z_{8M} = 49.934\text{mm} + 0.1\text{mm} + 0.234\text{mm} = 50.268\text{mm} \approx 50.27\text{mm}$$

$$L_{7M} = L_{4M} - Z_{6M} = 50.27\text{mm} - 0.1\text{mm} = 50.17\text{mm}$$

$$L_{3M} = L_{4M} + Z_{4M} = 50.27\text{mm} + 0.35\text{mm} = 50.62\text{mm} \approx 50.6\text{mm}$$

$$L_{2M} = L_{3M} - L_{4M} + L_{5M} + Z_{5M} = 50.6\text{mm} - 50.27\text{mm} + 67.73\text{mm} + 0.6\text{mm} = 68.66\text{mm} \approx 68.7\text{mm}$$

$L_{1M} = L_{2M} + Z_{2M} = 68.66\text{mm} + 1.55\text{mm} = 70.21\text{mm} \approx 70.2\text{mm}$

最后，按"入体原则"标注工序尺寸及公差。具体尺寸是：$L_1 = 70.40_{-0.4}^{\ 0}\text{mm}$，$L_2 = 68.85_{-0.3}^{\ 0}\text{mm}$，$L_3 = 50.75_{-0.3}^{\ 0}\text{mm}$，$L_4 = 50.37_{-0.2}^{\ 0}\text{mm}$，$L_5 = 67.83_{-0.2}^{\ 0}\text{mm}$，$L_7 = 50.29_{-0.24}^{\ 0}\text{mm}$，$L_8 = 49.9_{0}^{+0.068}\text{mm}$（设计尺寸）。

全部计算结果填入表1-32中。

十、机械加工质量分析

高产、优质、低消耗，产品技术性能好、使用寿命长，这是对机械制造企业的基本要求，而质量问题则是最根本的问题。不断提高产品的质量，提高其使用效能和使用寿命，最大限度地消灭废品，减少次品，提高产品合格率，以便节约材料和减少人力消耗，这是机械制造行业必须遵循的基本原则。机械零件的加工质量直接关系到机械产品的最终质量，在制订零件加工工艺规程时，必须充分考虑零件的加工质量，必须认真分析加工过程中可能出现的质量问题并找出原因，提出改进措施以保证加工质量。

机械加工质量指标包括两方面的参数：一方面是宏观几何参数，指机械加工精度；另一方面是微观几何参数和表面物理力学性能等方面的参数，指机械加工表面质量。

项目2 套类零件工艺设计与实施

【项目导入】

套类零件是机械中常见的一种零件，它的应用范围很广，主要起支承或导向作用。本项目通过对液压缸套筒零件的结构工艺性分析、毛坯确定、工艺路线拟订、工序设计四个任务的学习和实施，掌握套类零件工艺规程编制的方法和步骤。

工作对象：图 2-1 为液压缸套筒，大批量生产。

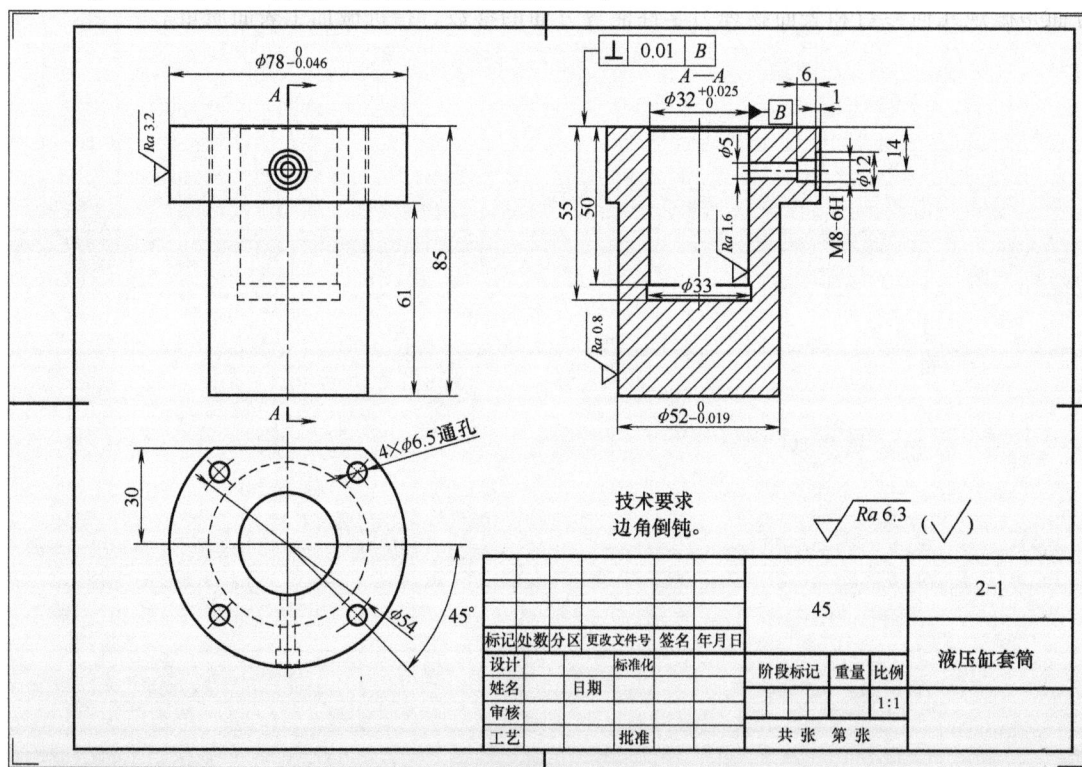

图 2-1 液压缸套筒

【设备要求】

（1）CLX-450 万能车削中心（DMG-MORI）。

（2）NL201HA 滚动导轨型数控卧式车床数控车床（FANUC 0i-TF PLUS）。

（3）VM740S 配备有第四转轴的高效型立式加工中心（FANUC 0i-MF PLUS）。

【学习目标】

（1）素养目标

1）通过制订某型号坦克套筒零件的工艺规程，培养自力更生、军工报国的军工精神。

2）通过分析零件的结构和精度，培养精益求精的工匠精神。

3）通过学习毛坯制造方法，弘扬劳动精神，培养爱岗敬业的工匠精神和艰苦奋斗、甘于奉献的军工精神。

4）通过设计套筒零件的工艺路线，培养勇于探索的创新精神。

5）通过确定工艺参数和优化切削参数，培养专注的工匠精神和勇攀高峰、为国争光的军工精神。

6）通过小组讨论和汇报，培养诚信、友善的社会主义核心价值观和团队协作精神。

（2）知识目标

1）掌握套类零件的结构工艺性分析方法。

2）掌握套类零件的毛坯确定方法。

3）掌握套类零件的工艺路线拟订方法。

4）掌握套类零件的工序设计方法。

（3）能力目标

1）能分析套类零件的结构工艺性。

2）能确定套类零件的毛坯。

3）能拟订套类零件的工艺路线。

4）能完成套类零件的工序设计。

【项目任务】

1）零件结构工艺性分析。

2）确定毛坯。

3）拟订工艺路线。

4）工序设计。

任务 2.1 结构工艺性分析

【工艺讲堂】

"绝世刀工"的大国工匠——龙小平

龙小平，国机集团首席技师，国机集团二重（德阳）重型装备有限公司铸锻公司车工高级技师，先后荣获全国技术能手、全国职工创新能手、中央企业技术能手、四川省技术能手等荣誉称号。

1988年冬，刚满18岁的龙小平入厂时只是一个学徒工。在老师傅们的谆谆教导下，他不断钻研、勤奋努力，逐渐从"门外汉"成长为首席技师。在精车中，龙小平是出了名的下刀快、稳、准。精车的加工余量多少对加工精度、表面粗糙度这几个要素影响很重要，他都能控制得恰到好处，一个精密公差尺寸他最多三刀就可以搞定。龙小平说："细节做好了，结果一定不会差。"出神入化的刀工也让他获得了一个颇具"江湖高手"风范的名字——"龙一刀"。

在长期的实践与钻研下，龙小平在复杂高精度零件的工艺分析与加工方面，尤其是各种异形螺纹的加工上，形成了一套独门绝技。从宝钢5m轧机到8万t模锻压机的零部件制造，从300MW火电转子到CAP1400百万kW核电转轴精车工序，从小到几毫米大到几米的零部件加工，他都能做到极致精度达微米级，破解了各类零部件加工精度难题。

"我们干的是精加工，什么是'精'？首先是一颗精益求精、追求极致的工匠之心，其次是对工作、对产品的精工细作、精雕细琢，最重要的是在攻坚克难、塑造精品时的创新应用。"靠着坚持、执着、专注、严谨，龙小平把对精加工刀具的操控练到了炉火纯青的程度。

【任务描述】

零件结构工艺性分析是制订工艺规程的一个重要环节。套类零件与轴类零件的结构工艺性有很大不同，只有对零件的结构工艺性进行充分分析，才能清楚零件的结构特点、加工表面与非加工表面、重要表面与非重要表面、技术要求的高低等直接影响零件加工性的因素，才能制订出最合理的工艺规程。本任务是分析液压缸套筒零件的结构工艺性，包括功能、结构特点和技术要求，并对零件的结构工艺性做出正确评价。

【学习目标】

（1）素养目标

1）通过某型号坦克的介绍，培养自力更生、军工报国的军工精神。

2）通过零件的结构和精度分析，培养精益求精的工匠精神。

3）通过零件图分析，树立标准意识。

4）通过小组讨论和汇报，培养诚信、友善的社会主义核心价值观和团队协作精神。

（2）知识目标

1）掌握零件结构工艺性的概念。

2）掌握套类零件的功能与结构特点。

3）掌握套类零件的技术要求。

4）了解当前制造业中新技术、新工艺、新装备的应用和发展前景。

（3）能力目标

1）能正确审查套类零件的零件图。

2）能正确分析套类零件的功能与结构特点。

3）能正确分析套类零件的技术要求。

4）能正确评价套类零件的结构工艺性。

【任务分组】

将任务2.1分组信息填入表2-1。

表2-1 任务2.1分组信息

班级		组别		指导教师	
组长		学号			
组员	学号	姓名		任务分工	

【问题引导】

1. 套类零件的结构特点是什么？

_____

_____

_____

2. 套类零件的主要技术要求有哪些？

_____

_____

_____

3. 液压缸套筒零件的重要表面有哪些？

_____

_____

_____

【任务实施】

1. 审查零件图

任务 2.1

_____

_____

_____

2. 分析零件功能与结构特点

_____

_____

_____

3. 分析零件技术要求

（1）尺寸公差分析

_____

_____

_____

（2）几何公差分析

_____

_____

_____

（3）表面质量分析

_____

_____

_____

4. 评价套筒零件的结构工艺性

_____

_____

_____

【任务评价】

套类零件的结构工艺性分析评价表见表 2-2。

表 2-2　套类零件的结构工艺性分析评价表

序号	考核评价项目		考核内容	学生自评	小组互评	教师评价	配分/分	成绩/分
1	线下考核	知识目标	相关知识点的学习、自学笔记				30	
			审查零件图					
			零件功能与结构特点分析					
			技术要求分析					
			零件的结构工艺性评价					
2		能力目标	信息搜集,自主学习,分析解决问题,归纳总结及创新能力				10	
3		素养目标	工匠精神、军工精神、团队协作、沟通协调、语言表达能力				10	
4	线上考核	资源学习	线上平台教学视频、动画、章节测试等资源学习				30	
5		课堂参与度	签到、主题讨论、随堂测验、分组任务、抢答等参与情况				20	
合计								

【知识链接】

1. 套筒零件的功能与结构特点

套筒零件是机械中常见的一种零件,通常起支承或导向作用。它的应用范围很广,例如支承旋转轴上的各种形式的轴承、夹具上引导刀具的导向套、内燃机上的气缸套以及液压缸等,图 2-2 为套类零件示例。

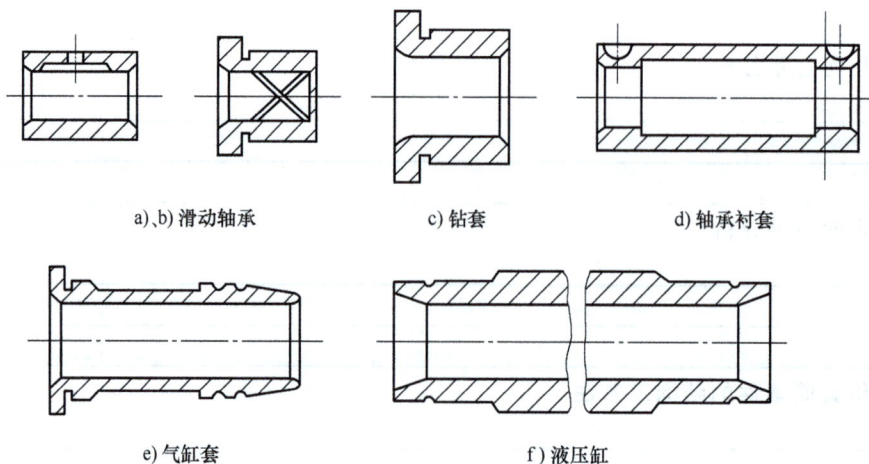

a)、b) 滑动轴承　　　c) 钻套　　　d) 轴承衬套

e) 气缸套　　　f) 液压缸

图 2-2　套类零件示例

由于它们功用不同，套筒零件的结构和尺寸有着很大的差别，但结构上仍有共同特点：零件的主要表面为同轴度要求较高的内外旋转表面、零件壁的厚度较薄易变形、零件长度一般大于直径等。

2. 套筒零件的技术要求

套筒零件的主要表面是孔和外圆，其主要技术要求如下：

（1）孔的技术要求 孔是套筒零件起支承或导向作用最主要的表面。孔的直径尺寸公差等级一般为IT7，精密轴套取IT6。由于与气缸和液压缸相配的活塞上有密封圈，所以这种孔的直径公差要求较低，通常取IT9。孔的形状公差应控制在孔径公差以内，一些精密套筒控制在孔径公差的1/3～1/2。对于长套筒，除有圆度要求以外，还应有圆柱度要求。为了保证零件的功用和提高其耐磨性，孔的表面粗糙度值为$Ra0.16～2.5\mu m$，要求高的表面粗糙度值达$Ra0.04\mu m$。

（2）外圆表面的技术要求 外圆是套筒的支承面，常采用过盈配合或过渡配合同箱体或机架上的孔相连接。套筒的外径尺寸公差等级通常取IT6～IT7，形状公差控制在外径公差以内，表面粗糙度值为$Ra0.63～5\mu m$。

（3）孔与外圆轴线的同轴度要求 当孔的最终加工方法是通过将套筒装入机座后合件进行加工时，其套筒内、外圆间的同轴度要求可以低一些；若最终加工是在装入机座前完成，则同轴度要求较高，一般为$0.01～0.05mm$。

（4）孔轴线与端面的垂直度要求 当套筒的端面（包括凸缘端面）在工作中承受轴向载荷，或虽不承受载荷，但在装配或加工中作为定位基准时，端面与孔轴线的垂直度要求较高，一般为$0.01～0.05mm$。

任务2.2 确定毛坯

【工艺讲堂】

铸造行业的院士——柳百成

柳百成，铸造及材料加工专家，1999年当选为中国工程院院士。长期从事用信息技术提升传统铸造行业技术水平及提高铸造合金性能的研究，在多尺度、多学科宏观及微观铸造，凝固过程建模与仿真，铸造合金凝固过程基础理论以及提高性能应用研究等方面做出重要贡献。2002年获光华工程科技奖，2011年及2015年获中国机械工程学会"中国铸造杰出贡献奖"及"中国铸造终身成就奖"。

1952年，柳百成服从祖国的挑选，志愿到最苦最累的铸造专业学习。第一次是赴鞍钢进行认识实习，工人师傅告诉他："铸造就是睁着眼睛造，闭着眼睛浇。"能够看到的只是砂型和砂芯，合型后对浇注成铸件的过程却是两眼一抹黑，完全是凭经验办事。柳百成对此深有感悟，铸造行业实在太高深莫测了。直到改革开放后留学归来，他将计算机数值模拟引入铸造行业，才为解决这一难题开辟了道路。柳百成带领的团队创造性地采用了多尺度建模与仿真技术，研发完成了国内第一个以"铸造之星"命名的商品化三维铸造工艺CAD及凝固过程模拟分析系统，该系统于1993年被国家科委批准成为"国家级科技成果重点推广计划"项目。

现如今，"铸造之星"工业软件国内有60余个企业应用，实现了优化铸造工艺、确保铸件质量、缩短制造周期及降低生产成本的目标，取得了显著的经济效益及社会效益。

【任务描述】

通过此任务掌握液压缸套筒零件毛坯确定的方法，并能正确地选择毛坯类型和制造方法，确定毛坯精度及加工余量和绘制毛坯图。

【学习目标】

（1）素养目标

1）通过学习毛坯制造方法，培养爱岗敬业的工匠精神。

2）通过学习铸造专家柳百成先进事迹，培养艰苦奋斗、爱国奉献的军工精神。

3）通过毛坯制造过程讲解，弘扬劳动精神。

4）通过小组讨论和汇报，培养诚信、友善的社会主义核心价值观和团队协作精神。

（2）知识目标

1）了解套类零件毛坯的种类与应用范围。

2）掌握套类零件毛坯加工余量与公差的确定方法。

3）掌握毛坯图的绘制方法。

（3）能力目标

1）能合理选择套类零件的毛坯类型与制造方法。

2）能正确确定套类零件的毛坯加工余量和公差。

3）会画毛坯图。

【任务分组】

将任务 2.2 的分组信息填入表 2-3。

表 2-3　任务 2.2 分组信息

班级		组别		指导教师	
组长		学号			
组员	学号	姓名		任务分工	

【问题引导】

1. 套类零件常用的毛坯类型有哪些？

_____

_____

_____

2. 锻件毛坯与棒料毛坯相比有什么优缺点？

_____

_____

_____

3. 选择棒料时，毛坯的加工余量和公差如何确定？

_____

_____

_____

【任务实施】

任务 2.2

1. 选择毛坯类型

_____

_____

_____

2. 选择毛坯制造方法

_____

_____

_____

3. 确定毛坯加工余量及公差

（1）初步确定毛坯加工余量

_____

_____

_____

（2）最终确定毛坯加工余量及公差

_____

_____

_____

4. 画毛坯-零件合图（表2-4）

表 2-4　毛坯-零件合图

【任务评价】

确定毛坯评价表见表 2-5。

表 2-5 确定毛坯评价表

序号	考核评价项目		考核内容	学生自评	小组互评	教师评价	配分/分	成绩/分
1	线下考核	知识目标	相关知识点的学习、自学笔记				30	
			毛坯类型与制造方法选择					
			确定毛坯加工余量与公差					
			画毛坯-零件合图					
2		能力目标	信息搜集,自主学习,分析解决问题,归纳总结及创新能力				10	
3		素养目标	工匠精神、军工精神、团队协作、沟通协调、语言表达能力				10	
4	线上考核	资源学习	线上平台教学视频、动画、章节测试等资源学习				30	
5		课堂参与度	签到、主题讨论、随堂测验、分组任务、抢答等参与情况				20	
合计								

【知识链接】

套筒零件一般用钢、铸铁、青铜或黄铜制成。有些滑动轴承采用双金属结构,以离心铸造法在钢或铸铁套筒内壁上浇注巴氏合金等轴承合金材料,既可节省贵重的有色金属,又能提高轴承的寿命。对于一些强度和硬度要求较高的套筒(如镗床主轴套筒、伺服阀套),可选用优质合金钢(38CrMoAIA、18Cr2Ni4WA)。

套筒的毛坯选择与其材料、结构、尺寸及生产批量有关。孔径小的套筒一般选择热轧或冷拉棒料,也可采用实心铸件;孔径较大的套筒常选择无缝钢管或带孔的铸件和锻件。大批量生产时,采用冷挤压和粉末冶金等先进毛坯制造工艺,既可节约用材,又可提高毛坯精度及生产率。

任务 2.3 拟订工艺路线

【工艺讲堂】

"文墨精度"的大国工匠——方文墨

方文墨,中航工业沈阳飞机工业集团有限公司钳工、中航工业首席技能专家、高级技师。他创造了"0.003mm加工公差"的"文墨精度",被誉为"全国最好的钳工",

他曾获得沈阳飞机工业集团有限公司钳工青年组第一名，沈阳市、辽宁省、全国技术大比武本专业的冠军，"全国五一劳动奖章"，航空工业首席技术专家，国务院特殊津贴。

方文墨班组经常遇到加工精度高、外形复杂的活。有一次，安装电缆的铜接头在加工时遇到了麻烦。加工时需要在接头上钻一个 $\phi1.4mm$ 的小孔，产生的铜屑如果留在零件里就会引起飞机的电路短路，后果十分严重。方文墨反复研究后发现原本的加工方法是正确的，但是模具的设计和工艺存在问题。于是他一遍遍琢磨，对铜接头的工艺流程进行了三项改进，改进后不仅解决了杂质排除的问题，工作效率也提高了四倍。

【任务描述】

本任务是拟订液压缸套筒零件的工艺路线，包括选择定位基准和表面加工方法、划分加工阶段、确定加工顺序、画工艺流程图、填写机械加工工艺过程卡。

【学习目标】

（1）素养目标

1）通过工艺路线的设计，增强勇于探索的创新精神。

2）通过先进加工方法介绍，培养勇攀高峰、为国争光的军工精神。

3）通过定位基准的选择，培养精益求精的工匠精神。

4）通过小组讨论和汇报，培养诚信、友善的社会主义核心价值观和团队协作精神。

（2）知识目标

1）掌握定位基准的选择原则。

2）掌握表面加工方法的选择知识。

3）掌握划分加工阶段的方法。

4）掌握工序顺序的安排原则。

5）掌握机械加工工艺过程卡的填写方法。

6）掌握工艺流程图的绘制方法。

（3）能力目标

1）能合理选择套类零件的定位基准。

2）能合理选择套类零件各加工表面的加工方法。

3）能合理划分零件的加工阶段。

4）能合理确定套类零件的加工顺序。

5）能拟订中等难度套类零件的机械加工工艺路线。

6）会画工艺流程图。

【任务分组】

将任务 2.3 的分组信息填入表 2-6。

表 2-6　任务 2.3 分组信息

班级		组别		指导教师	
组长		学号			

（续）

	学号	姓名	任务分工
组员			

【问题引导】

1. 套类零件加工时一般采用的定位基准有哪些？

_____

_____

2. 常用的孔加工方法有哪些？各有什么特点？

_____

_____

3. 液压缸套筒零件的加工是否需要划分加工阶段，其原因是什么？

_____

_____

_____

【任务实施】

任务 2.3

1. 选择定位基准

_____

_____

2. 选择表面加工方法

_____

_____

3. 划分加工阶段

_____

_____

4. 确定工序顺序

_____

_____

_____

5. 填写液压缸套筒零件机械加工工艺过程卡（表2-7）

表 2-7　液压缸套筒零件机械加工工艺过程卡

机械加工工艺过程卡			产品型号		零件图号				
			产品名称		零件名称		共　页	第　页	
材料牌号		毛坯种类		毛坯外形尺寸		每毛坯件数		每台件数		备注	

工序号	工序名称	工序内容		车间	工段	设备	工艺装备	工时/min	
								准终	单件

					设计（日期）	校对（日期）	审核（日期）	标准化（日期）	会签（日期）

标记	处数	更改文件号	签字	日期	标记	处数	更改文件号	签字	日期

6. 画工艺流程图（表2-8）

表 2-8　工艺流程图

【任务评价】

拟订工艺路线评价表见表2-9。

表2-9 拟订工艺路线评价表

序号	考核评价项目		考核内容	学生自评	小组互评	教师评价	配分/分	成绩/分
1	线下考核	知识目标	相关知识点的学习、自学笔记				30	
			选择定位基准					
			选择表面加工方法					
			划分加工阶段					
			确定工序顺序					
			填写机械加工工艺过程卡					
			画工艺流程图					
2		能力目标	信息搜集,自主学习,分析解决问题,归纳总结及创新能力				10	
3		素养目标	工匠精神、军工精神、团队协作、沟通协调、语言表达能力				10	
4	线上考核	资源学习	线上平台教学视频、动画、章节测试等资源学习				30	
5		课堂参与度	签到、主题讨论、随堂测验、分组任务、抢答等参与情况				20	
			合计					

【知识链接】

套筒零件由于功能、结构形状、材料、热处理以及尺寸不同,其工艺差别很大。按结构形状来分,大体上分为短套筒与长套筒两类。它们在机械加工中对工件的装夹方法要求有很大差别。对于短套筒(如钻套),通常可在一次装夹中完成内、外圆表面及端面加工(车或磨),工艺过程较为简单,精度容易达到,所以不在此介绍其加工工艺过程了。

1. 长套筒类零件机械加工工艺规程的制订

以图2-3所示液压缸零件为例,介绍长套筒类零件机械加工工艺规程的制订方法。

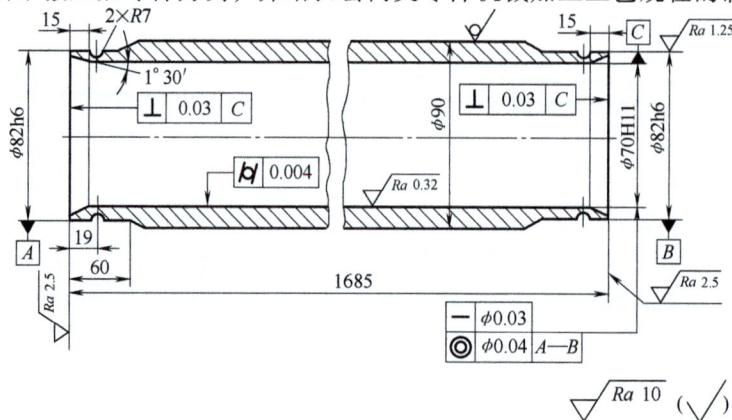

图2-3 液压缸零件

（1）液压缸机械加工工艺过程　液压缸机械加工工艺过程见表2-10。

表2-10　液压缸机械加工工艺过程

序号	工序名称	工序内容	定位与夹紧
1	配料	无缝钢管切断	
2	车	1. 车ϕ82mm外圆到ϕ88mm并车M88×1.5mm螺纹（工艺用）	自定心卡盘夹一端，大头顶尖顶另一端
		2. 车端面及倒角	自定心卡盘夹一端，搭中心架托ϕ88mm处
		3. 调头车ϕ82mm外圆到ϕ84mm	自定心卡盘夹一端，大头顶尖顶另一端
		4. 车端面及倒角，取总长1686mm（留加工余量1mm）	自定心卡盘夹一端，搭中心架托ϕ88mm处
3	深孔精镗	1. 半精镗孔到ϕ68mm	一端用M88×1.5mm螺纹固定在夹具中，另一端搭中心架
		2. 半精镗孔到ϕ69.85mm	
		3. 精镗（浮动镗刀镗孔）到$\phi(70\pm0.02)$mm，表面粗糙度值为$Ra2.5\mu m$	
4	液压孔	用液压头滚压孔至$\phi70^{+0.19}_{0}$（H11）mm，表面粗糙度值为$Ra0.32\mu m$	一端螺纹固定在夹具中，另一端搭中心架
5	车	1. 车去工艺螺纹，车ϕ82h6到尺寸，车R7mm槽	软爪夹一端，以孔定位顶另一端
		2. 镗内锥孔1°30′及车端面	软爪夹一端，中心架托另一端（百分表找正）
		3. 调头，车ϕ82h6到尺寸	软爪夹一端，顶另一端
		4. 镗内锥孔1°30′及车端面，取总长1685mm	软爪夹一端，中心架托另一端（百分表找正）

（2）套筒零件加工工艺过程分析

1）保证套筒表面位置精度的方法。液压缸零件内、外表面轴线的同轴度以及端面与孔轴线的垂直度要求较高，若能在一次装夹中完成内、外表面及端面的加工，则可获得很高的位置精度。但这种方法的工序比较集中，对于尺寸较大的，尤其是长径比大的液压缸，不便一次完成。于是，将液压缸内、外表面加工分在几次装夹中进行。一般可以先终加工孔，然后以孔为精基准最后加工外圆。由于这种方法所用夹具（心轴）的结构简单、定心精度高，可获得较高的位置精度，因此应用很广。另一种方法，是先终加工外圆，然后以外圆为精基准最后加工孔。采用这种方法加工时，工件装夹迅速、可靠，但夹具较内孔定位的复杂，加工精度比内孔定位法略差。

2）防止加工中套筒变形的措施。套筒零件孔壁较薄，加工中常因夹紧力、切削力、残余应力和切削热等因素的影响而产生变形。为了防止此类变形，应注意以下几点：

① 为减少切削力与切削热的影响，粗、精加工应分开进行，使粗加工产生的变形在精加工中得到纠正。

② 减少夹紧力的影响。工艺上可采取的措施包括：改变夹紧力的方向，即径向夹紧改为轴向夹紧。

对于普通精度的套筒，如果需径向夹紧时，也应尽可能使径向夹紧力均匀。例如，可采用开缝过渡套筒套在工件的外圆上，一起夹在自定心卡盘内；也可采用软爪装夹，以增大卡爪和工件间的接触面积，如图2-4a所示。软卡爪是未经淬硬的卡爪，形状与直径跟被夹的零件直径基本相同，并车出一个台阶，以使工件端面正确定位。在车软爪之前，为了消除间隙，必须在卡爪内端夹持一段略小于工件直径的定位衬柱，待车好后拆除，如图 2-4b 所示。用软爪装夹工件，既能保证位置精度，也可减少找正时间，防止夹伤零件的表面。

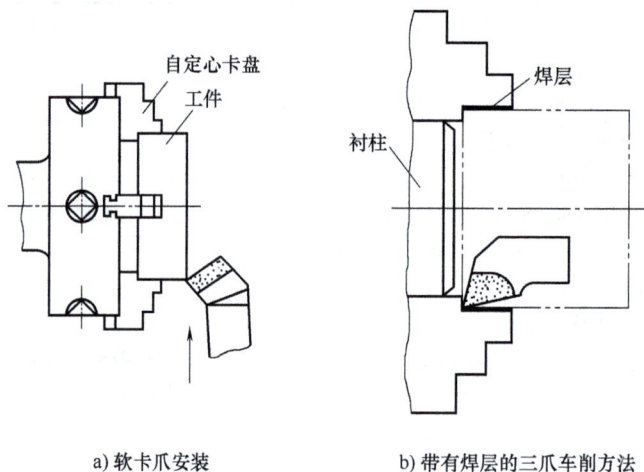

a) 软卡爪安装   b) 带有焊层的三爪车削方法

图 2-4 用软卡爪装夹工件

2. 车床尾座套筒机械加工工艺规程制订

1）图 2-5 为 CA6140 车床尾座套筒零件图，生产纲领为小批量生产，零件材料为 45 钢。

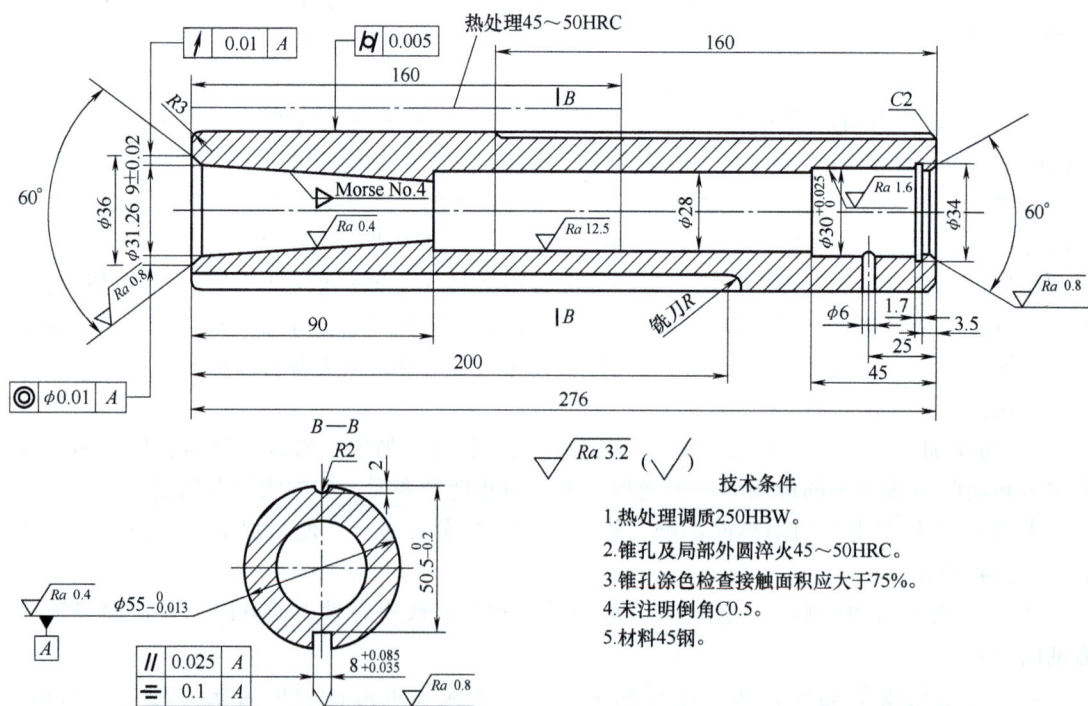

技术条件

1. 热处理调质250HBW。
2. 锥孔及局部外圆淬火45～50HRC。
3. 锥孔涂色检查接触面积应大于75%。
4. 未注明倒角C0.5。
5. 材料45钢。

图 2-5 车床尾座套筒

2）尾座套筒机械加工工艺过程见表 2-11。

表 2-11　尾座套筒机械加工工艺过程

工序号	工序名称	工序内容
1	锻造	锻造尺寸 ϕ60mm×285mm
2	热处理	正火
3	粗车	夹一端，粗车外圆至尺寸 ϕ58mm，长 200mm，端面车平即可。钻孔 ϕ20mm×188mm，扩孔 ϕ26mm×188mm
4	粗车	调头，夹 ϕ58mm 外圆并找正，车另一端外圆 ϕ58mm，与上工序两 ϕ58mm 外圆光滑接刀，车端面保证总长 280mm。钻孔 ϕ23.5mm 钻通
5	热处理	调质 250HBW
6	车	夹左端外圆，中心架托右端外圆，车右端面保证总长 278mm，扩 ϕ26mm 孔至 ϕ28mm，深 186mm。车右端头 ϕ32mm×60°内锥面
7	半精车	采用两顶尖装夹工件，装上鸡心夹头，车外圆至 $\phi(55.5\pm0.05)$mm；调头，车另一端外圆，光滑接刀。右端倒角 C2mm，左端倒 R3mm 圆角，保证总长 276mm
8	精车	夹左端外圆，中心架托右端外圆，找正外圆，车孔 $\phi30^{+0.025}_{0}$mm 至 $\phi29^{+0.025}_{0}$mm，深 44.5mm，车 ϕ34mm×1.7mm 槽，保证 3.5mm 和 1.7mm
9	精车	调头，夹右端外圆，中心架托左端外圆，找正外圆，车 Morse No.4 内锥孔，至大端尺寸为 $\phi(30.5\pm0.05)$mm，车左端头 ϕ36mm×60°
10	划线	划 R2mm×160mm 槽线，$8^{+0.085}_{+0.035}$mm×200mm 键槽线，ϕ6mm 孔线
11	铣	以 $\phi(55\pm0.05)$mm 外圆定位装夹铣 R2 深 2mm，长 160mm 圆弧槽
12	铣	以 $\phi(55.5\pm0.05)$mm 外圆定位装夹铣键槽 $8^{+0.085}_{+0.035}$mm×200mm，并保证 $50.5^{0}_{-0.2}$mm（注意外圆加工余量），保证键槽与 $\phi55^{0}_{-0.013}$mm 外圆轴心线的平行度和对称度
13	钻	钻 ϕ6mm 孔，其中心距右端面为 25mm
14	钳	修毛刺
15	热处理	左端 Morse No.4 锥孔及 160mm 长的外圆部分，高频感应加热淬火 45～50HRC
16	研磨	研磨两端 60°内锥面
17	粗磨	夹右端外圆，中心架托左端处圆，找正外圆，粗磨 Morse No.4 锥孔，留磨削余量 0.2mm
18	粗磨	采用两顶尖定位装夹工件，粗磨 $\phi55^{0}_{-0.013}$mm 外圆，留磨削余量 0.2mm
19	精磨	夹右端外圆，中心架托左端外圆，找正外圆，精磨 Morse No.4 锥孔至图样尺寸，大端为 $\phi(31.269\pm0.02)$mm，涂色检查，接触面积应大于 75%。修研 60°锥面
20	精车	夹左端外圆，中心架托右端外圆，找正外圆，精车内孔 $\phi30^{+0.025}_{0}$mm、深 (45 ± 0.15)mm 至图样尺寸，修研 60°锥面
21	精磨	采用两顶尖定位装夹工件，精磨外圆至图样尺寸 $\phi55^{0}_{-0.013}$mm
22	检验	按图样检查各部尺寸及精度
23	入库	涂油入库

任务 2.4　工序设计

【工艺讲堂】

为运载火箭打造"火眼金睛"的大国工匠——李峰

李峰，航天科技集团九院 13 所铣工，特级技师。他凭借"稳、准、细、精、巧"的精湛技艺，先后突破了异形、薄壁、特种材料零件超精密加工等 150 余项生产加工技术难题，有力保障了我国新一代运载火箭和载人航天工程、北斗导航系统等重大工程研制生产任务，是名副其实为运载火箭打造"火眼金睛"的大国工匠。

陀螺仪作为惯性导航系统的核心，犹如眼睛里的晶状体一般珍贵。陀螺电动机是陀螺仪的关键元件，其零件加工难度犹如在几米外穿针引线。李峰针对问题潜心钻研，创造性地提出了"半圆延展整形"辅助支撑技术，并设计高强度刀杆，突破了加工技术瓶颈，产品关键零件安装基准同轴度达到微米级，大大提高了产品精度，大幅缩短了产品研制生产周期，为某型装备的研制做出了重要贡献。在科研任务紧迫、先进技术封锁、经验不足的情况下，为保证某任务零件生产，李峰提出了"全螺旋"走刀方法，实现了超薄石英玻璃薄壁零件的超声铣磨精密加工，表面粗糙度值达到 $Ra0.1\mu m$。他还提出了"快速锁紧反拉胀胎"加工方法，将单件装夹时间由 300s 缩短到 10s 以内。一系列加工难题的攻克，使核心产品的加工精度得到大幅提升，研制周期比常规需求缩短 2/3，保证了研制任务顺利完成。

30 多年来，李峰不忘航天报国初心，勇担航天强国使命，坚守小小三尺铣台，铸就件件大国重器。他用专注与奉献诠释了航天技能人员的追求和梦想，实现了从一名普通技工到技能大师的完美蜕变。

【任务描述】

工艺路线拟订之后要进行工序设计，确定各工序的具体内容。本任务针对液压缸套筒零件进行工序设计，包括确定工序加工余量、计算工序尺寸与公差、选择切削用量、计算时间定额、选择加工设备和工艺装备、填写工序卡。

【学习目标】

（1）素养目标

1）通过确定工艺参数、工艺文件，培养专注的工匠精神。

2）通过优化切削参数，培养勇攀高峰、为国争光的军工精神。

3）通过小组讨论和汇报，培养诚信、友善的社会主义核心价值观和团队协作精神。

（2）知识目标

1）掌握确定加工余量和工序尺寸及公差的计算方法。

2）掌握时间定额的组成及计算方法。

3）掌握加工设备与工艺装备选择应考虑的因素。

4）掌握工序图的绘制及工序卡的填写方法。

（3）能力目标

1）能正确计算工序尺寸及公差。

2）能正确计算时间定额和切削用量。

3）能合理选择加工设备和工艺装备。

4）会画工序图和正确填写工序卡。

【任务分组】

将任务 2.4 的分组信息填入表 2-12。

表 2-12 任务 2.4 分组信息

班级		组别		指导教师	
组长		学号			
	学号	姓名		任务分工	
组员					

【问题引导】

1. 切削用量的选择原则是什么?

2. 对于液压缸套筒零件,如何实现整个加工过程的自动化?

3. 切削加工智能制造单元与单一数控机床加工相比有什么特点?

【任务实施】

任务 2.4

1. 确定工序加工余量、计算工序尺寸及公差(表 2-13~表 2-15)

表 2-13 内孔 $\phi 32^{+0.025}_{0}$ mm (IT7,$Ra1.6\mu m$)

工艺路线	工序加工余量 /mm	经济精度	工序尺寸及公差 /mm	表面粗糙度 Ra /μm

表 2-14　外圆 $\phi 52_{-0.019}^{0}$ mm（IT6，$Ra0.8\mu$m）

工艺路线	工序加工余量/mm	经济精度	工序尺寸及公差/mm	表面粗糙度 Ra/μm

表 2-15　外圆 $\phi 78_{-0.046}^{0}$ mm（IT8，$Ra3.2\mu$m）

工艺路线	工序加工余量/mm	经济精度	工序尺寸及公差/mm	表面粗糙度 Ra/μm

2. 选择切削用量，计算时间定额

以粗车大端面、外圆 $\phi 78_{-0.046}^{0}$ mm，钻孔 $\phi 30_{0}^{+0.130}$ mm 工序为例，说明选择切削用量和计算时间定额的方法和步骤（本道工序的切削用量选择是以使用山特维克的刀具为例进行计算）。

1）车端面的切削用量与时间定额选择，见表 2-16。

表 2-16　车端面的切削用量与时间定额选择

序号	步骤	图示

2）钻孔 $\phi 30^{+0.130}_{0}$ mm 的切削用量与时间定额选择，见表 2-17。

表 2-17　钻孔 $\phi 30^{+0.130}_{0}$ mm 的切削用量与时间定额选择

序号	步骤	图示

3. 选择加工设备与工艺装备

（1）选择加工设备

_____

_____

（2）选择工艺装备

_____

_____

_____

4. 绘制工序简图（表 2-18）

表 2-18　工序简图

工序号	工序内容	工序简图

5. 填写数控加工工艺卡和刀具卡

（1）填写液压缸套筒零件数控加工工艺卡（表2-19）

表 2-19　液压缸套筒零件数控加工工艺卡

数控加工工艺卡		产品型号		零件图号						
		产品名称		零件名称				共　页	第　页	

材料牌号		毛坯种类		毛坯外形尺寸		每毛坯件数		每台件数		备注	

工序号	工步	加工内容	设备名称	夹具名称	刀具编号	量具名称	主轴转速/(r/min)	进给量/(mm/r)	背吃刀量/mm	备注

（2）填写液压缸套筒零件数控加工刀具卡（表2-20）

表 2-20　液压缸套筒零件数控加工刀具卡

产品名称或代号		零件名称		零件图号		
序号	刀具号	刀具规格名称	规格型号	刀尖圆弧半径/mm	备注	

【任务评价】

工序设计评价表见表 2-21。

表 2-21 工序设计评价表

序号	考核评价项目		考核内容	学生自评	小组互评	教师评价	配分/分	成绩/分
1	线下考核	知识目标	相关知识点的学习、自学笔记				30	
			计算工序尺寸与公差					
			选择切削用量、计算时间定额					
			选择设备与工艺装备					
			填写机械加工工序卡					
2		能力目标	信息搜集,自主学习,分析解决问题,归纳总结及创新能力				10	
3		素养目标	工匠精神、军工精神、团队协作、沟通协调、语言表达能力				10	
4	线上考核	资源学习	线上平台教学视频、动画、章节测试等资源学习				30	
5		课堂参与度	签到、主题讨论、随堂测验、分组任务、抢答等参与情况				20	
合计								

【知识链接】

为实现液压缸套筒工件的加工,切削加工智能制造单元使用 FANUC 工业机器人实现工件的周转和机床的上下料动作;数控车床和立式加工中心保障了液压缸套筒工件的加工生产,如图 2-6 所示。

图 2-6 切削加工智能制造单元

切削加工智能制造单元生产设备介绍见表 2-22。

表 2-22　切削加工智能制造单元设备清单

序号	设备名称	型号或规格
1	主控系统	BFM-ZZ01
2	数控车床	NL201HA
3	立式加工中心	VM740S
4	固定机器人	M-20iD25
5	2D 视觉系统	FANUC 2DV
6	清洁装置	BFM-QJ01

（1）数控车床　图 2-7 为采用 FANUC 0i-TF PLUS 数控系统的 NL201HA 滚动导轨型数控卧式车床，具有 45°整体斜床身，并行贴塑导轨，高刚性、易排屑。配备高精度主轴，跳动小，主轴最高转速 6000r/min。刀架为液压刀架，工作平稳、转位速度快、可靠性高，可加工液压缸套筒工件的外圆面和倒角加工。

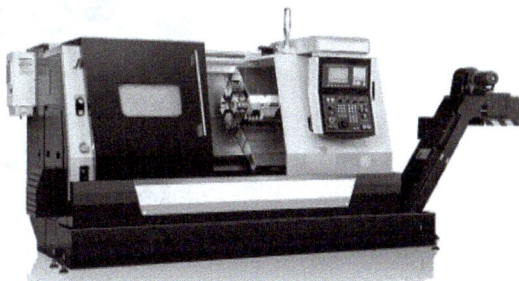

图 2-7　数控车床

（2）立式加工中心　图 2-8 为采用 FANUC 0i-MF PLUS 数控系统的高效型立式加工中心。配备高速主轴单元，主轴温升小、热变形小、加工精度高。配备高精度丝杠，长寿命轴承，重切削、高速切削导轨。刀库具有"卡刀一键复原功能"，有效提高了刀库故障解除效率。机床配备大功率、大转矩主轴电动机，可选配德国进口的 ZF 减速器，增加输出转矩，立式加工中心还配备第四转台（图 2-9），可加工液压缸套筒工件的底孔、攻螺纹和侧面。

图 2-8　立式加工中心

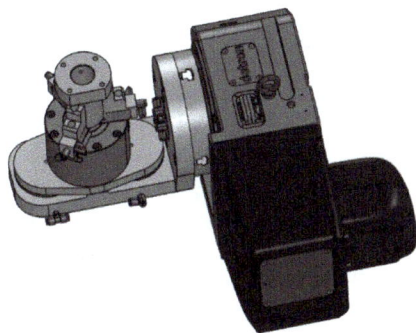

图 2-9　第四转台

（3）固定机器人　图 2-10 为采用 FANUC 数控系统的 M-20iD25 固定关节型机器人，总控轴数为 6 轴。安装于切削加工智能制造单元的固定位置，机器人双手爪用于工件的拾取及上、下料，有较高的定位精度和夹持的稳定性，可实现整个单元系统的机床上、下料动作。

（4）2D 视觉系统　图 2-11 为 2D 视觉系统，该视觉系统由一个安装于工业机器人手爪上的 2D 摄像头完成视觉数据采集。该视觉系统作为待加工工件准确抓取的定位方式，省去通常为满足机器人的准确抓取而必须采用的机械预定位夹具，具有很高的柔性。工作方式主要是通过视觉系统软件设置，建立视觉画面上的点位与机器人位置相对应关系，同时对工件进行视觉成像并与已标定的工件进行比较，得出偏差值，即机器人抓放位置的补偿值，通过补偿实现机器人手爪对工件的自动抓放，可实现机器人对无夹具定位工件的自动柔性搬运。

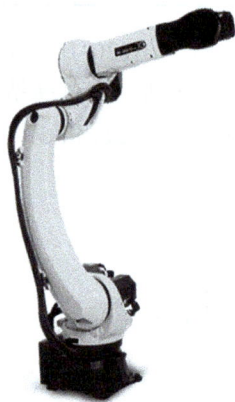

图 2-10　固定关节型机器人

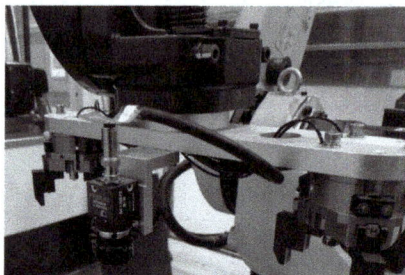

图 2-11　2D 视觉系统

（5）清洁装置　图 2-12 为清洁装置，清洁装置由公司自主研发，实现对工件的自动吹气清洁。

（6）主控系统　图 2-13 为主控系统图，运用人机界面对整个系统的运行状态进行监控，采用 PLC 控制器，实现系统中实时和非实时数据的传输，具有高度可靠性和可维护性。安全设备采用门开关，作为机器人工作区域的安全防护，完全做到人机隔离，确保系统在自动运行中的人员安全。

图 2-12　清洁装置

图 2-13　主控系统图

项目3 箱体类零件工艺设计与实施

【项目导入】

箱体是各类机器的基础零件，它将机器和部件中的轴、套、齿轮等有关零件连接成一个整体，并使之保持正确的位置，以传递转矩或改变转速来完成规定的运动。因此，箱体的加工质量直接影响机器的性能、精度和寿命。本项目通过对某型号坦克传动箱箱体的结构工艺性分析、毛坯确定、拟订工艺路线、工序设计四个任务的学习和实施，掌握箱体类零件工艺规程编制的方法和步骤。

工作对象：图 3-1 和图 3-2 为坦克传动箱箱盖和箱座零件图，中批量生产。

【学习目标】

（1）素养目标

1）通过制订某型号坦克箱体零件的工艺规程，培养自力更生、军工报国的军工精神。

2）通过分析零件的结构和精度、选择定位基准，培养精益求精的工匠精神。

3）通过学习毛坯制造方法，弘扬劳动精神，培养爱岗敬业的工匠精神和艰苦奋斗、甘于奉献的军工精神。

4）通过设计箱体零件的工艺路线，培养勇于探索的创新精神。

5）通过确定工艺参数和优化切削参数，培养专注的工匠精神和勇攀高峰、为国争光的军工精神。

6）通过小组讨论和汇报，培养诚信、友善的社会主义核心价值观和团队协作精神。

（2）知识目标

1）掌握箱体类零件的结构工艺性分析方法。

2）掌握箱体类零件的毛坯确定方法。

3）掌握箱体类零件的工艺路线拟订方法。

4）掌握箱体类零件的工序设计方法。

（3）能力目标

1）能分析箱体类零件的结构工艺性。

2）能确定箱体类零件的毛坯。

3）能拟订箱体类零件的工艺路线。

4）能完成箱体类零件的工序设计。

【项目任务】

1）零件结构工艺性分析。

2）确定毛坯。

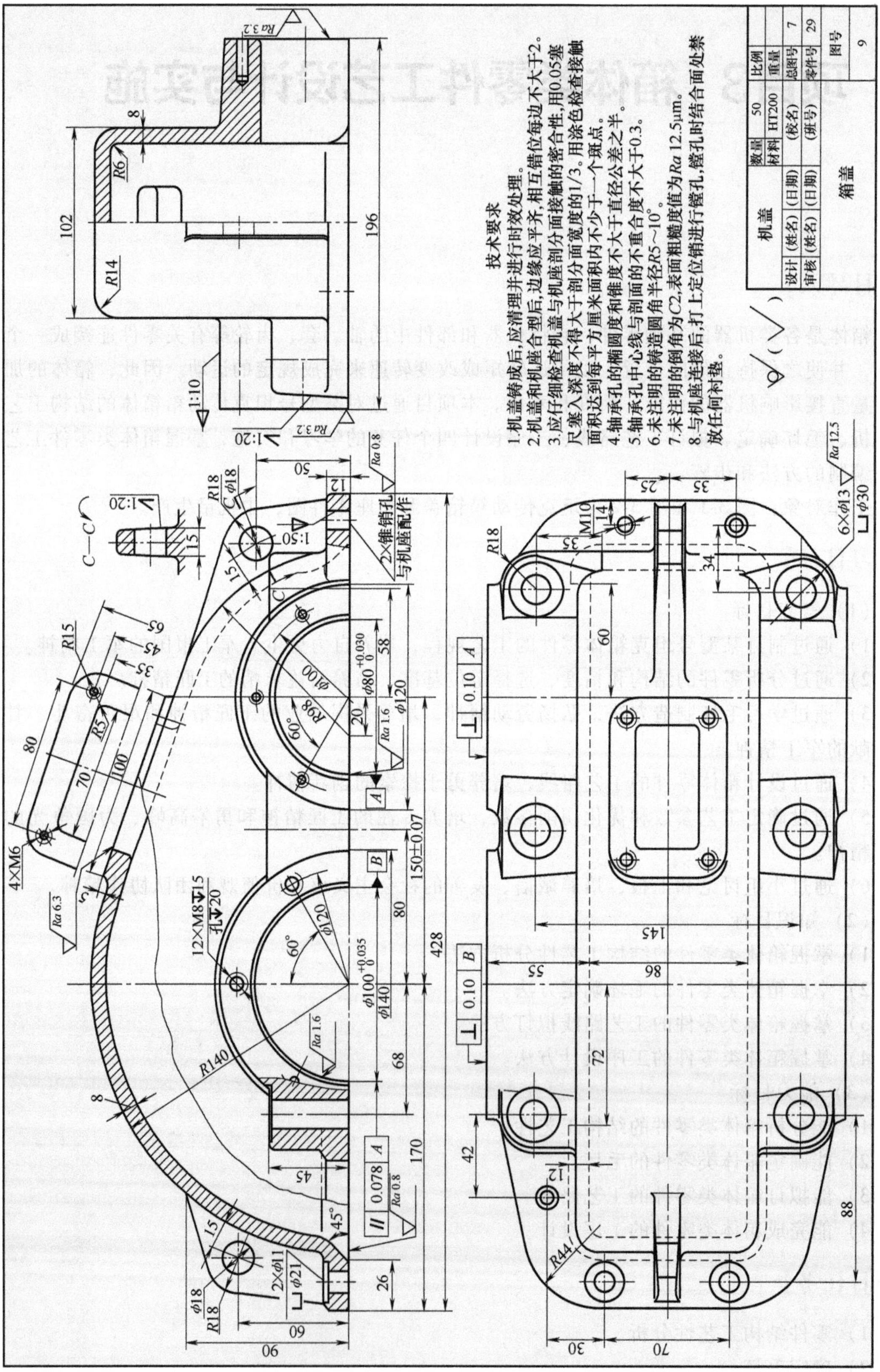

技术要求
1.机盖铸成后,应清理并进行时效处理。
2.机盖和机座合型后,边缘应平齐,相互错位每边不大于2。
3.应仔细检查机盖与机座剖分面接触的密合性,用0.05塞尺塞入深度不得大于剖分面宽度的1/3。用涂色检查接触面积达到每平方厘米面积内不少于一个斑点。
4.轴承孔的椭圆度和锥度不大于直径公差之半。
5.轴承孔中心线与剖面的不重合度不大于0.3。
6.未注明的铸造圆角半径R5~10°。
7.未注明的倒角为C2,表面粗糙度值为Ra 12.5μm。
8.与机座连接后,打上定位销进行镗孔,镗孔时结合面处禁放任何衬垫。
机盖
数量 50
比例
材料 HT200
重量
设计 (姓名) (日期)
审核 (姓名) (日期)
(校名)
(班号)
总图号 7
零件号 29
图号 9
箱盖
C—C
2×锥销孔
与机座配作

图 3-1　坦克传动箱箱盖

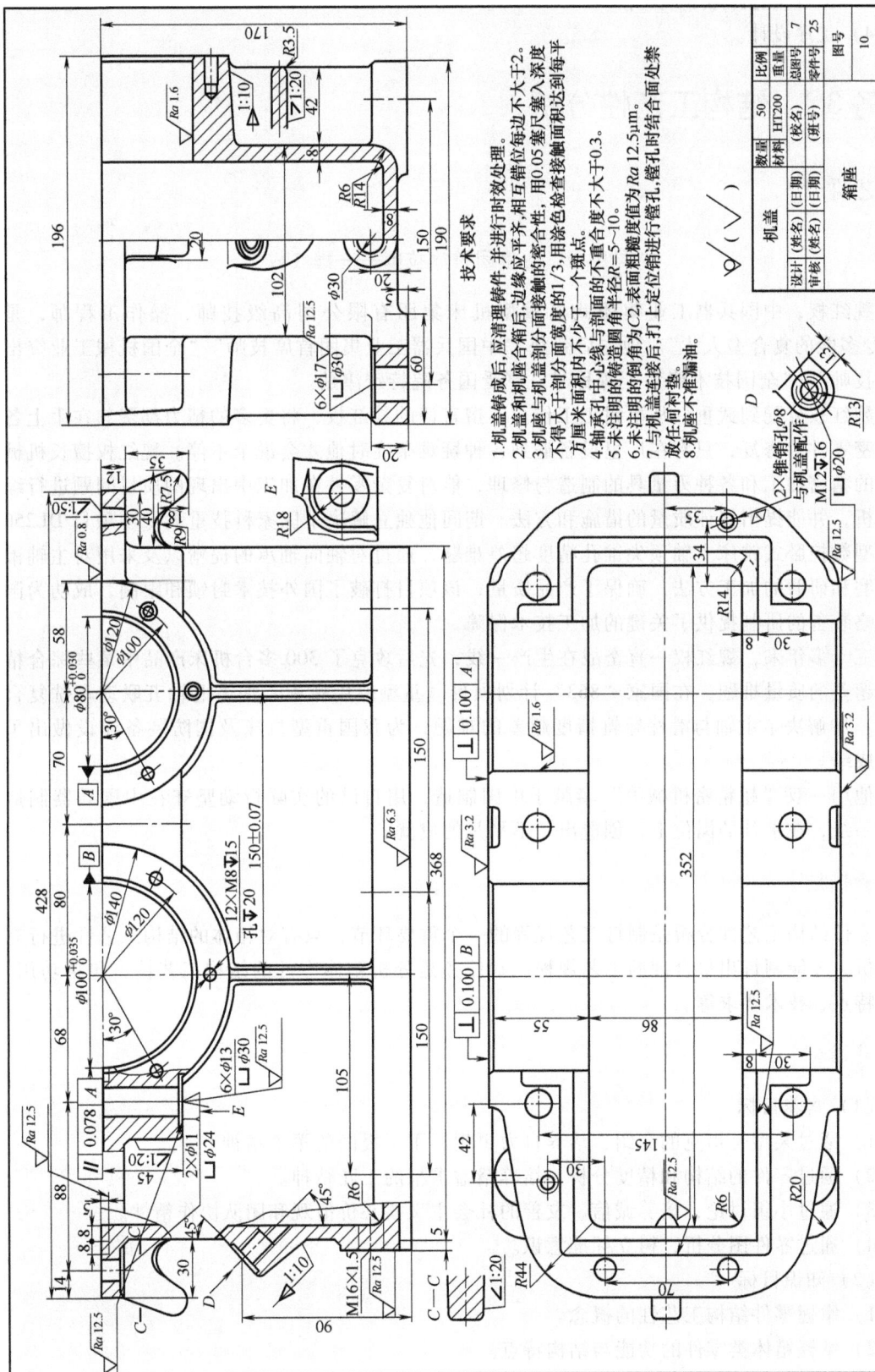

技术要求

1. 机盖铸成后，应清理铸件，并进行时效处理。
2. 机盖和机座合箱后，边缘应平齐，相互错位每边大于2。
3. 机座与机盖剖分面接触的密合性，用0.05塞尺塞入深度不得大于剖分面宽度的1/3，用涂色检查接触面积达到每平方厘米面积内不少于一个斑点。
4. 轴承孔中心线与剖面的不重合度不大于0.3。
5. 未注明孔的铸造圆角半径R=5～10。
6. 未注明的铸造圆角为C2，表面粗糙度值为 Ra 12.5μm。
7. 与机盖连接后打上定位销后进行镗孔，镗孔时结合面处焊放任向衬垫。
8. 机座不准漏油。

图 3-2 坦克传动箱箱座

3）拟订工艺路线。

4）工序设计。

任务 3.1　结构工艺性分析

【工艺讲堂】

中国兵器工业集团首席技师——魏红权

魏红权，中国兵器工业集团武汉重型机床集团有限公司高级技师、操作工程师，是"一专多能的复合型人才"。他先后荣获"中国兵器工业集团首席技师""全国机械工业突出贡献技师"、"全国技术能手"等称号，享受国务院特殊津贴。

魏红权分配到武重厂从事钳工工作。不擅言谈的魏红权，将更多的精力都聚焦在手上各种精密零件的修复，只有在厂里设备遇到各种疑难杂症时他才会说个不停。魏红权擅长机械零件的精密加工和各种刃量具的制造与修理，能对复杂零件在加工中出现的质量问题进行综合分析，并能提出保证质量的措施和方法。期间他独立解决了国家科技重大专项项目 DL250 超重型数控卧式铣床主轴顶尖锥孔精度超差难题，通过对轴向轴承的提精以及采用对主轴锥孔自磨和研磨的加工方法，确保了产品质量，该项目打破了国外技术封锁和限制，成功为国家战略装备的研制提供了关键的加工技术保障。

三十多年来，魏红权一直奋战在生产一线，先后攻克了 300 多台机床产品中某些综合精度易超差的质量难题，在国家"863"计划项目《重型船用螺旋桨加工七轴五联动车铣复合机床》中解决了主轴与滑枕导轨精度超差的难题，为我国重型机床及国防装备建设做出了显著成绩。

他用一双"超精密机械手"奉献于中国制造，用自己的实际行动坚守在中国兵器制造的第一线，在平凡的岗位上，创造出了不平凡的成就。

【任务描述】

零件结构工艺性分析是制订工艺规程的一个重要环节，只有对箱体的结构工艺性进行充分分析，才能制订出最合理的工艺规程。本任务是分析箱体零件的结构工艺性，包括功用、结构特点、技术要求等。

【学习目标】

（1）素养目标

1）通过某型号坦克的介绍，培养自力更生、军工报国的军工精神。

2）通过零件的结构和精度分析，培养精益求精的工匠精神。

3）通过小组讨论，培养诚信、友善的社会主义核心价值观和团队协作精神。

4）通过零件图分析，树立标准意识。

（2）知识目标

1）掌握零件结构工艺性的概念。

2）掌握箱体类零件的功能与结构特点。

3）掌握箱体类零件的技术要求。

4）了解当前制造业中新技术、新工艺、新装备的应用和发展前景。

（3）能力目标

1）能正确审查箱体类零件的零件图。

2）能正确分析箱体类零件的功能与结构特点。

3）能正确分析箱体类零件的技术要求。

4）能正确评价箱体类零件的结构工艺性。

【任务分组】

将任务 3.1 的分组信息填入表 3-1。

表 3-1　任务 3.1 分组信息

班级			组别		指导教师	
组长			学号			
组员		学号	姓名		任务分工	

【问题引导】

1. 简述箱体类零件的作用、结构特点、分类。

_____

_____

2. 箱体零件图 3-1 和图 3-2 是否有表达不完整、不合理或者画法不正确之处？如有，请指出。

_____

_____

3. 本任务中箱体零件的重要加工表面有哪些？

_____

_____

【任务实施】

1. 审查零件图

任务 3.1

_____

_____

_____

2. 分析零件的功能与结构特点

_____

_____

_____

3. 分析零件技术要求

（1）尺寸公差分析

_____

_____

（2）几何公差分析

_____

_____

（3）表面质量分析

_____

_____

_____

4. 评价坦克传动箱体零件的结构工艺性

_____

_____

_____

【任务评价】

箱体类零件的结构工艺性分析评价表见表3-2。

表 3-2　箱体类零件的结构工艺性分析评价表

序号	考核评价项目		考核内容	学生自评	小组互评	教师评价	配分/分	成绩/分
1	线下考核	知识目标	相关知识点的学习、自学笔记				30	
			审查零件图					
			零件功能与结构特点分析					
			技术要求分析					
			零件的结构工艺性评价					
2		能力目标	信息搜集，自主学习，分析解决问题，归纳总结及创新能力				10	
3		素养目标	工匠精神、军工精神、团队协作、沟通协调、语言表达能力				10	
4	线上考核	资源学习	线上平台教学视频、动画、章节测试等资源学习				30	
5		课堂参与度	签到、主题讨论、随堂测验、分组任务、抢答等参与情况				20	
合计								

【知识链接】

1. 箱体类零件的功能与结构特点

箱体是各类机器的基础零件，它将机器和部件中的轴、套、齿轮等有关零件连接成一个整体，并使之保持正确的位置，以传递转矩或改变转速来完成规定的运动。因此，箱体的加工质量，直接影响机器的性能、精度和寿命。

箱体的种类很多，按其功用，可分为主轴箱、变速器、操纵箱、进给箱等，图3-3所示为几种箱体零件的结构简图。

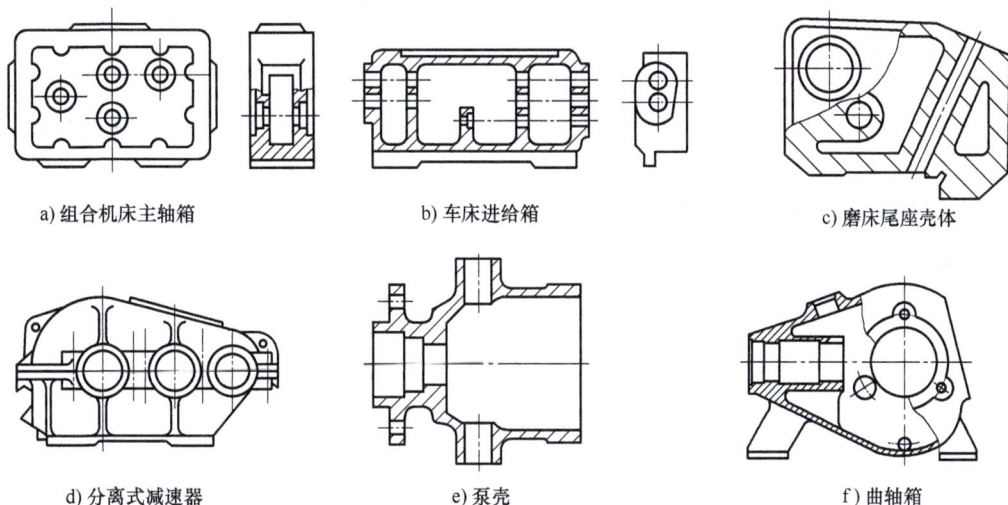

a) 组合机床主轴箱　　　　b) 车床进给箱　　　　c) 磨床尾座壳体

d) 分离式减速器　　　　e) 泵壳　　　　f) 曲轴箱

图 3-3　几种箱体类零件的结构简图

由图3-3可知，箱体类零件的结构一般比较复杂，壁薄且壁厚不均匀；加工部位多，既有一个或数个基准面及一些支承面，又有一对或数对加工难度大的轴承支承孔。据统计资料表明，一般中型机床制造厂花在箱体类零件上的机械加工工时，约占整个产品的15% ~ 20%。

2. 箱体类零件的主要技术要求

图3-4为某车床主轴箱简图。箱体类零件中以主轴箱精度要求最高，现以它为例将其精度要求归纳为以下五项。

（1）孔径精度　孔径的尺寸误差和几何误差会造成轴承与孔的配合不良，因此，对孔的精度要求较高。主轴孔的尺寸公差等级为IT6，其余孔为IT6 ~ IT7。孔的形状精度未作规定，一般控制在尺寸公差范围内即可。

（2）孔的位置精度　同一轴线上各孔的同轴度误差和孔端面对轴线的垂直度误差，会使轴和轴承装配到箱体内出现歪斜，从而造成主轴径向圆跳动和轴向圆跳动，也加剧了轴承磨损。为此，一般同轴上各孔的同轴度约为最小孔尺寸公差之半。孔系之间的平行度误差，会影响齿轮的啮合质量，亦须规定相应的位置精度。

（3）孔和平面的位置精度　主要孔和主轴箱安装基面的平行度要求，决定了主轴与床身导轨的位置关系。这项精度是在总装中通过刮研来达到的，为了减少刮研量，一般都要规定主轴轴线对安装基面的平行度公差，在垂直和水平两个方面上，只允许主轴前端向上和向前偏移。

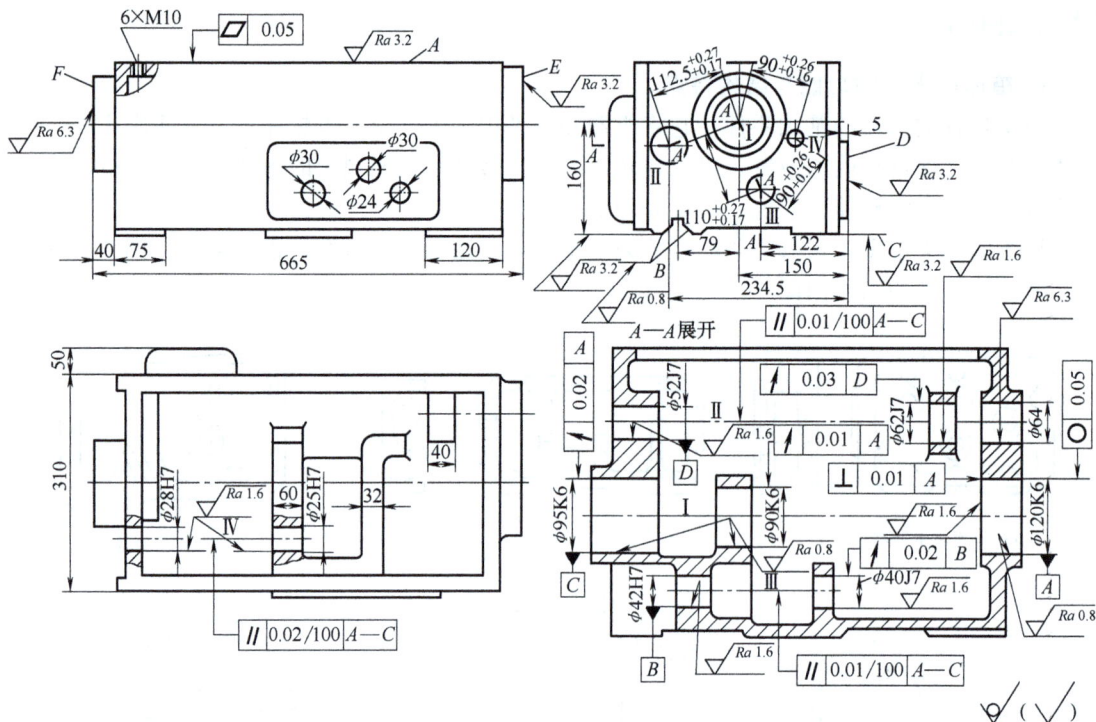

图 3-4　某车床主轴箱简图

（4）主要平面的精度　装配基面的平面度影响主轴箱与床身连接时的接触刚度，并且加工过程中常作为定位基面，所以会影响孔的加工精度，因此须规定底面和导向面必须平直。顶面的平面度要求是为了保证箱盖的密封，防止工作时润滑油的泄出；当大批大量生产将其顶面用作定位基面加工孔时，对它的平面度要求还要提高。

（5）表面粗糙度　重要孔和主要平面的表面粗糙度会影响连接面的配合性质或接触刚度，一般要求主轴孔表面粗糙度值为 $Ra0.4\mu m$，其余各纵向孔的表面粗糙度值为 $Ra1.6\mu m$，孔端面的表面粗糙度值为 $Ra3.2\mu m$，装配基准面和定位基准面的表面粗糙度值为 $Ra0.63\sim2.5\mu m$，其他平面的表面粗糙度值为 $Ra2.5\sim10\mu m$。

3. 箱体类零件的结构工艺性

箱体上的孔分为通孔、阶梯孔、不通孔、交叉孔等。通孔工艺性最好，通孔内又以孔长 L 与孔径 d 之比 $L/d\leqslant1\sim1.5$ 的短圆柱孔工艺性为最好；若 $L/d>5$ 的深孔精度要求较高、表面粗糙度值较小时，加工就很困难；阶梯孔的工艺性较差，孔径相差越大，其中最小孔径又很小时，工艺性也差；相贯通的交叉孔的工艺性也较差，如图 3-5a 所示，$\phi100mm$ 孔与 $\phi70mm$ 孔相交，加工时，刀具走到贯通部分，由于径向力不等会造成孔轴线偏斜。如图 3-5b 所示，工艺上可以将 $\phi70mm$ 孔预先铸成不通孔，加工 $\phi100mm$ 孔后再加工 $\phi70mm$ 孔，这样可以保证交叉孔的加工质量。不通孔的工艺性最差，因为精镗或精铰不通孔时，要用手动送进，或采用特殊工具送进才行，故应尽量避免。

箱体上同轴孔的孔径排列方式有三种，如图 3-6 所示。图 3-6a 为孔径大小向一个方向递减，且相邻两孔 L 直径之差大于孔的毛坯加工余量。这种排列方式便于镗杆和刀具从一端伸入，同时加工同轴线上的各孔。对于单件小批生产，这种结构加工最为方便。图 3-6b 为孔径大小从两边向中间递减，加工时可使刀杆从两边进入，这样不仅缩短了镗杆长度，提高了

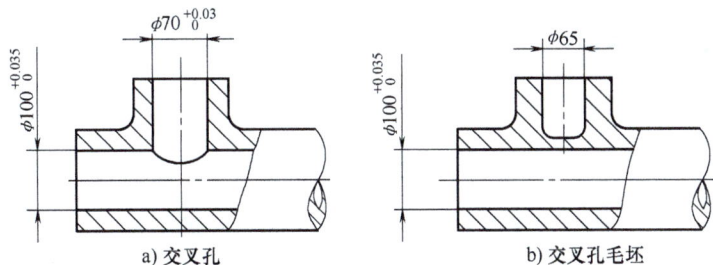

图 3-5 相贯通的交叉孔的工艺性

镗杆的刚性，而且为双面同时加工创造了条件，所以大批生产的箱体，常采用此种孔径分布。图 3-6c 为孔径大小不规则排列，工艺性差，应尽量避免。

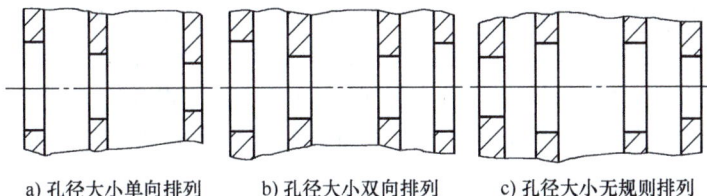

图 3-6 同轴线上孔径的排列方式

箱体内端面加工比较困难，结构上必须加工时，应尽可能使内端面尺寸小于刀具需穿过的孔加工前的直径，如图 3-7a 所示，这样就可避免伤着另外的孔。若如图 3-7b 所示，加工时镗杆伸进后才能装刀，镗杆退出前又需将刀卸下，加工时很不方便。当内端面尺寸过大时，还需采用专用径向进给装置。箱体的外端面凸台应尽可能在同一平面上，如图 3-8a 所示；若采用图 3-8b 所示的形式，加工要麻烦一些。

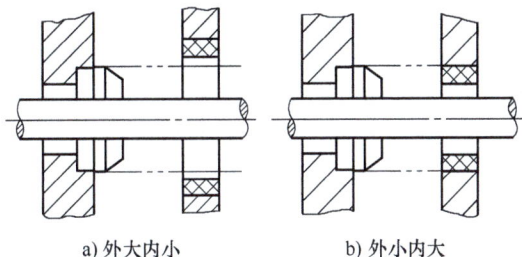

图 3-7 孔内端面的结构工艺性

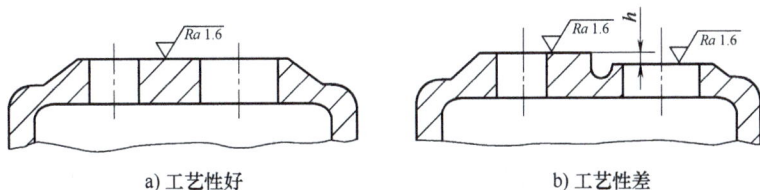

图 3-8 孔外端面的结构工艺性

箱体装配基面的尺寸应尽可能大，形状应尽量简单，以利于加工、装配和检验。箱体上紧固孔的尺寸规格应尽可能一致，以减少加工中换刀的次数。

任务3.2　确定毛坯

【工艺讲堂】

精细拿捏铁液温度的大国工匠——毛正石

毛正石，中车集团大连机车车辆厂的高级铸造技师，是厂里最拔尖的技术能手，30年的潜心钻研和苦苦求索，让他攻克了铸造领域中的一道道技术难关，成为行业技术权威。

2012年，法国阿尔斯通公司向全球供货商发出通知，要用铸铁代替锻钢生产汽轮机叶片，由于产品对铸造工艺要求极高，当时全球没有几家公司敢接单。而中车大连机车厂却接下了这笔生意。"用铸铁代替锻钢，对于阿尔斯通来说是降低一半多的采购成本，但对我们来说是一次不小的挑战。之前生产的铸铁最高检测标准是二级，就是用超声波探伤，可以允许有400mm^2，相当于大拇指指甲盖大小的蜂窝状微观缺陷，现在是升级到一级检测，一点缺陷都不能有。"这种棘手的活对于毛正石来说已经是家常便饭，他喜欢接受挑战。这一次，关键的突破点在于铁液温度。

由于箱体零件的结构一般比较复杂，壁厚不均匀，加工难度大，因此铸造是箱体类零件毛坯的主要制造方法，应用非常广泛。而不同的铸造方法和铁液温度对铸件精度和质量有着重要影响，毛正石却能把铁液温差拿捏得恰到好处。"铁液出炉的温度在1400℃左右，对于传统铸造产品来说，浇注过程中允许有四五十度的温差，但我们尝试着把温差控制在10℃以内。"如此精细的拿捏，关键却在"眼力"。毛正石说，"我们就看这个铁液花，如果说达到2.5cm，就证明温度在1380～1390℃，可以开始浇注了。如果说铁液花变大了，达到3.5cm左右，这一炉铁水就不行了，要回炉。"

铸造工艺复杂，废品率高是一大顽疾。毛正石带领的技术组，将工艺重新调整和优化，将废品率从7%下降到2.5%，而国际先进水平的废品率在3%左右，实现了超越和领先。毛正石的徒弟讲，师傅最常说的一句话是："一点不能差，差一点也不行。"这简单的两句话，也完美诠释了"敬业、精益、专注、创新"的工匠精神。

【任务描述】

毛坯的确定是制订工艺规程中的一项重要内容。选择不同的毛坯就会有不同的加工工艺，采用不同的设备、工装，从而会影响零件加工的生产率和成本。本任务是确定箱体毛坯，包括选择毛坯类型、制造方法、确定毛坯加工余量及公差、绘制毛坯图。

【学习目标】

（1）素养目标

1）通过学习毛坯制造方法，培养爱岗敬业的工匠精神。

2）通过了解铸造大师毛正石等先进事迹，培养艰苦奋斗、甘于奉献的军工精神。

3）通过毛坯制造，弘扬劳动精神。

4）通过小组讨论，培养诚信、友善的社会主义核心价值观和团队协作精神。

（2）知识目标

1）了解箱体类零件毛坯的种类与应用范围。

2）掌握箱体类零件毛坯加工余量与公差的确定方法。

3）掌握毛坯图的绘制方法。

（3）能力目标

1）能合理选择箱体类零件的毛坯类型与制造方法。

2）能正确确定箱体类零件的毛坯加工余量和公差。

3）会画毛坯图。

【任务分组】

将任务 3.2 的分组信息填入表 3-3。

表 3-3　任务 3.2 分组信息

班级		组别		指导教师	
组长		学号			
组员	学号	姓名		任务分工	

【问题引导】

1. 箱体零件常用的材料有哪些？各有什么特点？

_____

_____

2. 箱体零件的毛坯种类有哪些？各自的应用场合是什么？

_____

_____

3. 简要描述确定铸件毛坯加工余量和公差的步骤。

_____

_____

4. 简述箱体铸造的流程。

_____

_____

【任务实施】

1. 选择毛坯类型和制造方法

任务 3.2

_____

_____

_____

2. 确定毛坯加工余量和公差

（1）选择毛坯精度

_____

_____

_____

（2）确定毛坯加工余量及公差

_____

_____

_____

3. 画毛坯-零件合图（表3-4）

表 3-4　毛坯-零件合图

【任务评价】

确定毛坯的评价表见表 3-5。

表 3-5 确定毛坯评价表

序号	考核评价项目		考核内容	学生自评	小组互评	教师评价	配分/分	成绩/分
1	线下考核	知识目标	相关知识点的学习、自学笔记				30	
			毛坯类型与制造方法选择					
			确定毛坯加工余量与公差					
			画毛坯-零件合图					
2		能力目标	信息搜集,自主学习,分析解决问题,归纳总结及创新能力				10	
3		素养目标	工匠精神、军工精神、团队协作、沟通协调、语言表达能力				10	
4	线上考核	资源学习	线上平台教学视频、动画、章节测试等资源学习				30	
5		课堂参与度	签到、主题讨论、随堂测验、分组任务、抢答等参与情况				20	
合计								

【知识链接】

1. 箱体材料

（1）灰铸铁　灰铸铁是铸铁的一种，主要成分是铁、碳、硅、锰、硫、磷，是应用最广的铸铁。灰铸铁中的碳以片状石墨形式存在于铸铁中，断口呈灰色，含碳量大于 2.11%（质量分数），有良好的铸造性、耐磨性、减振性、切削性，制造容易，成本低，主要用于制造机架、箱体等。

灰铸铁的牌号以"HT 加数字组成"表示，其中"HT"是"灰"和"铁"的汉语拼音字首，表示灰口铸造，数字表示其最低的抗拉强度，如：HT150、HT250。灰铸铁的牌号、性能及用途见表 3-6。

表 3-6 灰铸铁的牌号、性能及用途

铸铁类别	牌号	抗拉强度 R_m/MPa	用途举例
铁素体灰铸铁	HT100	≥100	受力很小、不重要的铸件,如盖、手轮、重锤等
铁素体-珠光体灰铸铁	HT150	≥150	一般受力不大的铸件,如底座、罩壳、刀架座、普通机器座等
珠光体灰铸铁	HT200	≥200	机器制造中较重要的铸件,如机床床身、齿轮、划线平板、冷冲模上托、底座等
	HT250	≥250	
孕育铸铁	HT300	≥300	要求高强度、高耐磨性、高度气密性的重要铸件,如重型机床床身、机架、高压液压缸、泵体等
	HT350	≥350	

箱体铸铁材料采用最多的是各种牌号的灰铸铁：如 HT200、HT250、HT300 等。对一些要求较高的箱体，如镗床的主轴箱、坐标镗床的箱体，可采用耐磨合金铸铁（又称密烘铸铁，如 MTCrMoCu-300）、高磷铸铁（如 MTP-250），以提高铸件质量。

（2）铸钢　铸钢是指专用于制造钢质铸件的钢材。当铸件的强度要求较高、采用铸铁不能满足要求时应采用铸钢。但铸钢的钢液流动性不如铸铁，故浇注结构的厚度不能太小，形状亦不应太复杂。将含硅量控制在上限值时可改善钢液的流动性。铸钢按品种和用途可分为一般工程用铸钢、焊接结构用铸钢、不锈钢铸钢、耐热钢铸钢。与铸铁相比，铸钢的力学性能特别是抗拉强度、塑性、韧性较高。铸钢主要用于制造形状复杂，需要一定强度、塑性和韧性的零件，如重型齿轮（图3-9）和轧辊（图3-10）。

图 3-9　重型齿轮

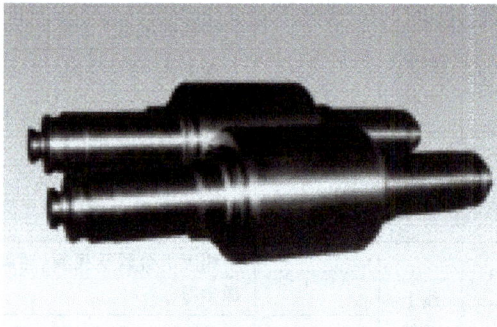

图 3-10　轧辊

铸钢代号用"铸"和"钢"二字汉语拼音的字首"ZG"表示。牌号有两种表示方法：以强度表示时，在"ZG"后面有两组数字，第一组数字表示该牌号屈服强度的最低值，第二组数字表示其抗拉强度的最低值，两组数字间用"－"隔开。如ZG200-400。以化学成分表示铸钢牌号时，在"ZG"后面的数字表示铸钢平均碳含量的名义质量分数。在含碳量后面排列各主要合金元素符号，每个元素符号后面用整数标出含量的名义质量分数，如ZG35Cr2MoV。

铸钢分碳铸钢与合金铸钢。①碳铸钢的化学成分（%）通常为：碳0.12～0.62，硅0.20～0.45，锰0.35～0.80，磷≤0.06，S≤0.06，而碳的含量对力学性能起着决定性作用。碳铸钢的抗拉强度在380～700MPa，断后伸长率在12%～15%之间。②合金铸钢按合金元素的含量分为低合金铸钢、高合金铸钢和中合金铸钢。低合金铸钢含合金元素总量小于2.5%，加入合金元素，可使力学性能提高。高合金铸钢含合金元素总量大于10%，加入合金元素可使铸钢件具有某些特殊性能（如耐磨、耐蚀、不锈、耐热等）。如含铬13%的不锈钢和含锰13%的耐磨高锰钢，都是典型的高合金铸钢。中合金铸钢的合金元素含量在2.5%～10.0%之间，与低合金铸钢或高合金铸钢相比，优越性不大，很少应用。合金铸钢在整个铸钢中的比重逐渐增长，20世纪70年代在工业发达国家已占30%以上。

（3）铝合金　以铝为基材添加一定量其他合金化元素的合金，是轻金属材料之一。铝合金除具有铝的一般特性外，由于添加合金化元素的种类和数量的不同又具有一些合金的具体特性。铝合金的密度为2.63～2.85g/cm^3，有较高的抗拉强度（R_m为110～650MPa），抗拉强度接近高合金钢，刚度超过钢，有良好的铸造性能和塑性加工性能，良好的导电、导热性能，良好的耐蚀性和可焊性，可用于压铸箱体，比如汽车发动机壳体、某型号坦克传动箱箱体，图3-11所示为压铸壳体。

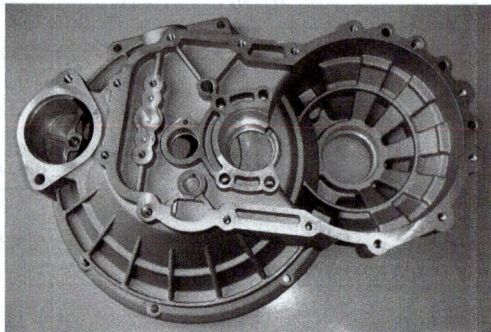

图 3-11　压铸壳体

2. 箱体毛坯

箱体毛坯制造方法有两种，一种是采用铸

造，另一种是采用焊接。对金属切削机床的箱体来说，由于形状较为复杂，而铸铁具有成形容易、可加工性良好，并且吸振性好、成本低等优点，所以一般都采用铸铁；对于动力机械中的某些箱体及坦克传动箱壳体等，除要求结构紧凑、形状复杂外，还要求体积小、质量轻等特点，所以可采用铝合金压铸，压力铸造毛坯，因其制造质量好、不易产生缩孔和缩松而应用十分广泛；对于承受重载和冲击的工程机械、锻压机床的一些箱体，可采用铸钢或钢板焊接；某些简易箱体为了缩短毛坯制造周期，也常常采用钢板焊接而成，但焊接件的残余应力较难消除彻底。

任务 3.3 拟订工艺路线

【工艺讲堂】

干一行爱一行的大国工匠——王景峰

王景峰，冀中装备集团石煤机公司车工高级技师，先后获得全国劳模、全国技术能手、河北省技术比武车工状元等荣誉称号。

王景峰从石煤机公司技校毕业后，被分配到石煤机公司加二车间，师从全国劳模米义平，从事公司产品"心脏"零部件加工。他自我加压，干一行爱一行，苦练技术提高技能，在米师傅悉心教导下，很快成长为生产能手。而喜欢钻研的他在师傅"五字工作法"的基础上，锐意创新，融入"创"字，形成"机械加工六字工作法"，使公司的生产效率提高三倍以上，促进了本单位效益，行业推广后也见到效益。他最喜欢技术攻关，用自己的话说："碰见技术难题就兴奋。"普通车床加工蜗杆困难，加工特殊模数蜗杆更难。J6833 系列的特殊模数蜗杆，由于机床交换齿轮表上没有相应数值无法加工。王景峰通过大量的齿轮计算和传动比计算，反复试验，最终研发了一件齿数为 77 的齿轮，实现了加工蜗杆非标导程的加工方案，啃下"硬骨头"，完成新产品试制任务。

虽然他是一名技校毕业生，但他的初心和梦想就是要在三米机床上实现"中国梦"，让"中国制造"的产品响当当、顶呱呱。

【任务描述】

零件的机械加工工艺路线是指主要用机械加工的方法将毛坯加工成零件的整个加工路线，工艺路线不但影响加工质量和生产效率，而且影响工人的劳动强度以及设备投资、车间面积、生产成本等，拟订零件的工艺路线是制订工艺规程的关键阶段。本任务是拟订箱体的工艺路线，包括选择定位基准和表面加工方法、划分加工阶段、确定加工顺序、画工艺流程图、填写机械加工工艺过程卡。

【学习目标】

（1）素养目标

1）通过工艺路线的设计，培养勇于探索的创新精神。

2）通过先进加工方法介绍，培养勇攀高峰、为国争光的军工精神。

3）通过定位基准的选择，培养精益求精的工匠精神。

4）通过小组讨论，培养诚信、友善的社会主义核心价值观和团队协作精神。

（2）知识目标

1）掌握定位基准的选择原则。

2）掌握表面加工方法的选择知识。

3）掌握划分加工阶段的知识。

4）掌握工序顺序的安排原则。

5）掌握机械加工工艺过程卡的填写知识。

6）掌握工艺流程图的绘制方法。

（3）能力目标

1）能合理选择箱体类零件的定位基准。

2）能合理选择箱体类零件各加工表面的加工方法。

3）能合理划分零件的加工阶段。

4）能合理确定箱体类零件的加工顺序。

5）能拟订中等难度箱体类零件的机械加工工艺路线。

6）会画工艺流程图。

【任务分组】

将任务 3.3 的分组信息填到表 3-7。

表 3-7　任务 3.3 分组信息

班级		组别		指导教师	
组长		学号			
组员	学号	姓名		任务分工	

【问题引导】

1. 常用孔的加工方法有哪些？各有什么特点？

_____

_____

2. 常用平面加工方法有哪些？各有什么特点？

_____

_____

_____

3. 划分加工阶段的作用？

4. 常用热处理方法有哪些？各有什么特点？

5. 确定切削加工工序顺序的原则有哪些？

【任务实施】

任务 3.3

1. 选择定位基准

2. 选择表面加工方法
（1）箱盖

（2）箱座

（3）箱盖、箱座组合体

3. 划分加工阶段

4. 确定工序顺序
（1）箱盖

（2）箱座

_____

_____

_____

（3）箱盖、箱座组合体

_____

_____

_____

5. 填写箱盖和箱座机械加工工艺过程卡（表3-8）

表3-8　箱盖和箱座机械加工工艺过程卡

机械加工工艺过程卡		产品型号		零件图号					
		产品名称		零件名称			共　　页	第　　页	
材料牌号		毛坯种类		毛坯外形尺寸		每毛坯件数		每台件数	备注
工序号	工序名称	工序内容			车间	工段	设备	工艺装备	工时/min
									准终　单件
						设计（日期）	校对（日期）	审核（日期）	标准化（日期）　会签（日期）
标记	处数	更改文件号	签字	日期	标记	处数	更改文件号	签字	日期

6. 选择两道切削加工工序，画工艺流程图（表3-9）

表3-9　工艺流程图

【任务评价】

拟订工艺路线的评价表见表 3-10。

表 3-10 拟订工艺路线评价表

序号	考核评价项目		考核内容	学生自评	小组互评	教师评价	配分/分	成绩/分
1	线下考核	知识目标	相关知识点的学习、自学笔记				30	
			选择定位基准					
			选择表面加工方法					
			划分加工阶段					
			确定工序顺序					
			填写机械加工工艺过程卡					
			画工艺流程图					
2		能力目标	信息搜集,自主学习,分析解决问题,归纳总结及创新能力				10	
3		素养目标	工匠精神、军工精神、团队协作、沟通协调、语言表达能力				10	
4	线上考核	资源学习	线上平台教学视频、动画、章节测试等资源学习				30	
5		课堂参与度	签到、主题讨论、随堂测验、分组任务、抢答等参与情况				20	
			合计					

【知识链接】

1. 车床主轴箱机械加工工艺过程及工艺分析

(1)车床主轴箱机械加工工艺过程 箱体零件的结构复杂,要加工的部位多,依批量大小和各厂家的实际条件,其加工方法是不同的。表3-11为某车床主轴箱(图3-4)小批生产工艺过程,表3-12为该车床主轴箱大批生产工艺过程。

表 3-11 某车床主轴箱小批生产工艺过程

序号	工序内容	定位基准
1	铸造	
2	时效	
3	漆底漆	
4	划线:考虑主轴孔有加工余量,并尽量均匀。划 C、A 及 E、D 面加工孔	
5	粗、精加工相面 A	按线找正
6	粗精加工 B、C 面及侧面 D	顶面 A 并校正主轴线
7	粗精加工两端面 E、F	B、C 面
8	粗、半精加工各纵向孔	B、C 面

（续）

序号	工序内容	定位基准
9	精加工各纵向孔	B、C 面
10	粗精加工各横向孔	B、C 面
11	加工螺孔及各次要孔	
12	清洗去毛刺	
13	检验	

表 3-12　某车床主轴箱大批生产工艺过程

序号	工序内容	定位基准
1	铸造	
2	时效	
3	漆底漆	
4	铣顶面 A	I 孔与 II 孔
5	钻、扩、铰 2×ϕ8H7 工艺孔（将 6×M10 先钻至 ϕ7.8mm，铰 2×ϕ8H7）	顶面 A 及外形
6	铣两端面 E、F 及前面 D	顶面 A 及两工艺孔
7	铣导轨面 B、C	顶面 A 及两工艺孔
8	磨顶面 A	导轨面 B、C
9	粗镗各纵向孔	顶面 A 及两工艺孔
10	精镗各纵向孔	顶面 A 及两工艺孔
11	精镗主轴孔 I	顶面 A 及两工艺孔
12	加工横向孔及各面上的次要孔	
13	磨 B、C 导轨面及前面 D	顶面 A 及两工艺孔
14	将 2×ϕ8H7 及 4×ϕ7.8mm 均扩钻至 ϕ8.5mm，攻 6×M10 螺纹	
15	清洗、去毛刺倒角	
16	检验	

（2）箱体类零件机械加工工艺过程分析

1）定位基准的选择

① 精基准的选择。箱体加工精基准的选择也与生产批量的大小有关。对于单件小批生产，用装配基准作定位基准。图 3-4 的车床主轴箱单件小批加工孔系时，选择箱体底面导轨 B、C 面作为定位基准。B、C 面既是床头箱的装配基准，又是主轴孔的设计基准，并与箱体的两端面、侧面以及各主要纵向轴承孔在位置上有直接联系，故选择 B、C 面作定位基准，符合基准重合原则，装夹误差小。另外，加工各孔时，由于箱口朝上，更换导向套、安装调整刀具、测量孔径尺寸、观察加工情况等都很方便。但这种定位方式也有其不足之处。加工箱体中间壁上的孔时，为了提高刀具系统的刚度，应当在箱体内部相应部位设置刀杆的中间导向支承。由于箱体底部是封闭的，中间导向支承只能用图 3-12 所示的吊架从箱体顶面的开口处伸入箱体内，每加工一次需装卸一次，吊架与镗模之间虽有定位销定位，但吊架刚性差，经常装卸也容易产生误差，且使加工的辅助时间增加。因此，这种定位方式只适用于单件小批生产。

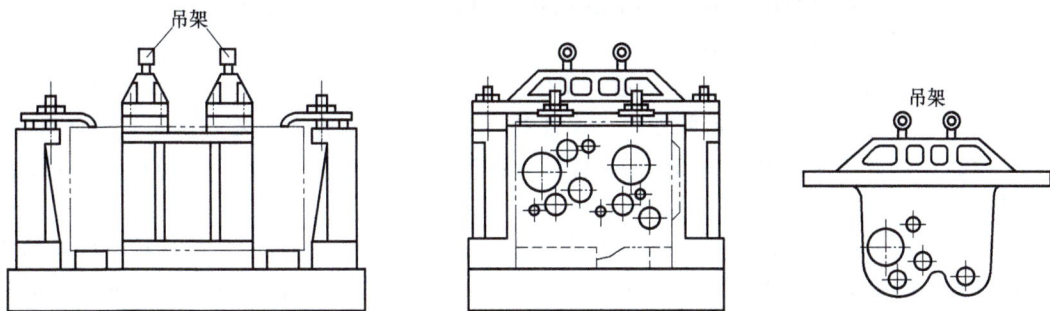

图 3-12　吊架式镗模夹具

批量大时采用顶面及两个销孔（一面两孔）作定位基面，如图 3-13 所示。这种定位方式，加工时箱体口朝下，中间导向支承架可以紧固在夹具体上，提高了夹具刚度，有利于保证各支承孔加工的位置精度，而且工件装卸方便，减少了辅助时间，提高了生产效率。但这种定位方式由于主轴箱顶面不是设计基准，故定位基准与设计基面不重合，出现基准不重合误差。为了保证加工要求，应进行工艺尺寸的换算。另外，由于箱体口朝下，加工时不便于观察各表面加工的情况，不能及时发现毛坯是否有砂眼、气孔等缺陷，而且加工中不便于测量和调刀。因此，用箱体顶面及两定位销孔作精基准面加工时，必须采用定径刀具（如扩孔钻和铰刀等）。

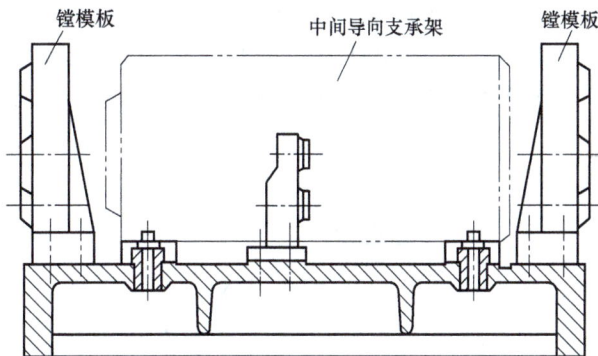

图 3-13　用箱体顶面及两销定位的镗模

② 粗基准的选择。虽然箱体零件一般都选择重要孔（如主轴孔）为粗基准，但随着生产类型不同，实现以主轴孔为粗基准的工件装夹方式是不同的。中小批量生产时，由于毛坯精度较低，一般采用划线找正。大批大量生产时，毛坯精度较高，可直接以主轴孔在夹具上定位，采用专用夹具装夹，此类专用夹具可参阅机床夹具图册。

2）加工顺序的安排和设备的选择

① 加工顺序为先面后孔。箱体类零件的加工顺序均为先加工面，以加工好的平面定位，再来加工孔。因为箱体孔的精度要求高，加工难度大，先以孔为粗基准加工好平面，再以平面为精基准加工孔，这样既能为孔的加工提供稳定可靠的精基准，同时可以使孔的加工余量较为均匀。由于箱体上的孔均布在箱体各平面上，先加工好平面，钻孔时钻头不易引偏，扩孔或铰孔时刀具不易崩刃。上例某车床主轴箱大批生产时，先将顶面 A 磨好后才加工孔系（表 3-11 的工序 5）。

② 加工阶段粗、精分开。箱体的结构复杂、壁厚不均匀、刚性不好，而加工精度要求又高，因此，箱体重要的加工表面都要划分粗、精两个加工阶段。

对于单件小批生产的箱体或大型箱体的加工，如果从工序上也安排粗、精分开，则机床、夹具数量要增加，工件转运也费时费力，所以实际生产中并不这样做，而是将粗、精加工在一道工序内完成。但是从工步上讲，粗、精加工还是可以分开的。采取的方法是粗加工后将工件松开一点，然后再用较小的力夹紧工件，使工件因夹紧力而产生的弹性变形在精加工之前得以恢复。导轨磨床磨大的主轴箱导轨时，粗磨后不马上进行精磨，而是等工件充分冷却，残余应力释放后再进行精磨。

③ 工序间安排时效处理。大家知道，箱体结构复杂，壁厚不均匀，铸造残余应力较大。为了消除残余应力、减少加工后的变形、保证精度的稳定，铸造之后要安排人工时效处理。人工时效的规范为：加热到 500~550℃，保温 4~6h，冷却速度小于或等于 30℃/h，出炉温度低于 200℃。

对于普通精度的箱体，一般在铸造之后安排一次人工时效处理；对一些高精度的箱体或形状特别复杂的箱体，在粗加工之后还要安排一次人工时效处理，以消除粗加工所造成的残余应力。对精度要求不高的箱体毛坯，有时不安排时效处理，而是利用粗、精加工工序间的停放和运输时间，使之自然完成时效处理。箱体人工时效，除用加温方法外，也可采用振动时效来消除残余应力。

④ 所用设备依批量不同而异。单件小批生产一般都在通用机床上进行；除个别必须用专用夹具才能保证质量的工序（如孔系加工）外，一般不用专用夹具；而大批量箱体的加工则广泛采用专用机床，如多轴龙门铣床、组合磨床等，各主要孔的加工采用多工位组合机床、专用镗床等，专用夹具用得也很多，这就大大地提高了生产率。

2. 某型号坦克传动箱箱体（图 3-14）机械加工工艺过程及工艺分析

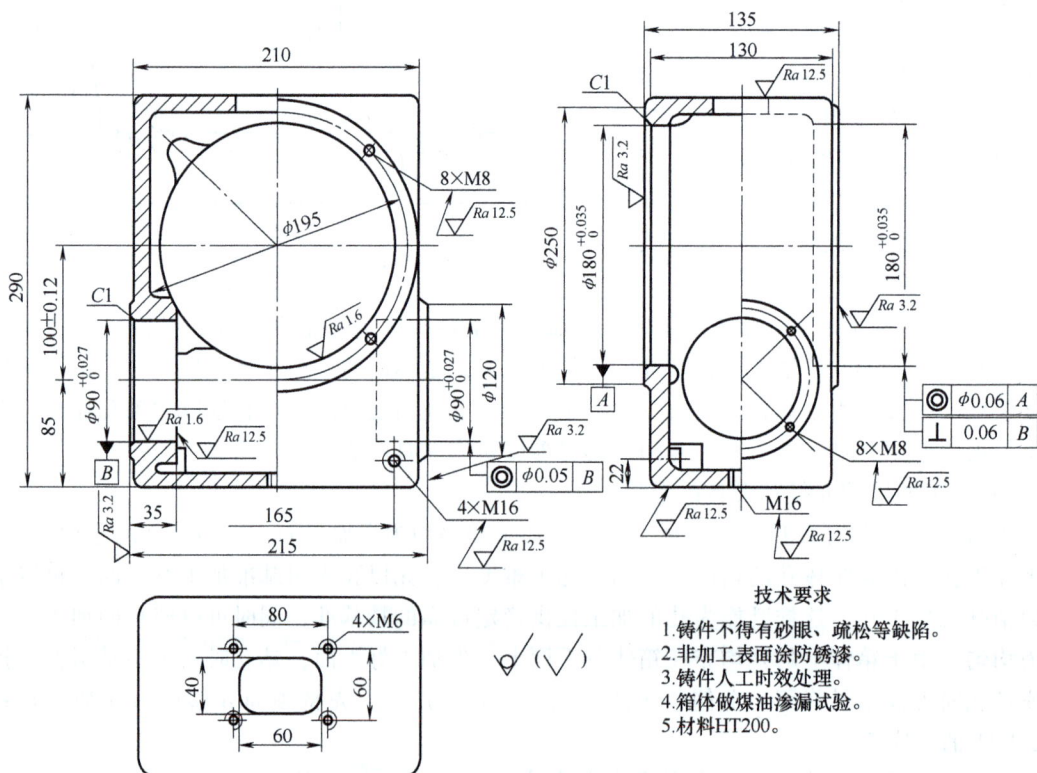

图 3-14　某型号坦克传动箱箱体

（1）零件图样分析

1）$\phi 180^{+0.035}_{0}$ mm 孔轴心线对基准轴心线 B 的垂直度公差为 0.06mm。

2）$\phi 180^{+0.035}_{0}$ mm 两孔同轴度公差为 $\phi 0.06$ mm。

3）$\phi 90^{+0.027}_{0}$ mm 两孔同轴度公差为 $\phi 0.05$ mm。

4）箱体内部做煤油渗漏检验。

5）铸件人工时效处理。

6）非加工表面涂防锈漆。

7）铸件不得有砂眼、疏松等缺陷。

8）材料 HT200。

（2）某型号坦克传动箱箱体机械加工工艺过程卡（表 3-13）

表 3-13　某型号坦克传动箱箱体机械加工工艺过程卡

工序号	工序名称	工序内容	工艺装备
1	铸	铸造	
2	清砂	清砂	
3	热处理	人工时效处理	
4	涂装	涂红色防锈底漆	
5	划线	划 $\phi 180^{+0.035}_{0}$ mm、$\phi 90^{+0.027}_{0}$ mm 孔加工线，划上、下平面加工线	
6	铣	以顶面毛坯定位，按线找正，粗、精铣底面	X5030A
7	铣	以底面定位装夹工件，粗、精铣顶面，保证尺寸为 290mm	
8	铣	以底面定位，压紧顶面按线铣 $\phi 90^{+0.027}_{0}$ mm 两孔侧面凸台，保证尺寸为 217mm	X5030A
9	铣	以底面定位，压紧顶面按线找正，铣 $\phi 180^{+0.035}_{0}$ mm 两孔侧面，保证尺寸 137mm	X6132
10	镗	以底面定位，按 $\phi 90^{+0.027}_{0}$ mm 孔端面找正，压紧顶面，粗镗 $\phi 90^{+0.027}_{0}$ mm 孔至尺寸 $\phi 88^{0}_{-0.5}$ mm，粗刮平面保证总长尺寸 215mm 为 216mm，刮 $\phi 90^{+0.027}_{0}$ mm 内端面，保证尺寸 35.5mm	T617A
11	镗	将机床上工作台旋转 90°，加工 $\phi 180^{+0.035}_{0}$ 孔尺寸到 $\phi 178^{0}_{-0.5}$ mm，粗刮平面，保证总厚 136mm，保证与 $\phi 90^{+0.027}_{0}$ mm 孔距尺寸（100±0.12）mm	T617A
12	精镗	将机床上工作台旋转回零位，调整工件压紧力（工件不动），精镗 $\phi 90^{+0.027}_{0}$ 至图样尺寸，精刮两端面至尺寸 215mm	T617A
13	精镗	将机床上工作台旋转 90°，精镗 $\phi 180^{+0.035}_{0}$ mm 孔至图样尺寸，精刮两侧面保证总厚 135mm，保证与 $\phi 90^{+0.027}_{0}$ mm 孔距尺寸 100mm±0.12mm	
14	划线	划四处 8×M8、4×M16、M16、4×M6 各螺纹孔加工线	
15	钻	钻、攻各螺纹	Z3032
16	钳	修毛刺	
17	钳	煤油渗漏试验	
18	钳	按图样检查工件各部尺寸及精度	
19	检验	入库	
20	入库		

（3）工艺分析

1）在加工前，安排划线工艺是为了保证工件壁厚均匀，并及时发现铸件的缺陷，减少废品。

2）该工件体积小、壁薄，加工时应注意夹紧力的大小，防止变形。工序 12 精镗前要求对工件压紧力进行适当的调整，也是确保加工精度的一种方法。

3）$\phi 180^{+0.035}_{0}$ mm、$\phi 90^{+0.027}_{0}$ mm 两孔的垂直度 0.06mm，由机床分度来保证。

4）$\phi 180^{+0.035}_{0}$ mm、$\phi 90^{+0.027}_{0}$ mm 两孔孔距尺寸（100±0.12）mm，可采用装心轴的方法检测。

任务 3.4　工序设计

【工艺讲堂】

敢啃"硬骨头"的大国工匠——高喜喜

高喜喜，中国西电集团所属西安西电开关电气有限公司（以下简称"西开电气"）机加车间数控操作工，高级技师，也是党的十九大代表、全国劳动模范、全国技术能手。

高喜喜二十多年来一直扎根于生产一线。他在工作中不仅踏实、勤奋，而且善于动脑，敢于啃"硬骨头"，勇于探索、勤于思考、立足岗位创新、不断攻克难题是他一贯的工作目标和宗旨。

数控机床加工零件，当遇到翻面加工需要接刀时，都会产生接刀印，这在产品质量要求上是不允许的，这样就必须要进行人工抛光处理。当机床在旋转，操作者利用砂纸、百洁布抛光时很容易将手打伤，存在一定的安全隐患。高喜喜本着对工友负责、对质量负责的原则，冥思苦想后设计制作了一套抛光装置，即在废旧刀杆上经钻孔攻螺纹后将抛光轮装上后固定，最后将这一套装置安装在机床刀座上，利用程序控制其行进路径，从而达到对零件的抛光作用。

他的这项改善既消除了安全隐患又减轻了操作者的劳动强度，得到了大家的认可，目前已在车间进行了推广。在日常工作中，高喜喜通过自己的勤学苦练，练就了一身的高超技艺，能够熟练地应对公司所有机械加工任务，取得了良好的工作业绩，得到了领导及同事们的认可，为促进企业转型升级高质量发展做出了应有的贡献。

【任务描述】

工序设计是制订工艺规程的最后一个重要环节，直接影响零件的加工质量、生产效率和生产成本。本项目任务是针对箱体零件进行工序设计，包括确定工序加工余量、计算工序尺寸与公差、选择切削用量、计算时间定额、选择加工设备和工艺装备、填写工序卡。

【学习目标】

（1）素养目标

1）通过确定工艺参数、工艺文件，培养专注的工匠精神。

2）通过优化切削参数，培养勇攀高峰、为国争光的军工精神。

3）通过小组讨论，培养诚信、友善的社会主义核心价值观和团队协作精神。

（2）知识目标

1）掌握确定加工余量和工序尺寸及公差的计算方法。

2）掌握时间定额的组成及计算方法。

3）掌握加工设备与工艺装备选择应考虑的因素。

4）掌握工序图的绘制及工序卡的填写方法。

（3）能力目标

1）能正确计算工序尺寸及公差。

2）能正确计算时间定额和切削用量。

3）能合理选择加工设备和工艺装备。

4）会画工序图和正确填写工序卡。

【任务分组】

将任务 3.4 的分组信息填入表 3-14。

表 3-14　任务 3.4 分组信息

班级		组别		指导教师	
组长		学号			
组员	学号	姓名		任务分工	

【问题引导】

1. 工序加工余量的定义？工序加工余量与工序尺寸的关系？确定工序加工余量的方法有哪些？

_____

_____

2. 时间定额包含哪些时间？如何确定？

_____

_____

3. 切削用量选择的原则是什么？

_____

_____

4. 简述镗削加工的工艺范围。

_____

_____

_____

5. 中批量生产下，工艺装备如何选择？

_____

_____

_____

【任务实施】

1. 确定工序加工余量、计算工序尺寸及公差

（1）箱盖：结合面（表 3-15）

任务 3.4

表 3-15　结合面工序尺寸及公差

工艺路线	工序加工余量/mm	经济精度或表面粗糙度/μm	工序尺寸及公差/mm	表面粗糙度 Ra/μm

（2）箱座：底面、结合面（表 3-16）

表 3-16　底面、结合面工序尺寸及公差

工艺路线	工序加工余量/mm	经济精度或表面粗糙度/μm	工序尺寸及公差/mm	表面粗糙度 Ra/μm

（3）箱盖、箱座合件

1）孔 $\phi100^{+0.035}_{0}$ mm 和 $\phi80^{+0.030}_{0}$ mm（IT7/$Ra1.6$μm）（表 3-17，表 3-18）。

表 3-17　$\phi100^{+0.035}_{0}$ mm 孔加工工序尺寸及公差

工艺路线	工序加工余量/mm	经济精度	工序尺寸及公差/mm	表面粗糙度 Ra/μm

表 3-18　$\phi 80^{+0.030}_{0}\text{mm}$ 孔加工工序尺寸及公差

工艺路线	工序加工余量/(mm)	经济精度	工序尺寸及公差/mm	表面粗糙度 $Ra/\mu m$

2）孔端面 $196^{0}_{-0.185}\text{mm}$（表 3-19）。

表 3-19　孔端面加工工序尺寸及公差

工艺路线	工序加工余量/mm	经济精度	工序尺寸及公差/mm	表面粗糙度 $Ra/\mu m$

2. 选择切削用量，计算时间定额

以箱盖结合面和从动轴轴承孔的加工为例，说明选择切削用量和计算时间定额的方法和步骤。

（1）选择加工箱盖结合面的切削用量和时间定额（表 3-20）。

表 3-20　箱盖结合面加工的切削用量和时间定额

工序名称	切削用量			时间定额
	切削速度/(m/min)	进给量/(mm/r)	背吃刀量/mm	

（2）选择镗削从动轴轴承孔的切削用量和时间定额（表 3-21）。

表 3-21　从动轴轴承孔加工的切削用量和时间定额

工序名称	切削用量			时间定额
	切削速度/(m/min)	进给量/(mm/r)	背吃刀量/mm	

3. 选择加工设备与工艺装备

（1）选择加工设备

1）选择平面加工设备。

_____

_____

_____

2）选择孔加工设备。

_____

_____

_____

（2）选择工艺装备

_____

_____

4. 填写箱体零件机械加工工序卡（表3-22）

表 3-22　箱体零件机械加工工序卡

| 机械加工工序卡 | 产品型号 | | 零件图号 | | |
| | 产品名称 | | 零件名称 | 共　页 | 第　页 |

车间	工序号	工序名称	材料牌号
毛坯种类	毛坯外形尺寸	每毛坯可制件数	每台件数
设备名称	设备型号	设备编号	同时加工件数

夹具编号	夹具名称	切削液	
工位器具编号	工位器具名称	工序工时/min	
		准终	单件

工步号	工步内容	工艺装备	主轴转速	切削速度	进给量	背吃刀量	进给次数	工步工时	
			r/min	m/min	mm/r	mm		机动	辅助
			设计（日期）	校对（日期）	审核（日期）	标准化（日期）	会签（日期）		

【任务评价】

工序设计评价表见表3-23。

表 3-23　工序设计评价表

序号	考核评价项目		考核内容	学生自评	小组互评	教师评价	配分/分	成绩/分
1	线下考核	知识目标	相关知识点的学习、自学笔记				30	
			计算工序尺寸与公差					
			选择切削用量、计算时间定额					
			选择设备与工艺装备					
			填写机械加工工序卡					
2		能力目标	信息搜集,自主学习,分析解决问题,归纳总结及创新能力				10	
3		素养目标	工匠精神、军工精神、团队协作、沟通协调、语言表达能力				10	
4	线上考核	资源学习	线上平台教学视频、动画、章节测试等资源学习				30	
5		课堂参与度	签到、主题讨论、随堂测验、分组任务、抢答等参与情况				20	
合计								

项目4 齿轮类零件工艺设计与实施

【项目导入】

圆柱齿轮是机械传动中应用极为广泛的零件之一，其功用是按规定的传动比传递运动和动力。本项目通过对某型号坦克齿轮的结构工艺性分析、毛坯确定、拟订工艺路线、工序设计四个任务的学习和实施，掌握齿轮类零件工艺规程编制的方法和步骤。

工作对象：图 4-1 为某型号坦克齿轮，中批量生产。

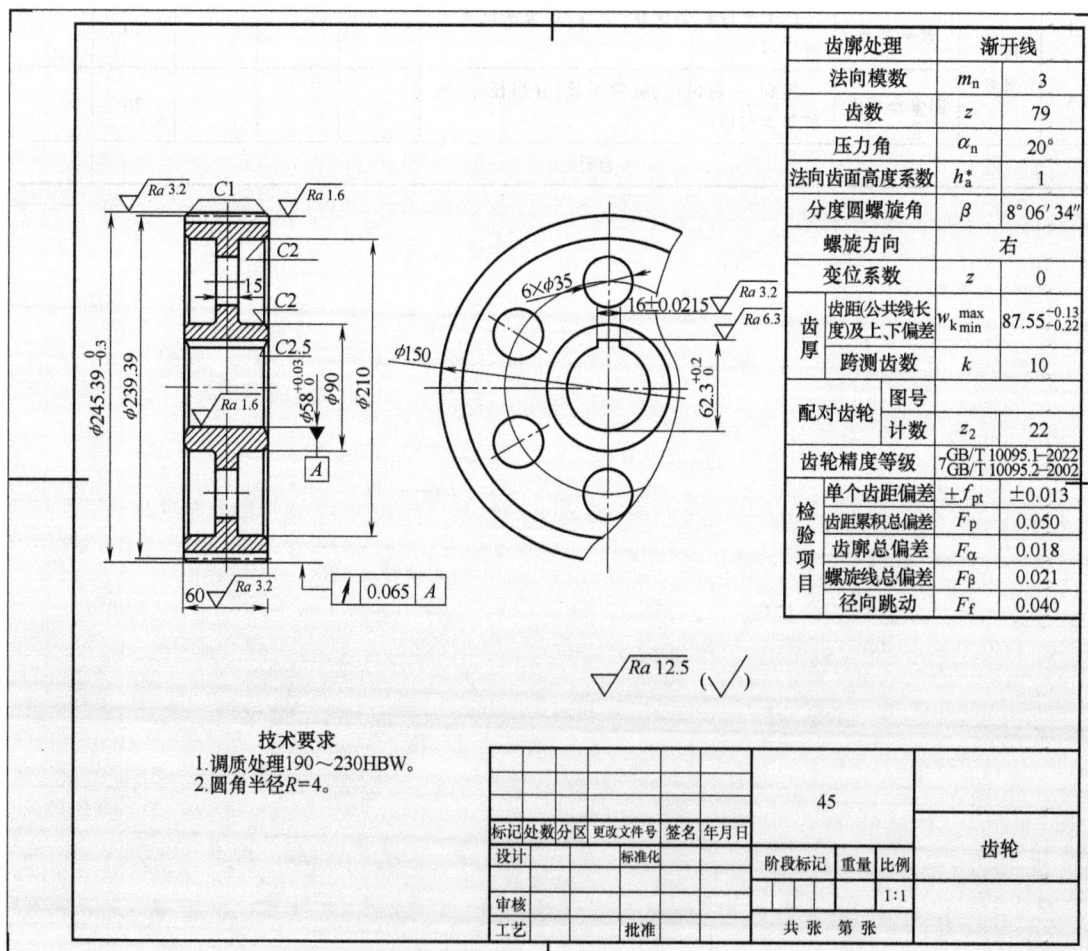

齿廓处理		渐开线	
法向模数	m_n	3	
齿数	z	79	
压力角	α_n	20°	
法向齿面高度系数	h_a^*	1	
分度圆螺旋角	β	8°06′34″	
螺旋方向		右	
变位系数	z	0	
齿厚	齿距(公共线长度)及上下偏差	$w_{k\ min}^{\ max}$	$87.55_{-0.22}^{-0.13}$
	跨测齿数	k	10
配对齿轮	图号		
	计数	z_2	22
齿轮精度等级		7 GB/T 10095.1—2022 GB/T 10095.2—2002	
检验项目	单个齿距偏差	$\pm f_{pt}$	±0.013
	齿距累积总偏差	F_p	0.050
	齿廓总偏差	F_α	0.018
	螺旋线总偏差	F_β	0.021
	径向跳动	F_f	0.040

技术要求
1.调质处理190～230HBW。
2.圆角半径R=4。

45

齿轮

标记	处数	分区	更改文件号	签名	年月日				
设计			标准化			阶段标记	重量	比例	
审核								1:1	
工艺			批准			共 张 第 张			

图 4-1 某型号坦克齿轮

124

【学习目标】

（1）素养目标

1）通过制订某型号坦克齿轮零件的工艺规程，培养自力更生、军工报国的军工精神。

2）通过分析零件的结构和精度，选择定位基准，培养精益求精的工匠精神。

3）通过学习毛坯制造方法，弘扬劳动精神，培养爱岗敬业的工匠精神和艰苦奋斗、甘于奉献的军工精神。

4）通过设计齿轮零件的工艺路线，培养勇于探索的创新精神。

5）通过确定工艺参数和优化切削参数，培养专注的工匠精神和勇攀高峰、为国争光的军工精神。

6）通过小组讨论和汇报，培养诚信、友善的社会主义核心价值观和团队协作精神。

（2）知识目标

1）掌握齿轮类零件的结构工艺性分析方法。

2）掌握齿轮类零件的毛坯确定方法。

3）掌握齿轮类零件的工艺路线拟订方法。

4）掌握齿轮类零件的工序设计方法。

（3）能力目标

1）能分析齿轮类零件的结构工艺性。

2）能确定齿轮类零件的毛坯。

3）能拟订齿轮类零件的工艺路线。

4）能完成齿轮类零件的工序设计。

【项目任务】

1）零件结构工艺性分析。

2）确定毛坯。

3）拟订工艺路线。

4）工序设计。

任务4.1 结构工艺性分析

【工艺讲堂】

扎根一线的大国工匠——贾广杰

贾广杰，中国兵器工业集团第206研究所生产二厂机加一组组长、高级技师，先后荣获全国技术能手、全国五一劳动奖章、陕西省首席技师、三秦工匠、陕西省技术能手、中央企业技术能手等荣誉称号，中国兵器工业集团关键技能带头人，国家级技能大师工作室领办人，享受国务院特殊津贴。

1992年，贾广杰技校毕业后进厂在生产一线从事铣工工作，这一干就是30余年。1996年单位引进数控设备，安排贾广杰从事雷达产品零件的数控加工工作。在当时数控加工是一门新技术，一切从头开始，贾广杰边学边干，不断摸索试验，掌握设备的基本操作和编程方法后不断提升操作技能，经过多年实践锻炼，他从一名普通工人成长为具有高超技能的数控专家。

贾广杰数年如一日，刻苦钻研，创新总结，参与完成了多项国家重点科研项目中的高难度零件加工。在加工尺寸精度为±0.01mm、表面粗糙度值为$Ra1.6\mu m$的高精度薄壁类零件时，由于其刚性和结构工艺性均较差，在加工中因切削力、切削热、夹紧力等因素易造成尺寸精度、表面质量不过关，此外整个工艺系统的振动还会造成零件出现撕裂等情况。面对加工精度难保证的问题，他从材料特性、工艺路线、刀具几何角度及切削参数等多方面入手，总结出了"薄壁壳体石蜡填充高速加工法"。这种方法是向零件腔体内填充石蜡，增加零件刚性，同时填充物又易于去除并可回收。在选用合理的加工工艺路线基础上，采用高速加工的方法大大降低了切削力和切削热，又使激振频率避开了零件的固有振动频率，从而很好地解决了这一加工难题。贾广杰带领团队攻克了多项数控加工技术难关，并总结出多项先进操作方法，为国防装备建设做出了重要贡献。

工匠之路就是坚守执着，无私奉献。贾广杰说："我只是在自己的岗位上做了应该做的事情。在今后的工作中，我要继续提升自己的能力，更加严格要求自己，以更大的工作热情，更严谨的工作作风，投入到现代化国防建设中去。"

【任务描述】

零件结构工艺性分析是制订工艺规程的一个重要环节。齿轮类零件与轴类零件、箱体类零件的结构工艺性有很大不同，只有对零件的结构工艺性进行充分分析，才能制订出最合理的工艺规程。本任务是分析齿轮的结构工艺性，包含功能、结构特点和技术要求等。

【学习目标】

（1）素养目标
1）通过某型号坦克的介绍，培养自力更生、军工报国的军工精神。
2）通过零件的结构和精度分析，培养精益求精的工匠精神。
3）通过零件图分析，树立标准意识。
4）通过小组讨论和汇报，培养诚信、友善的社会主义核心价值观和团队协作精神。
（2）知识目标
1）掌握零件结构工艺性的概念。
2）掌握齿轮类零件的功能与结构特点。
3）掌握齿轮类零件的技术要求。
4）了解当前制造业中新技术、新工艺、新装备的应用和发展前景。
（3）能力目标
1）能正确审查齿轮类零件的零件图。
2）能正确分析齿轮类零件的功能与结构特点。
3）能正确分析齿轮类零件的技术要求。
4）能正确评价齿轮类零件的结构工艺性。

【任务分组】

将任务4.1的分组信息填入表4-1。

表 4-1　任务 4.1 分组信息

班级		组别		指导教师	
组长		学号			
组员	学号	姓名		任务分工	

【问题引导】

1. 本任务需要分析某型号坦克齿轮零件的结构工艺性，与之前轴类等其他零件相比有哪些相同之处？有哪些不同之处？

_____

_____

2. 图 4-1 所示齿轮零件是否有表达不完整、不合理或者画法不正确的地方？如果发现问题，应立即向设计人员或工艺制订部门请示并提出修改意见。

_____

_____

3. 图 4-1 所示齿轮零件的技术要求包括哪些？请在图中指出并说明所代表的含义。

_____

_____

4. 简述齿轮类零件的结构工艺性分析思路。

_____

_____

【任务实施】

1. 审查零件图

任务 4.1

_____

_____

2. 分析零件的功能与结构特点

_____

_____

3. 分析零件技术要求

（1）尺寸公差分析

（2）几何公差分析

（3）表面质量分析

（4）齿轮精度等级分析

---

4. 评价齿轮零件的结构工艺性

【任务评价】

齿轮类零件的结构工艺性分析评价表见表4-2。

表 4-2　齿轮类零件的结构工艺性分析评价表

序号	考核评价项目		考核内容	学生自评	小组互评	教师评价	配分/分	成绩/分
1	线下考核	知识目标	相关知识点的学习、自学笔记				30	
			审查零件图					
			零件的功能与结构特点分析					
			技术要求分析					
			零件的结构工艺性评价					
2		能力目标	信息搜集，自主学习，分析解决问题，归纳总结及创新能力				10	
3		素养目标	工匠精神、军工精神、团队协作、沟通协调、语言表达能力				10	
4	线上考核	资源学习	线上平台教学视频、动画、章节测试等资源学习				30	
5		课堂参与度	签到、主题讨论、随堂测验、分组任务、抢答等参与情况				20	
合计								

【知识链接】

圆柱齿轮是机械传动中应用极为广泛的零件之一，其功能是按规定的传动比传递运动和动力。

1. 圆柱齿轮的结构特点

圆柱齿轮一般分为齿圈和轮体两部分。在齿圈上切出直齿、斜齿等齿形，而在轮体上有孔或带有轴。

轮体的结构形状直接影响齿轮加工工艺的制订。因此，齿轮可根据齿轮轮体的结构形状来划分。在机器中，常见的圆柱齿轮有以下几类：盘类齿轮、套类齿轮、内齿轮、轴类齿轮、扇形齿轮、齿条（即齿圈半径无限大的圆柱齿轮）。其中，盘类齿轮应用最广。

一个圆柱齿轮可以有一个或多个齿圈。普通单齿圈齿轮的工艺性最好。如果齿轮精度要求高，需要剃齿或磨齿时，通常将多齿圈齿轮做成单齿圈齿轮的组合结构。

2. 圆柱齿轮传动的精度要求

齿轮传动精度的高低，直接影响到整个机器的工作性能、承载能力和使用寿命。根据齿轮的使用条件，对齿轮传动主要提出以下三个方面的精度要求：

（1）传递运动的准确性 要求齿轮能准确地传递运动，传动比恒定，即要求齿轮一转中的转角误差不超过一定范围。

（2）传递运动的平稳性 齿轮转动时瞬时传动比的变化量在一定限度内。要求齿轮在一齿转角内的最大转角误差在规定范围内，从而减小齿轮传递运动中的冲击、振动和噪声。

（3）载荷分布的均匀性 要求齿轮工作时齿面接触要均匀，并保证有一定的接触面积和符合要求的接触位置，从而保证齿轮在传递动力时，不致因载荷分布不均匀而使接触应力过大，引起齿面过早磨损。

3. 精度等级与公差组

ISO 等级系统将齿轮精度等级分 12 级，其中第 1 级最高，第 12 级最低。此外，按误差特性及其对传动性能的主要影响，将其分成三类，见表 4-3。

表 4-3 对传动性能影响的误差

对传动性能的影响	公差与极限偏差项目	误差特性
传递运动的准确性	F_i'', F_p, F_{pk}'', F_i'', F_r, F_w	以齿轮一转为周期的误差
传递运动的平稳性、噪声、振动	f_i'', f_f, f_{pt}, f_{pb}, f_i'', $f_{f\beta}$	在齿轮一转内，多次周期重复出现的误差
载荷分布的均匀性	F_β'', F_b, F_{px}''	齿向、接触面的误差

一般情况下，一个齿轮的三类误差应选用相同的精度等级。当对使用的某个方面有特殊要求时，也允许选用不同的精度等级。齿轮精度等级应根据齿轮传动的用途、圆周速度、传递功率等进行选择。

任务 4.2 确定毛坯

【工艺讲堂】

精益求精的"兵器工匠"——罗军

罗军，中国兵器工业集团江麓机电集团有限公司综合传动分厂职工，先后荣获全国劳动模范、全国五一劳动奖章、全国技术能手、集团公司关键技能带头人、兵器大工匠等荣誉称号，享受国务院特殊津贴。

现今荣誉满身的技能大师罗军，成长之路并非一帆风顺。他进入江麓集团从事一线车工工作，由于工作环境艰苦，与他之前对工作的设想差距较大，加工不好零件常使他感到沮丧。但罗军生来有股不服输的劲头，迎难而上是他的一贯作风。为了加工好产品，他虚心向有经验的师傅请教；为了提升自己，他买了大量的专业书籍"疯狂"地学习专业知识，积极参加公司举办的技术培训班，并自费参加湘潭大学开办的数控理论培训学习。日复一日地工作实践和业余长期大量的理论知识学习积累，他才成长为既懂技术又通理论的"知识型"技术工人。

在某变速器的十几种六方体零件加工中，传统模式是用气割钢板毛坯进行加工，毛坯加工余量大，多为15~20mm，且气割下料时高温导致毛坯硬度提高，给切削加工带来了一定的困难。每30件产品仅加工毛坯就需要一个多星期，且刀具消耗量随之增大。罗军根据这一情况，大胆采用圆钢取代气割毛坯，直接进行车铣加工，这样一来，减轻了材料重量，产品加工周期缩短为原来的1/5，刀具消耗量也减少了不少，大大地节约了成本，提高了工效。

凭着对"小改造""小发明"的爱好，对"创新"的痴迷，他把工作"创新"当成了终生的事业，坚持不懈，并乐在其中。罗军一直有一个习惯，就是把工作中的一些"奇思怪想"和听到、学到的一些独特方法、观点，认真记录在一个笔记本上，经过整理后取名叫"忽然想到"，并时常补充新的内容，将想法付诸实践，为大国工匠打下了深厚根基。"师傅是一个比较专注的人，遇到问题，不管用什么方法都能解决掉，思路非常广。"在徒弟陈灌生眼里，师傅认真、专注和坚持的精神让他们非常佩服。

【任务描述】

毛坯的确定是制订工艺规程中的一项重要内容。选择不同的毛坯就会有不同的加工工艺，采用不同的设备、工装，从而会影响零件加工的生产率和成本。本任务是确定齿轮的毛坯，包括选择毛坯的类型和制造方法、确定毛坯加工余量和公差、绘制毛坯图。

【学习目标】

（1）素养目标

1）通过学习毛坯制造方法，培养爱岗敬业的工匠精神。

2）通过兵器工匠罗军等先进事迹，培养勇于创新，甘于奉献的军工精神。

3）通过毛坯制造，弘扬劳动精神。

4）通过小组讨论和汇报，培养诚信、友善的社会主义核心价值观和团队协作精神。

（2）知识目标

1）了解齿轮类零件毛坯的种类与应用范围。

2）掌握齿轮类零件毛坯加工余量与公差的确定方法。

3）掌握毛坯图的绘制方法。

（3）能力目标

1）能合理选择齿轮类零件的毛坯类型与制造方法。

2）能正确确定齿轮类零件的毛坯加工余量和公差。

3）会画毛坯图。

【任务分组】

将任务 4.2 的分组信息填入表 4-4。

表 4-4 任务 4.2 分组信息

班级		组别		指导教师	
组长		学号			
组员	学号	姓名		任务分工	

【问题引导】

1. 齿轮类零件的毛坯种类有哪些？分别适用于哪些场合？

_____

_____

_____

2. 齿轮类零件的热处理工序如何安排？分别要达到哪些性能和目的？

_____

_____

_____

3. 齿轮零件在不同使用场合的损坏形式都有何不同？

_____

_____

_____

【任务实施】

任务 4.2

1. 选择毛坯类型

_____

_____

2. 选择毛坯制造方法

_____

_____

_____

3. 确定毛坯加工余量及公差

（1）初步确定毛坯加工余量

（2）最终确定毛坯加工余量及公差

4. 画毛坯-零件合图（表4-5）

表4-5　毛坯-零件合图

【任务评价】

确定毛坯评价表见表4-6。

表4-6　确定毛坯评价表

序号	考核评价项目		考核内容	学生自评	小组互评	教师评价	配分/分	成绩/分
1	线下考核	知识目标	相关知识点的学习、自学笔记				30	
			毛坯类型与制造方法选择					
			确定毛坯加工余量与公差					
			画毛坯-零件合图					
2		能力目标	信息搜集、自主学习、分析解决问题、归纳总结及创新能力				10	
3		素养目标	工匠精神、军工精神、团队协作、沟通协调、语言表达能力				10	
4	线上考核	资源学习	线上平台教学视频、动画、章节测试等资源学习				30	
5		课堂参与度	签到、主题讨论、随堂测验、分组任务、抢答等参与情况				20	
合计								

【知识链接】

1. 齿轮的材料与热处理

（1）材料的选择　齿轮材料的选择对齿轮的加工性能和使用寿命都有直接的影响。

一般讲，低速、重载、有冲击载荷的传力齿轮的齿面受压产生塑性变形或磨损，且轮齿容易折断，应选用机械强度、硬度等综合力学性能好的材料（如 20CrMnTi），经渗碳淬火，芯部具有良好的韧性，齿面硬度可达 56~62HRC；线速度高的传力齿轮，齿面易产生疲劳点蚀，所以齿面硬度要高，可用 38CrMoA1A 渗氮钢，这种材料经渗氮处理后表面可得到一层硬度很高的渗氮层，而且热处理变形小；非传力齿轮可以用非淬火钢、铸铁、夹布胶木或尼龙等材料。

（2）齿轮的热处理　齿轮加工中，根据不同的目的安排两种热处理工序：

1）毛坯热处理。在齿坯加工前后安排预备热处理（通常为正火或调质），其主要目的是消除锻造及粗加工引起的残余应力，改善材料的切削性能和提高综合力学性能。

2）齿面热处理。齿形加工后，为提高齿面硬度和耐磨性，常进行渗碳淬火、高频感应淬火、碳氮共渗或渗氮等表面热处理工序。

2. 齿轮毛坯

齿轮的毛坯形式主要有棒料、锻件和铸件。棒料用于小尺寸、结构简单且对强度要求低的齿轮。当齿轮要求强度高、耐磨和耐冲击时，多用锻件。对于直径大于 ϕ400mm 的齿轮，常用铸造方法铸造齿坯。为了减少机械加工量，对大尺寸、低精度齿轮，可以直接铸出轮齿；压力铸造、精密锻造、粉末冶金、热轧和冷挤等新工艺，可制造出具有轮齿的齿坯，以提高劳动生产率，节约原材料。

任务 4.3　拟订工艺路线

【工艺讲堂】

中国兵器工业集团首席科学家——雷丙旺

雷丙旺，国家科技进步二等奖获得者，中国兵器工业集团首席科学家，国家科技重大专项、3.6 万吨垂直挤压机课题负责人。

参加工作 30 多年来，雷丙旺扎根边疆，潜心武器装备关键材料科研生产核心领域，带领团队完成我国极端制造的"大国重器"——3.6 万吨黑色金属垂直挤压机生产线建设，一举打破国外技术封锁，使国产自主研发的极端制造装备取得多项国际、国内第一，为我国高端难变形合金材料自主研发做出突出贡献。万吨级重型装备是一个国家制造能力的标志，属于"极端制造"领域。按照科学规划、创新突破、自主研发、企校联合的原则，雷丙旺与清华大学等参研单位协调配合，一路过关斩将，最终赢得柳暗花明。

选择一份事业，就要投入百分之百的热情。作为兵工人，雷丙旺时刻以国家利益为己任，在极端制造领域创先争优，不仅使垄断产品"国产化"，而且"世界化"，做到了国际领先。雷丙旺说："国家需要什么，我们就干什么，自主支撑重大工程、重大项目的发展建设，这正是掌握核心关键技术带给我们的能力自信和发展自信。有了这种自信，我们就可以为祖国建设做出应有的贡献。"

【任务描述】

零件的机械加工工艺路线是指主要用机械加工的方法将毛坯加工成零件的整个加工路线，工艺路线不但影响加工质量和生产效率，而且影响工人的劳动强度以及设备投资、车间面积、生产成本等，拟订零件的工艺路线是制订工艺规程的关键阶段。本任务是拟订齿轮的工艺路线，包括选择定位基准和表面加工方法、划分加工阶段、确定加工顺序、画工艺流程图、填写机械加工工艺过程卡。

【学习目标】

（1）素养目标

1）通过工艺路线的设计，增强勇于探索的创新精神。

2）通过先进加工方法介绍，培养勇攀高峰，为国争光的军工精神。

3）通过定位基准的选择，培养精益求精的工匠精神。

4）通过小组讨论和汇报，培养诚信、友善的社会主义核心价值观和团队协作精神。

（2）知识目标

1）掌握定位基准的选择原则。

2）掌握表面加工方法的选择知识。

3）掌握划分加工阶段的方法。

4）掌握工序顺序的安排原则。

5）掌握机械加工工艺过程卡的填写方法。

6）掌握工艺流程图的绘制方法。

（3）能力目标

1）能合理选择齿轮类零件的定位基准。

2）能合理选择齿轮类零件各加工表面的加工方法。

3）能合理划分零件的加工阶段。

4）能合理确定齿轮类零件的加工顺序。

5）能拟订中等难度齿轮类零件的机械加工工艺路线。

6）会画工艺流程图。

【任务分组】

将任务 4.3 的分组信息填入表 4-7。

表 4-7　任务 4.3 分组信息

班级			组别			指导教师	
组长			学号				
组员		学号		姓名		任务分工	

【问题引导】

1. 制订齿轮类零件加工工艺路线的依据有哪些?

_____

_____

2. 不同结构尺寸的齿轮零件加工,其定位基准选择有何不同?

_____

_____

3. 齿形加工有哪些方案?其选择依据有哪些?

_____

_____

4. 齿端加工有哪些方式?在工艺规程中应如何安排?

_____

_____

【任务实施】

任务 4.3

1. 选择定位基准

(1) 选择精基准

_____

_____

(2) 选择粗基准

_____

_____

2. 选择表面加工方法

_____

_____

3. 划分加工阶段

_____

_____

4. 确定工序顺序

_____

_____

5. 填写齿轮零件机械加工工艺过程卡（表4-8）

表4-8　齿轮零件机械加工工艺过程卡

机械加工工艺过程卡		产品型号		零件图号					
		产品名称		零件名称			共　页	第　页	

材料牌号		毛坯种类		毛坯外形尺寸		每毛坯件数		每台件数		备注	

工序号	工序名称	工序内容		车间	工段	设备	工艺装备	工时/min	
								准终	单件
				设计（日期）	校对（日期）	审核（日期）	标准化（日期）	会签（日期）	

标记	处数	更改文件号	签字	日期	标记	处数	更改文件号	签字	日期	

6. 画工艺流程图（表4-9）

表4-9　工艺流程图

【任务评价】

拟订工艺路线评价表见表 4-10。

表 4-10　拟订工艺路线评价表

序号	考核评价项目		考核内容	学生自评	小组互评	教师评价	配分/分	成绩/分
1	线下考核	知识目标	相关知识点的学习、自学笔记				30	
			选择定位基准					
			选择表面加工方法					
			划分加工阶段					
			确定工序顺序					
			填写机械加工工艺过程卡					
			画工艺流程图					
2		能力目标	信息搜集，自主学习，分析解决问题，归纳总结及创新能力				10	
3		素养目标	工匠精神、军工精神、团队协作、沟通协调、语言表达能力				10	
4	线上考核	资源学习	线上平台教学视频、动画、章节测试等资源学习				30	
5		课堂参与度	签到、主题讨论、随堂测验、分组任务、抢答等参与情况				20	
合计								

【知识链接】

齿圈上的齿形加工是整个齿轮加工的核心。尽管齿轮加工有许多工序，但都是为齿形加工服务的，其目的在于最终获得符合精度要求的齿轮。

按照加工原理，齿形加工可分为成形法和展成法。如指形齿轮铣刀铣齿、盘形铣刀铣齿、齿轮拉刀拉内、外齿等，是成形法加工齿形；而滚齿、剃齿、插齿、磨齿等，是展成法加工齿形。

齿形加工方案的选择，主要取决于齿轮的精度等级、结构形状、生产类型和齿轮的热处理方法及生产工厂的现有条件，对于不同精度的齿轮，常用的齿形加工方案如下：

（1）8 级精度以下的齿轮　调质齿轮用滚齿或插齿就能满足要求。对于淬硬齿轮可采用滚（插）齿——剃齿或冷挤——齿端加工——淬火——校正孔的加工方案。根据不同的热处理方式，在淬火前齿形加工精度应提高一级以上。

（2）6~7 级精度齿轮　对于淬硬齿面的齿轮可采用滚（插）齿——齿端加工——表面淬火——校正基准——磨齿（蜗杆砂轮磨齿），该方案加工精度稳定；也可采用滚（插）——剃齿或冷挤——表面淬火——校正基准——内啮合珩齿的加工方案，这种方案加工精度稳定，生产率高。

（3）5 级以上精度的齿轮　一般采用粗滚齿——精滚齿——表面淬火——校正基准——粗磨齿——精磨齿的加工方案。大批大量生产时也可采用粗磨齿——精磨齿——表面淬火——校正基准——磨削外珩自动线的加工方案。这种加工方案加工的齿轮精度可稳定在 5 级以上，且齿面加工纹理十分错综复杂，噪声极低，是品质极高的齿轮；每条线的二班制年生产纲领可达到 15 万~20 万件。磨齿是目前齿形加工中精度最高、表面粗糙度值最小的加工方法，最高精度可达 3~4 级。

任务 4.4　工序设计

【工艺讲堂】

矢志创新的大国工匠——魏忠华

魏忠华，中国航天科工三院 111 厂数控加工车间数控车工、辽宁省五一劳动奖章获得者。

魏忠华在生产一线二十余年，车出万件产品，助力神舟飞天，完成探月工程中的"压紧释放装置"、神舟飞船的"连接分离机构"等核心部件生产任务；他坚守岗位无怨无悔，将最美年华献给飞航事业；他脚踏实地传承工匠技艺，培育青禾再展航天情怀。

在一次加工过程中，由于所用材料在国内没有常规的加工方法和刀具牌号，只能从零件的加工过程下手。魏忠华主动请缨，守在车床边三天三夜，通过反复测算，终于将该产品的加工方案、测量方法、刀具材料等数据整理出来，将加工难题顺利解决，为全年该产品顺利完成，奠定了坚实的基础。在完成生产任务的同时，他还积极思考产品的成本问题，推动刀具国产化的改革和废旧刀具的"修旧再利用"。某产品用涡轮泵的内孔轴线与端面配合精度高，按照以往加工方法，难以保证精度，并且加工周期长。针对这个难题，魏忠华与技术人员沟通，建议利用高速车代替磨削加工，对工艺方法进行优化。经过试验证明完全可行，现在该部件的工艺规程已经完全采用该方法，极大提高了产品精度。

在困难任务面前，受制于各方面条件限制，魏忠华始终冲锋在前，勇于探索和创新，矢志创新，降本增效，探求更优机械加工解决方案。为了国家的航天事业，他甘于淡泊名利，默默奉献。更是用顽强的意志和杰出的智慧，将"国家利益高于一切"写在了浩瀚无垠的太空之中。

【任务描述】

工序设计是制订工艺规程的最后一个重要环节，直接影响零件的加工质量、生产效率和生产成本。本任务是针对齿轮零件进行工序设计，包括确定工序加工余量、计算工序尺寸与公差、选择切削用量、计算时间定额、选择加工设备和工艺装备、填写工序卡。

【学习目标】

（1）素养目标

1）通过确定工艺参数、工艺文件，培养专注的工匠精神。

2）通过优化切削参数，培养勇攀高峰、为国争光的军工精神。

3）通过小组讨论和汇报，养育诚信、友善的社会主义核心价值观和团队协作精神。

（2）知识目标

1）掌握确定加工余量和工序尺寸及公差的计算方法。

2）掌握时间定额的组成及计算方法。

3）掌握加工设备与工艺装备选择应考虑的因素。

4）掌握工序图的绘制及工序卡的填写方法。

（3）能力目标

1）能正确计算工序尺寸及公差。

2）能正确计算时间定额和切削用量。

3）能合理选择加工设备和工艺装备。

4）会画工序图和正确填写工序卡。

【任务分组】

将任务 4.4 的分组信息填入表 4-11 中。

表 4-11　任务 4.4 分组信息

班级		组别		指导教师	
组长		学号			
组员	学号	姓名	任务分工		

【问题引导】

1. 齿轮类零件的加工设备及工艺装备有哪些？选择时应考虑哪些因素？

2. 轮齿加工工序图绘制应注意哪些特点？工序尺寸及公差应如何标注？

【任务实施】

1. 确定工序加工余量、计算工序尺寸及公差（表 4-12）

任务 4.4

表 4-12　孔 $\phi58$mm（IT7，$Ra1.6\mu$m）

工艺路线	工序加工余量/mm	经济精度	工序尺寸及公差/mm	表面粗糙度 Ra/μm

2. 选择切削用量，计算时间定额

---

3. 选择加工设备与工艺装备

（1）选择加工设备

（2）选择工艺装备

---

4. 绘制工序简图（表 4-13）

表 4-13　工序简图

工序号	工序内容	工序简图

5. 填写齿轮零件数控加工工序卡（表 4-14）

表 4-14 齿轮零件数控加工工序卡

数控加工工序卡		产品型号		零件图号					
		产品名称		零件名称			共 页	第 页	
材料牌号		毛坯种类		毛坯外形尺寸		每毛坯件数		每台件数	备注
工序号	工步	加工内容	设备名称	夹具名称	刀具编号	量具名称	主轴转速 /(r/min)	进给量 /(mm/r)	背吃刀量 /mm	备注

【任务评价】

工序设计评价表见表 4-15。

表 4-15 工序设计评价表

序号	考核评价项目		考核内容	学生自评	小组互评	教师评价	配分/分	成绩/分
1	线下考核	知识目标	相关知识点的学习、自学笔记				30	
			计算工序尺寸与公差					
			选择切削用量、计算时间定额					
			选择设备与工艺装备					
			填写机械加工工序卡					
2		能力目标	信息搜集，自主学习，分析解决问题，归纳总结及创新能力				10	
3		素养目标	工匠精神、军工精神、团队协作、沟通协调、语言表达能力				10	
4	线上考核	资源学习	线上平台教学视频、动画、章节测试等资源学习				30	
5		课堂参与度	签到、主题讨论、随堂测验、分组任务、抢答等参与情况				20	
合计								

项目5 叉类零件工艺设计与实施

【项目导入】

叉类零件是机器中的辅助零件，如安装在机器上的支架、吊架、拨叉、连杆、摇臂等，主要起连接、支承、拨动、调节作用。一般形状不规则，杆身形状多样（可设计加强肋以提高工件刚性），主要结构由安装部分、连接部分和工作部分组成。

本项目通过对拨叉的结构工艺性分析、毛坯确定、拟订工艺路线、工序设计四个任务的学习和实施，加深对工艺基础知识的理解，掌握叉类零件工艺规程编制的方法和步骤。

工作对象：图5-1所示的拨叉零件图，中批量生产。

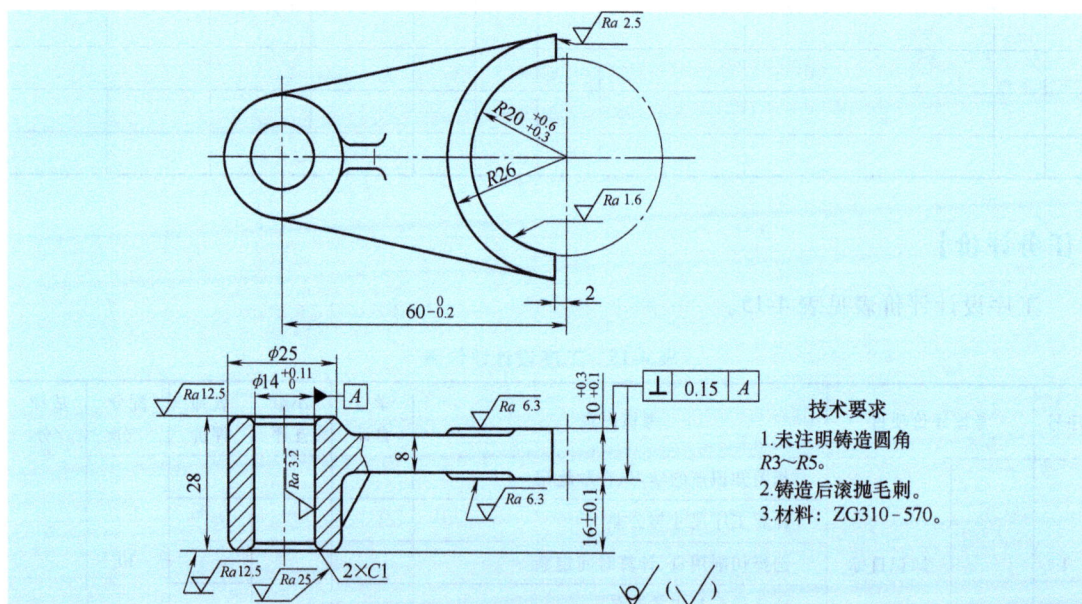

图5-1　拨叉

【学习目标】

（1）素养目标

1）通过制订某型号坦克拨叉零件的工艺规程，培养自力更生，军工报国的军工精神。

2）通过分析零件的结构和精度、选择定位基准，培养精益求精的工匠精神。

3）通过学习毛坯制造方法，弘扬劳动精神，培养爱岗敬业的工匠精神和艰苦奋斗、甘于奉献的军工精神。

4）通过设计拨叉零件的工艺路线，培养勇于探索的创新精神。

5）通过确定工艺参数和优化切削参数，培养专注的工匠精神和勇攀高峰、为国争光的军工精神。

6）通过小组讨论和汇报，培养诚信、友善的社会主义核心价值观和团队协作精神。

（2）知识目标

1）掌握叉类零件的结构工艺性分析。

2）掌握叉类零件的毛坯确定方法。

3）掌握叉类零件的工艺路线拟订方法。

4）掌握叉类零件的工序设计方法。

（3）能力目标

1）能分析叉类零件的结构工艺性。

2）能确定叉类零件的毛坯。

3）能拟订叉类零件的工艺路线。

4）能完成叉类零件的工序设计。

【项目任务】

1）零件结构工艺性分析。

2）确定毛坯。

3）拟订工艺路线。

4）工序设计。

任务 5.1 结构工艺性分析

【工艺讲堂】

金属上雕刻的工人院士——胡胜

胡胜，中国电子科技集团公司第十四研究所数控车高级技师、班组长，先后荣获全国数控技能大赛职工组数控车第一名、全国五一劳动奖章、全国技术能手、中华技能大奖、大国工匠年度人等荣誉称号，享受国务院政府特殊津贴，被誉为"工人院士"。

胡胜和同事们平时的工作主要是通过数控车对金属进行雕刻，制作各种精致的零件，被称为"在金属上进行雕刻的艺术"。雷达零部件对精度的要求非常"苛刻"，有的误差要求不能超过一根头发丝的 1/10 （5~8μm），甚至要达到 4μm 的精度，哪怕一丝划痕也不能出现。

有一次，某军工产品的研制进入加工阶段，可几位高级技师看到图样后纷纷摇头："从没见过这么小的波纹管，长径比达 10：1 的内孔内竟然还有很多不规则的槽，所有尺寸公差、几何公差简直无法加工。"胡胜与技术人员探讨分析各种可能遇到的问题，甚至对每一刀的排屑方向、每个槽的切削速度都做了大量试验，最终，通过巧妙设计的自制刀具、合理的切削方法，加工出了合格的产品。质检人员剖开产品逐一对不规则槽的尺寸进行检验后，惊喜地对胡胜竖起了大拇指：精度完全符合要求！

胡胜将"精心、静心"融入自己的职业生涯，诠释着精益求精、追求完美极致的工匠精神。

【任务描述】

零件结构工艺性分析是制订工艺规程的一个重要环节，只有对拨叉的结构工艺性进行充分分析，才能制订出最合理的工艺规程。本任务是分析拨叉的结构工艺性，包括功能、结构特点和技术要求等。

【学习目标】

（1）素养目标
1）通过某型号坦克的介绍，培养自力更生、军工报国的军工精神。
2）通过零件的结构和精度分析，培养精益求精的工匠精神。
3）通过零件图分析，树立标准意识。
4）通过小组讨论和汇报，培养诚信、友善的社会主义核心价值观和团队协作精神。
（2）知识目标
1）掌握零件结构工艺性的概念。
2）掌握叉类零件的功能与结构特点。
3）掌握叉类零件的技术要求知识。
4）了解当前制造业中新技术、新工艺、新装备的应用和发展前景。
（3）能力目标
1）能正确审查叉类零件的零件图。
2）能正确分析叉类零件的功能与结构特点。
3）能正确分析叉类零件的技术要求。
4）能正确评价叉类零件的结构工艺性。

【任务分组】

将任务 5.1 的分组信息填入表 5-1。

表 5-1　任务 5.1 分组信息

班级		组别		指导教师	
组长		学号			
组员	学号	姓名		任务分工	

【问题引导】

1. 本任务需要分析拨叉零件的结构工艺性，这类零件有哪些显著特点？

2. 拨叉零件图是否有表达不完整、不合理或者画法不正确的地方，从而影响正确分析零件的结构工艺性？如果发现问题，应立即向设计人员或工艺制订部门请示并提出修改意见。

3. 拨叉零件的技术要求有哪些？工艺基准如何确定？

4. 根据拨叉零件的结构工艺性分析，思考如何解决其形状不规则带来的加工难点。

【任务实施】

1. 审查零件图

任务 5.1

2. 分析零件的功能与结构特点

3. 分析零件技术要求
（1）尺寸公差分析

（2）几何公差分析

（3）表面质量分析

4. 评价拨叉零件的结构工艺性

_____

_____

_____

【任务评价】

叉类零件的结构工艺性分析评价表见表 5-2。

表 5-2　叉类零件的结构工艺性分析评价表

序号	考核评价项目		考核内容	学生自评	小组互评	教师评价	配分/分	成绩/分
1	线下考核	知识目标	相关知识点的学习、自学笔记				30	
			审查零件图					
			零件的功能与结构特点分析					
			技术要求分析					
			零件的结构工艺性评价					
2		能力目标	信息搜集,自主学习,分析解决问题,归纳总结及创新能力				10	
3		素养目标	工匠精神、军工精神、团队协作、沟通协调、语言表达能力				10	
4	线上考核	资源学习	线上平台教学视频、动画、章节测试等资源学习				30	
5		课堂参与度	签到、主题讨论、随堂测验、分组任务、抢答等参与情况				20	
合计								

任务 5.2　确定毛坯

【工艺讲堂】

淡泊名利的大国工匠——胡双钱

胡双钱,生于 1960 年,中国商飞上海飞机制造有限公司数控机加车间钳工组组长、高级技师,先后荣获全国劳动模范、全国五一劳动奖章、上海市质量金奖、第五届全国敬业奉献模范等荣誉称号。

胡双钱 20 多年来始终兢兢业业、从不懈怠,时时刻刻为中国大飞机准备着,练就了一身过硬的本领。他先后高精度、高效率地完成了 ARJ21 新支线飞机首批交付飞机起落架钛合金作动筒接头特制件、C919 大型客机首架机壁板长桁对接接头特制件等加工任务。

几十年来,胡双钱一共加工过几十万个飞机零件,从来没有出现过一个次品,不愧为“大国工匠”,他说过:“毛坯制造精度很重要,而零件制造是飞行安全最基本的保障,绝对不能出差错,99.99%的合格率也不行,必须要保证 100%的合格率,安全问题无小事,不能有丝毫的疏忽懈怠！"

"非淡泊无以明志，非宁静无以致远。"胡双钱名字里有个"钱"字，但他本人淡泊名利，一间 $30m^2$ 的老房子，他们一家人一住就是几十年。对于胡双钱来说，最大的心愿就是早日看到自己参与制造的真正属于中国人自己的大飞机翱翔在蓝天之上！

【任务描述】

毛坯的确定是制订工艺规程中的一项重要内容。选择不同的毛坯就会有不同的加工工艺，采用不同的设备、工装，从而会影响零件加工的生产率和成本。本任务是确定拨叉的毛坯，包括选择毛坯类型、制造方法、确定毛坯加工余量及公差、绘制毛坯图。

【学习目标】

（1）素养目标

1）通过学习毛坯制造方法，培养爱岗敬业的工匠精神。

2）通过大国工匠胡双钱等的先进事迹，培养淡泊名利、甘于奉献的军工精神。

3）通过毛坯制造，弘扬劳动精神。

4）通过小组讨论和汇报，培养诚信、友善的社会主义核心价值观和团队协作精神。

（2）知识目标

1）了解叉类零件毛坯的种类与应用范围。

2）掌握叉类零件毛坯加工余量与公差的确定方法。

3）掌握毛坯图的绘制方法。

（3）能力目标

1）能合理选择叉类零件的毛坯类型与制造方法。

2）能正确确定叉类零件的毛坯加工余量和公差。

3）会画毛坯图。

【任务分组】

将任务 5.2 分组信息填入表 5-3。

表 5-3 任务 5.2 分组信息

班级		组别		指导教师	
组长		学号			
	学号	姓名		任务分工	
组员					

【问题引导】

1. 叉类零件常用的材料及其常见的毛坯种类有哪些？分别适用于哪些场合？

_____

_____

_____

2. 对于较小尺寸的叉类零件在确定毛坯时有哪些工艺措施？

_____

_____

_____

【任务实施】

1. 选择毛坯类型

任务 5.2

_____

_____

_____

2. 选择毛坯制造方法

_____

_____

_____

3. 确定毛坯加工余量及公差

（1）初步确定毛坯加工余量

_____

_____

_____

（2）最终确定毛坯加工余量及公差

_____

_____

_____

4. 画毛坯–零件合图（表5-4）

表 5-4　毛坯–零件合图

【任务评价】

确定毛坯评价表见表 5-5。

表 5-5 确定毛坯评价表

序号	考核评价项目		考核内容	学生自评	小组互评	教师评价	配分/分	成绩/分
1	线下考核	知识目标	相关知识点的学习、自学笔记				30	
			毛坯类型与制造方法选择					
			确定毛坯加工余量与公差					
			画毛坯-零件合图					
2		能力目标	信息搜集,自主学习,分析解决问题,归纳总结及创新能力				10	
3		素养目标	工匠精神、军工精神、团队协作、沟通协调、语言表达能力				10	
4	线上考核	资源学习	线上平台教学视频、动画、章节测试等资源学习				30	
5		课堂参与度	签到、主题讨论、随堂测验、分组任务、抢答等参与情况				20	
合计								

任务 5.3 拟订工艺路线

【工艺讲堂】

成就感来自于解决问题——赵晶

赵晶,中国兵器工业集团有限公司首席技师,公司第四分公司高级技师,中国共产党第二十次全国代表大会代表,先后荣获全国技术能手、全国三八红旗手、中国兵器集团关键技能带头人、自治区五一劳动奖章、自治区草原英才等荣誉称号,享受国务院政府特殊津贴。

2016 年,分公司承担的某重点工程任务,其中的紧固类零件螺栓的螺纹与配合端面的垂直度只有 0.003mm,是唯一一项由军方检验的一级精度螺纹产品。赵晶带领团队反复揣摩,一次又一次地试制和优化加工工艺路线,最终找到了影响产品合格率的症结所在,成功地将产品合格率提高到了 98% 以上。

赵晶不喜欢一成不变,不喜欢按部就班,遇到难题,就特别想解决,解决了就非常有成就感。在赵晶看来,工匠精神就是要做爱钻研、爱创新的知识型工人,在行业中起到引领示范作用。"党的二十大报告提出,坚持创新在我国现代化建设全局中的核心地位。也提到了'培育创新文化''弘扬创造精神'。"赵晶说,"这道出了我们产业工人的心声,也更加坚定了我立足本职岗位、持续攻坚克难、持续创新创造的决心,为建设兵工强国贡献力量。"

【任务描述】

零件的机械加工工艺路线是指主要用机械加工的方法将毛坯加工成零件的整个加工路线，工艺路线不但影响加工质量和生产效率，而且影响工人的劳动强度以及设备投资、车间面积、生产成本等，拟订零件的工艺路线是制订工艺规程的关键阶段。本任务是拟订拨叉的工艺路线，包括选择定位基准和表面加工方法、划分加工阶段、确定加工顺序、画工艺流程图，填写机械加工工艺过程卡。

【学习目标】

（1）素养目标

1）通过工艺路线的设计，培养勇于探索的创新精神。

2）通过先进加工方法介绍，培养勇攀高峰、为国争光的军工精神。

3）通过定位基准的选择，培养精益求精的工匠精神。

4）通过小组讨论和汇报，培养诚信、友善的社会主义核心价值观和团队协作精神。

（2）知识目标

1）掌握定位基准的选择原则。

2）掌握表面加工方法的选择知识。

3）掌握划分加工阶段的方法。

4）掌握工序顺序的安排原则。

5）掌握机械加工工艺过程卡的填写方法。

6）掌握工艺流程图的绘制方法。

（3）能力目标

1）能合理选择叉类零件的定位基准。

2）能合理选择叉类零件各加工表面的加工方法。

3）能合理划分零件的加工阶段。

4）能合理确定叉类零件的加工顺序。

5）能拟订中等难度叉类零件的机械加工工艺路线。

6）会画工艺流程图。

【任务分组】

将任务 5.3 的分组信息填入表 5-6。

表 5-6　任务 5.3 分组信息

班级		组别		指导教师	
组长		学号			
组员	学号	姓名		任务分工	

（续）

	学号	姓名	任务分工
组员			

【问题引导】

1. 叉类零件在切削加工工序安排时有哪些原则？

_____

_____

_____

2. 叉类零件在安排切削加工工序时，如何确定工序集中与分散的程度？

_____

_____

【任务实施】

任务 5.3

1. 选择定位基准

（1）选择精基准

_____

_____

（2）选择粗基准

_____

_____

_____

2. 选择表面加工方法

_____

_____

_____

3. 划分加工阶段

_____

_____

_____

4. 确定工序顺序

_____

_____

_____

5. 填写拨叉零件机械加工工艺过程卡（表 5-7）

表 5-7　拨叉零件机械加工工艺过程卡

机械加工工艺过程卡		产品型号		零件图号				
		产品名称		零件名称		共　页	第　页	

| 材料牌号 | | 毛坯种类 | | 毛坯外形尺寸 | | 每毛坯件数 | | 每台件数 | | 备注 | |

工序号	工序名称	工序内容		车间	工段	设备	工艺装备	工时/min	
								准终	单件

						设计（日期）	校对（日期）	审核（日期）	标准化（日期）	会签（日期）
标记	处数	更改文件号	签字	日期	标记	处数	更改文件号	签字	日期	

6. 画工艺流程图（表 5-8）

表 5-8　工艺流程图

【任务评价】

拟订工艺路线评价表见表5-9。

表5-9 拟订工艺路线评价表

序号	考核评价项目		考核内容	学生自评	小组互评	教师评价	配分/分	成绩/分
1	线下考核	知识目标	相关知识点的学习、自学笔记				30	
			选择定位基准					
			选择表面加工方法					
			划分加工阶段					
			确定工序顺序					
			填写机械加工工艺过程卡					
			画工艺流程图					
2		能力目标	信息搜集,自主学习,分析解决问题,归纳总结及创新能力				10	
3		素养目标	工匠精神、军工精神、团队协作、沟通协调、语言表达能力				10	
4	线上考核	资源学习	线上平台教学视频、动画、章节测试等资源学习				30	
5		课堂参与度	签到、主题讨论、随堂测验、分组任务、抢答等参与情况				20	
合计								

任务5.4 工序设计

【工艺讲堂】

以匠心驻守"中国创造"——董礼涛

董礼涛,哈电集团哈尔滨汽轮机厂有限责任公司军工事业部数控铣工、高级技师,哈电集团铣工岗位高技能专家。先后荣获中华技能大奖、省劳动模范、黑龙江省龙江工匠、优秀共产党员、全国劳动模范等荣誉称号。

1989年,从哈尔滨汽轮机技校毕业的董礼涛成为一名铣工学徒。他每天干的,就是用铣刀对各种零部件进行平面、沟槽、孔的加工,当时加工要求是将孔几何误差控制在0.2mm范围内,董礼涛却想,能不能将它控制在0.02mm?为了实现这个在别人看来是"野心"的"小目标",他反复琢磨,提出一些大胆的、非常规的加工方法,提高了工作效率和产品质量。逐渐以他个人名字命名的工作法在全公司推广,"董师傅"成了所有人对他的称呼。

公司设备开始升级改造,董礼涛在一个月的时间里就熟练掌握了数控机床加工操作要领。但在一台进口设备上,一些装配件是公司无法自主生产的,只能依赖外协加工,需要支付巨额费用。董礼涛立志潜心研究,经过反复实践,自行设计成套的系列化夹具,创造性地制订出独特加工方案，扭转了以往依赖外购或外协加工的被动局面。这一刻，他更加坚定，必须要靠我们自己的"中国芯"，挺起中国装备制造业的脊梁。

董礼涛始终保持朴素的平常心："我没有觉得自己多优秀，我认为工作就应该这样做。同样一个毛坯，消耗同样的电能、辅料和机床损耗，为什么不做一个精品？"凭借着对工作强烈的责任心和使命感，从普通一线工人到知名技能专家，从攻克技术瓶颈到步入行业领先水平，从担当企业责任到肩负国家使命，董礼涛用行动实现了产业工人的共同梦想，他将铣削加工作为自己不懈奋斗的出发点，在助推我国制造业高质量发展的征程上稳步前行，为我国创建世界一流装备制造业贡献力量。

【任务描述】

工序设计是制订工艺规程的最后一个重要环节，直接影响零件的加工质量、生产效率和生产成本。本任务是针对拨叉零件进行工序设计，包括确定工序加工余量、计算工序尺寸与公差、选择切削用量、计算时间定额、选择加工设备和工艺装备、填写工序卡。

【学习目标】

（1）素养目标

1）通过确定工艺参数、工艺文件，培养专注的工匠精神。

2）通过优化切削参数，培养勇攀高峰、为国争光的军工精神。

3）通过小组讨论和汇报，培养诚信、友善的社会主义核心价值观和团队协作精神。

（2）知识目标

1）掌握确定加工余量和工序尺寸及公差的计算方法。

2）掌握时间定额的组成及计算方法。

3）掌握加工设备与工艺装备选择应考虑的因素。

4）掌握工序图的绘制及工序卡的填写知识。

（3）能力目标

1）能正确计算工序尺寸及公差。

2）能正确计算时间定额和切削用量。

3）能合理选择加工设备和工艺装备。

4）会画工序图和正确填写工序卡。

【任务分组】

将任务5.4的分组信息填入表5-10。

表5-10 任务5.4分组信息

班级		组别		指导教师	
组长		学号			
组员	学号	姓名		任务分工	

（续）

组员	学号	姓名	任务分工

【问题引导】

1. 叉类零件的主要加工表面有哪些类型？常见的加工设备及工艺装备有哪些？选择时应考虑哪些因素？

_____

_____

_____

2. 叉类零件加工时如何提高机械生产率？

_____

_____

【任务实施】

任务 5.4

1. 确定工序加工余量，计算工序尺寸及公差（表5-11～表5-13）

表5-11 孔 $\phi14^{+0.11}_{0}$ mm（IT9，$Ra3.2\mu m$）

工艺路线	工序加工余量 /mm	经济精度	工序尺寸及公差 /mm	表面粗糙度 $Ra/\mu m$

表5-12 孔 $\phi40^{+1.2}_{+0.6}$ mm（IT8，$Ra1.6\mu m$）

工艺路线	工序加工余量 /mm	经济精度	工序尺寸及公差 /mm	表面粗糙度 $Ra/\mu m$

表5-13 孔 $10^{+0.3}_{+0.1}$ mm（IT9，$Ra6.3\mu m$）

工艺路线	工序加工余量 /mm	经济精度	工序尺寸及公差 /mm	表面粗糙度 $Ra/\mu m$

2. 选择切削用量，计算时间定额

选择拨叉零件孔 $\phi14^{+0.11}_{0}$mm 和 $\phi40^{+1.2}_{+0.6}$mm 的加工为例，说明选择切削用量和计算时间定额的方法和步骤。

1）选择加工孔 $\phi14^{+0.11}_{0}$mm 的切削用量和时间定额，见表 5-14。

表 5-14　孔 $\phi14^{+0.11}_{0}$mm 加工的切削用量和时间定额

工序名称	切削用量			时间定额
	切削速度/(m/s)	进给量/(mm/r)	背吃刀量/mm	

2）选择加工孔 $\phi40^{+1.2}_{+0.6}$mm 的切削用量和时间定额，见表 5-15。

表 5-15　孔 $\phi40^{+1.2}_{+0.6}$mm 加工的切削用量和时间定额

工序名称	切削用量			时间定额
	切削速度/(m/s)	进给量/(mm/r)	背吃刀量/mm	

3. 选择加工设备与工艺装备

（1）选择加工设备

_____

_____

（2）选择工艺装备

_____

_____

4. 绘制工序简图（表 5-16）

表 5-16　工序简图

工序号	工序内容	工序简图

5. 填写拨叉零件数控加工工艺卡（表 5-17）

表 5-17　拨叉零件数控加工工艺卡

数控加工工艺卡		产品型号		零件图号				
		产品名称		零件名称		共　　页	第　　页	
材料牌号		毛坯种类		毛坯外形尺寸		每毛坯件数	每台件数	备注
工序号	工步	加工内容	设备名称	夹具名称	刀具编号	量具名称	主轴转速/(r/min)	进给量/(mm/r)	背吃刀量/mm	备注

【任务评价】

工序设计评价表见表 5-18。

表 5-18　工序设计评价表

序号	考核评价项目		考核内容	学生自评	小组互评	教师评价	配分/分	成绩/分
1	线下考核	知识目标	相关知识点的学习、自学笔记				30	
			计算工序尺寸与公差					
			选择切削用量、计算时间定额					
			选择设备与工艺装备					
			填写机械加工工序卡					
2		能力目标	信息搜集，自主学习，分析解决问题，归纳总结及创新能力				10	
3		素养目标	工匠精神、军工精神、团队协作、沟通协调、语言表达能力				10	
4	线上考核	资源学习	线上平台教学视频、动画、章节测试等资源学习				30	
5		课堂参与度	签到、主题讨论、随堂测验、分组任务、抢答等参与情况				20	
合计								

项目6 减速器装配工艺规程设计与实施

【项目导入】

减速器是常用机械装置，本项目通过减速器工艺规程编制与实施，掌握装配工艺基础知识，掌握产品装配工艺规程编制的方法和步骤。

工作对象：图6-1为减速器装配图，中批量生产。

【学习目标】

（1）素养目标

1）通过制订某型号坦克减速器的装配工艺规程，培养自力更生、军工报国、勇攀高峰、为国争光的军工精神。

2）通过减速器的装配结构和装配精度分析，培养精益求精的工匠精神。

3）通过建立与解算装配尺寸链，培养严谨、求实、细致、认真、负责的工程素养。

4）通过选择装配方法，提高正确认识问题、分析问题和解决问题的能力。

5）通过装配工艺规程的设计，培养勇于探索的创新精神。

6）通过小组讨论和汇报，培养诚信、友善的社会主义核心价值观和团队协作精神。

（2）知识目标

1）掌握装配的概念和装配精度的内容。

2）掌握保证装配精度的方法与特点。

3）掌握产品装配工艺规程制订的方法和步骤。

（3）能力目标

1）能分析产品结构的装配工艺性。

2）会建立装配尺寸链与选择装配方法。

3）能合理制订简单产品装配工艺规程。

【项目任务】

1）结构工艺性分析。

2）建立与解算装配尺寸链，选择装配方法。

3）制订装配工艺规程。

序号	名称	数量	材料	备注
39	垫圈	2	65Mn	GB 93—87
38	螺母	2	Q235	M10
37	螺栓	3	Q235	M10×35
36	销	2	35	8×30 GB 117—2000
35	防松垫片	/	Q235	
34	轴端挡圈	1	Q235	
33	通气器	2	Q235	
32	视孔片	/	Q235	
31	垫片		石棉橡胶纸	
30	机盖	1	HT200	
29	垫圈	6	65Mn	12 GB 93—87
28	螺母	6	Q235	M12 GB 32—76
27	螺栓	6	Q235	M12×100 GB 30—76
25	机座	1	HT200	
24	轴承	2	08F	7208
23	挡油环		石棉橡胶纸	
21	定距环		40	14×56 GBT1096—2003
20	密封盖	1	HT150	
19	可穿通端盖	2	45	
18	调整垫片	2	45	
16	螺塞	24	Q235	7211
15	垫片	2	HT200	
14	油标尺	/	半粗羊毛毡	M8×21 GBT1096—2003 GB 30—76
13	大齿轮		40	6×50
12	键		45	
11	轴承	2	45	
10	螺母	24	Q235	
8	钻封油孔	1	HT200	
7	齿轮轴	/		X×50 GBT1096—2003
6	键		45	M6×15 GB 30—76
5	螺栓	/2	Q235	
4	密封盖	1	HT200	
2	可穿通端盖	2	08F	
1	调整垫片	2		

一级圆柱齿轮减速器

减速器　　比例 50　数量 50　共　页　第　页　图号

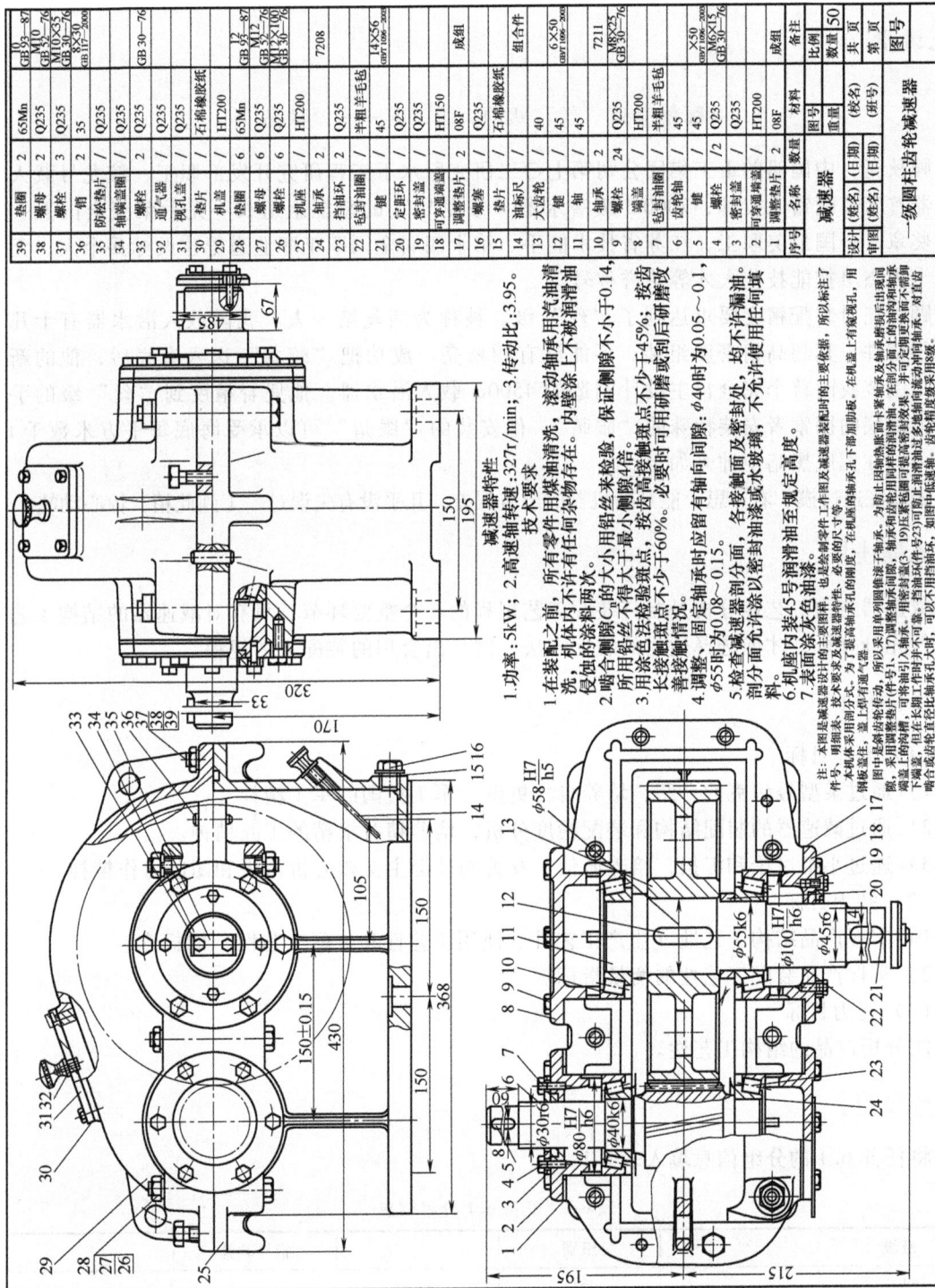

图 6-1　减速器装配图

减速器特性

1. 功率:5kW; 2. 高速轴转速:327r/min; 3. 传动比:3.95。

技术要求

1. 在装配之前，所有零件用煤油清洗，滚动轴承用汽油清洗，机体内不许有任何杂物存在。内壁涂上不被润滑油侵蚀的涂料两次。

2. 啮合侧隙 c_n 的大小用铅丝来检验，保证侧隙不小于0.14，所用铅丝不得大于最小侧隙的4倍。

3. 用涂色法检验斑点，按齿高接触斑点不少于45%；按齿长接触斑点不少于60%。必要时可用研磨或刮后研点改善接触情况。

4. 调整、固定轴承时应留有轴向间隙：$\phi40$的为0.05~0.1，$\phi55$时为0.08~0.15。

5. 检查减速器剖分面，各接触面及密封处，均不许漏油，剖分面允许涂以密封漆或涂水玻璃，不允许使用任何填料。

6. 机座内装45号润滑油至规定高度。

7. 表面涂灰色油漆。

注：本图是减速器设计的主要图样，也应绘出零件工作图及减速器拆装时的主要依据。本机座采用剖面分式。为了便于装配和减速器装配前卡紧图及轴承，在零件热处理出现现啮合的涂料。采用调整垫片（件号1、17）调整轴承间隙。轴承采用脂润滑，轴承盖用垫片密封。19试验包围可进行拆装，下部加油孔，可以采用双列圆锥滚子轴承。为防止因油温高而处处，中部定期更换添加不需断下溢油，采用调整垫片（件号1、17）调整轴向间隙。采用长期工作时升不同转，零部采用（件号23）可调节油标，以求直齿啮合或齿轮比啮合轴承孔、如调中伸直齿轮、轴承精度等采用8级。

任务 6.1　结构工艺性分析

工艺讲堂

装配精度到"丝"级的大国工匠——顾秋亮

顾秋亮，中国船舶重工集团公司第七〇二研究所水下工程研究开发部职工，蛟龙号载人潜水器首席装配钳工技师，7000m 级潜水器"蛟龙号"的装配组组长。先后荣获全国五一劳动奖章、全国最美职工、江苏省技术能手、第十四届全国职工职业道德建设标兵个人、无锡市十大杰出技能技艺人才等荣誉称号。

顾秋亮对装配精度要求达到了"丝"级，被称为两丝第一人。我国载人潜水器有十几万个零部件，其超高精密度组装，不能没有顾秋亮。成功把"蛟龙"送入海底后，他的新挑战是组装我国首个完全自主设计制造的 4500m 载人潜水器。他凭着精度到"丝"级的手艺，为海底的探索者安装特殊的"眼睛"，他安装的"眼睛"可以承受海底每平方米数千 t 的压力，在无底黑暗中神光如炬。

顾秋亮通过摸、看、思，能判断机器的组装误差，几乎没有失误过，工到此精，惊心动魄。

【任务描述】

减速器结构工艺性分析是制订装配工艺规程的一个重要环节，只有对减速器的结构工艺性进行充分分析，才能选择适当的装配方法、制订出合理的装配工艺规程。

【学习目标】

（1）素养目标

1）通过某型号坦克的介绍，培养自力更生、军工报国的军工精神。

2）通过减速器的装配结构和装配精度分析，培养精益求精的工匠精神。

3）通过小组讨论和汇报，培养诚信、友善的社会主义核心价值观和团队协作精神。

（2）知识目标

1）掌握产品结构工艺性（生产工艺性、使用工艺性和装配工艺性）的概念。

2）掌握产品装配工艺性的衡量指标。

（3）能力目标

能分析产品的结构工艺性。

【任务分组】

将任务 6.1 的分组信息填入表 6-1。

表 6-1　任务 6.1 分组信息

班级		组别		指导教师	
组长		学号			
组员	学号	姓名		任务分工	

（续）

	学号	姓名	任务分工
组员			

【问题引导】

1. 什么是装配、装配精度？装配精度的类型有哪些？

_____

_____

2. 装配精度与零件精度两者间的关系是什么？

_____

_____

3. 什么是产品结构工艺性、装配工艺性？

_____

_____

【任务实施】

1. 分析产品生产工艺性

任务 6.1

_____

_____

2. 分析产品使用工艺性

_____

_____

3. 分析产品装配工艺性

_____

_____

4. 评价减速器的结构工艺性

_____

_____

_____

【任务评价】

减速器的结构工艺性分析评价表见表 6-2。

表 6-2 减速器的结构工艺性分析评价表

序号	考核评价项目		考核内容	学生自评	小组互评	教师评价	配分/分	成绩/分
1	线下考核	知识目标	相关知识点的学习、自学笔记				30	
			产品生产工艺性分析					
			产品使用工艺性分析					
			产品装配工艺性分析					
2		能力目标	信息搜集,自主学习,分析解决问题,归纳总结及创新能力				10	
3		素养目标	工匠精神、军工精神、团队协作、沟通协调、语言表达能力				10	
4	线上考核	资源学习	线上平台教学视频、动画、章节测试等资源学习				30	
5		课堂参与度	签到、主题讨论、随堂测验、分组任务、抢答等参与情况				20	
合计								

【知识链接】

一、装配工艺基本概念

1. 装配的概念

任何机器都是由零件、组件和部件组合而成。由若干零件组成,在结构上有一定独立性的部分,称为组件;由若干个零件和组件组成,具有一定独立功能的结构单元,称为部件。按照规定的技术要求和顺序完成组件或部件组合的工艺过程,称为组件或部件装配;进一步将部件、组件、零件组合成产品的工艺过程,称为总装配。此外,装配还包括对产品的调整、检验、试验、涂装和包装等工作。

机器的质量,是以机器的工作性能、使用效果、可靠性和寿命等综合指标评定的,这些除了与产品的设计及零件的制造质量有关外,还取决于机器的装配质量。装配是机器制造生产过程中极重要的最终环节,若装配不当,质量全部合格的零件,不一定能装配出合格的产品;而零件存在某些质量缺陷时,只要在装配中采取合适的工艺措施,也能使产品达到规定的要求。因此,装配质量对保证产品的质量有十分重要的作用。

在机器的装配过程中,可以发现产品设计上的缺陷(如不合理的结构和尺寸标注等),以及零件加工中存在的质量问题。因此,装配也是机器生产的最终检验环节。目前,装配工作的机械化、自动化水平低,劳动强度大。为了保证产品的质量、提高装配的生产效率和降低成本,必须研究装配工艺,选择合适的装配方法,制订合理的装配工艺规程,并且做到文明装配。如控制装配的环境条件（温度、湿度、清洁度、照明、噪声、振动等），推行有利于控制清洁度、保证质量的干装配方式，零件必须在完成去毛刺、退磁、清洗、吹（烘）干等工序，并经检验合格后才能入库。

2. 装配精度

装配精度是装配工艺的质量指标。装配精度包括零部件间的配合精度和接触精度、尺寸精度和几何精度、相对运动精度等。

（1）零部件间的配合精度和接触精度　零部件间的配合精度是指配合面间达到规定的间隙或过盈的要求。它影响配合性质和配合质量，由相关"极限与配合"国家标准规定，如轴和孔的配合间隙或配合过盈的变化范围。零部件间的接触精度是指配合表面、接触表面和连接表面达到规定的接触面积大小和接触点分布的情况。它影响接触刚度和配合质量。例如，导轨接触面间、锥体配合和齿轮啮合等处，均有接触精度要求。

（2）零部件间的尺寸精度和几何精度　零部件间的尺寸精度是指零部件间的距离精度，如轴向距离精度和轴线距离（中心距）精度等。

零部件间的几何精度包括平行度、垂直度、同轴度和各种跳动。

（3）零部件间的相对运动精度　相对运动精度指相对运动的零部件在运动方向和运动速度上的精度。运动方向上的精度主要是相对运动部件之间的平行、垂直等，如牛头刨床滑枕往复直线运动对工作台面的平行度、车床主轴轴线对床鞍移动的平行度等。显然，零部件间在运动方向上的相对运动精度的保证是以位置精度为基础的。运动位置上的精度即传动精度，是指内联系传动链中，首、末两端传动元件间相对运动（转角）精度，如滚齿机主轴（滚刀）与工作台相对运动精度和车床车螺纹时的主轴与刀架移动的相对运动精度等。

3. 装配精度与零件精度的关系

机器是由许多零部件装配而成的，零件的精度特别是关键零件的精度，直接影响相应的装配精度。

一般而言，多数的装配精度与和它相关的若干个零部件的加工精度有关。如机床主轴定心轴径的径向圆跳动，主要取决于滚动轴承内径相对于外径的径向圆跳动，主轴定心轴径相对于主轴支承轴径（装配基准）的径向圆跳动，以及其他结合件（如锁紧螺母）精度的影响。这时，就应合理地规定和控制这些相关零件的加工精度，以便在加工条件允许时，它们的加工误差累积起来仍能满足装配精度的要求。

当遇到有些要求较高的装配精度，如果完全靠相关零件的制造精度来直接保证，则零件的加工精度将会很高，给加工带来较大困难。图6-2为卧式车床床头和尾座两顶尖的等高要

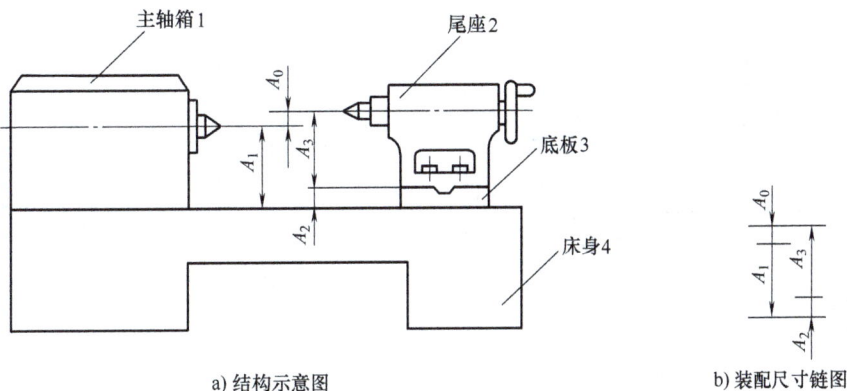

a) 结构示意图　　　　b) 装配尺寸链图

图6-2　卧式车床床头和尾座两顶尖的等高要求示意图

求（0.06mm），主要取决于主轴箱 1、尾座 2、底板 3 和床身 4 等零部件的加工精度。该装配精度很难由相关零部件的加工精度直接保证。在生产中，常按较经济的精度来加工相关零部件，而在装配时则采用一定的工艺措施（如选择修配、调整等），从而形成不同的装配方法来保证装配精度。

由此可见，装配时由于采用不同的工艺措施，从而形成各种不同的装配方法，在这些装配方法中，装配精度与零件的加工精度具有不同的关系。

二、产品的结构工艺性

1. 产品结构工艺性的概念

产品结构工艺性是指所设计的产品在能满足使用要求的前提下，制造、维修的可行性和经济性。它包括产品生产工艺性和产品使用工艺性，前者是指其制造的难易程度与经济性，后者则指其在使用过程中维护保养和修理的难易程度与经济性。产品生产工艺性除零件结构工艺性外，还包括产品结构的装配工艺性。

产品结构工艺性审查工作，不仅贯穿在产品设计的各个阶段中，而且在装配工艺规程设计时，还要重点分析产品结构的装配工艺性。

2. 产品结构的装配工艺性

装配对产品结构的要求，主要是要容易保证装配质量、装配的生产周期要短、装配劳动量要少。归纳起来，有以下 7 条具体要求。

（1）结构的继承性好和"三化"程度高　能继承已有结构和"三化"（标准化、通用化和系列化）程度高的结构，装配工艺的准备工作少，装配时工人对产品比较熟悉，既容易保证质量，又能减少劳动消耗。

为了衡量继承性和"三化"程度，可用产品结构继承性系数 K_s、结构标准化系数 K_{st} 和结构要素统一化系数 K_e 等指标来评价工艺性。

（2）能分解成独立的装配单元　产品结构应能分解成独立的装配单元，即产品可由若干个独立的部件总装而成，部件可由若干个独立组件组装而成。这样的产品，装配时可组织平行作业，扩大装配的工作面积，大批大量生产时可按流水的原则组织装配生产，因而能缩短生产周期，提高生产效率。由于平行作业，各部件能预先装好、调试好，以较完善的状态送去总装，保证装配质量。另外，还有利于企业间的协作，组织专业化生产。

图 6-3 所示为传动轴组件的结构，图 6-3a 中箱体的孔径 D_1 小于齿轮直径 d_2，装配时必须先把齿轮放入箱体内，在箱体内装配齿轮，再将其他零件逐个装在轴上。图 6-3b 中的 $D_1 > d_2$，装配时，可将轴及其上零件组成独立组件后再装入箱体内，并可通过带轮上的孔将法兰

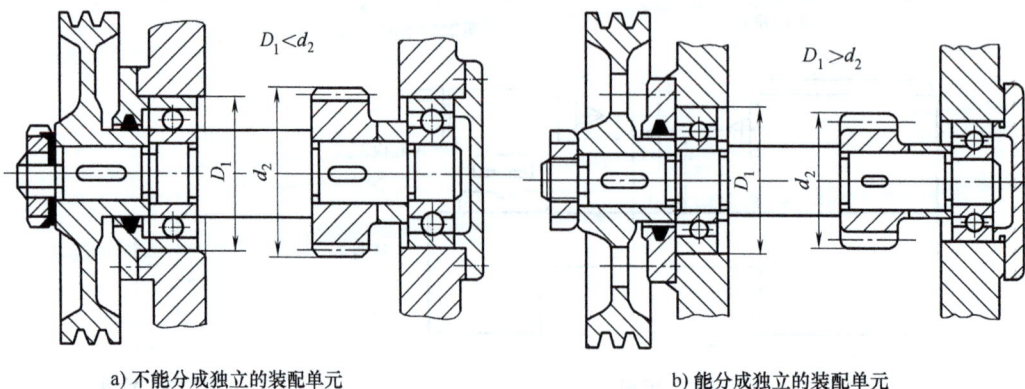

a) 不能分成独立的装配单元　　　　b) 能分成独立的装配单元

图 6-3　传动轴的装配工艺性

拧紧在箱体上。因此，图 6-3b 结构的装配工艺性好。

衡量产品能否分解成独立装配单元，可用产品结构装配性系数 K_a 表示，其计算式为

$$K_a = \frac{产品各独立部件中零件数之和}{产品零件总数}$$

（3）各装配单元要有正确的装配基准　装配的过程是先将待装配的零件、组件和部件放到正确的位置，然后再紧固和连接。这个过程相似于加工时的定位和夹紧。所以，在装配时，零件、组件和部件必须要有正确的装配基准，以保证它们之间的正确位置，并减少装配时找正的时间。装配基准的选择也要用夹具中的"六点定位"原理。

图 6-4 所示为锥齿轮轴承座组件，轴承座组件装进壳体时，装配基准是轴承座两外圆柱面和法兰端面，符合装配要求。因此，图 6-4a、b 所示的结构都有正确的装配基准。

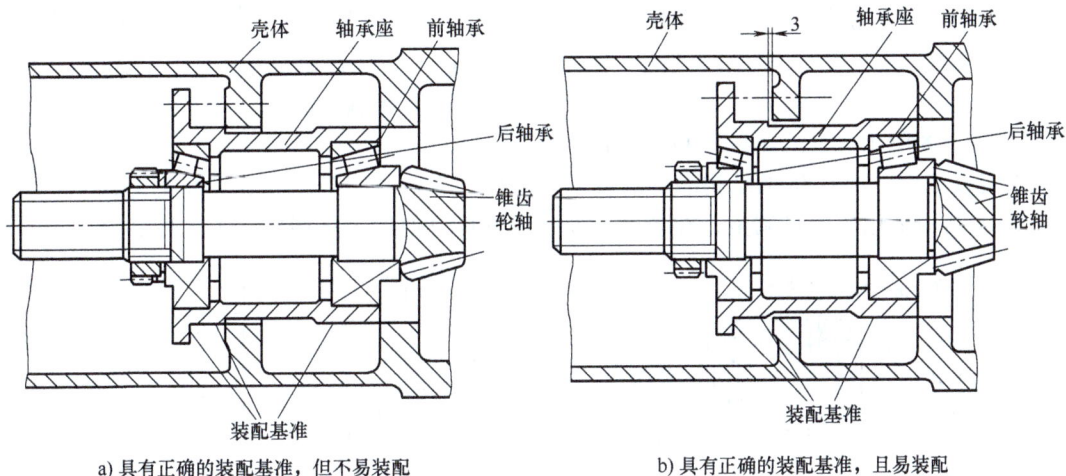

a) 具有正确的装配基准，但不易装配　　　　　　　　b) 具有正确的装配基准，且易装配

图 6-4　轴承座组件的装配基准及两种设计方案

（4）要便于装拆和调整　装配过程中，当发现问题或进行调整时，需要进行中间拆装。因此，若结构能便于装拆和调整，就能节省装配时间，提高生产率。具有正确的装配基准也是便于装配的条件之一。下面再举几个便于装拆和调整的实例：

1）图 6-4a 所示结构是轴承座的两段外圆柱面（装配基准）同时进入壳体的两配合孔内，由于不易同时对准两圆柱孔，所以装配较困难；图 6-4b 所示结构是当轴承座右端外圆柱面进入壳体的配合孔中 3mm，并具有良好的导向后，左端外圆柱面再进入配合，所以装配较方便，工艺性好。

2）图 6-5a 所示为定位销和底板孔过盈配合的结构，因没有通气孔，故当销子压入时内

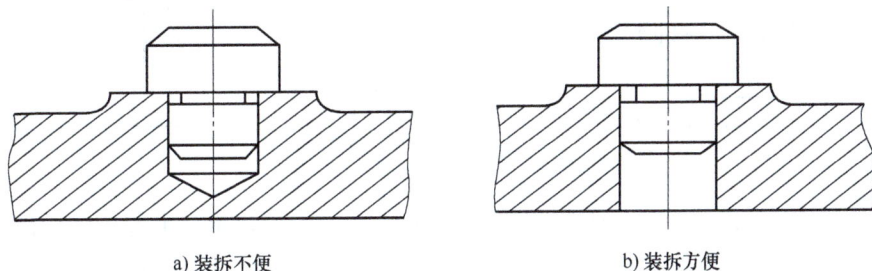

a) 装拆不便　　　　　　　　　　　　b) 装拆方便

图 6-5　定位销和底板孔过盈连接的两种结构

存空气不易排出而影响装配工作。合理的结构是在销上开孔或在底板上开槽，也可采用图 6-5b 所示结构，将底板孔钻通，孔钻通后还有利于销的拆卸。当底板不能开通孔时，则可用带螺纹孔的定位销，以便需要时用拔销器拔出定位销。

3）图 6-6 所示为箱体上圆锥滚子轴承靠肩的 3 种形式。图 6-5a 的靠肩内径小于轴承外环的最小直径，当轴承压入后，外环就无法卸下。图 6-5b 的靠肩内径大于轴承外环的最小直径和图 6-5c 所示将靠肩做出 2~4 个缺口的结构，都能方便地拆卸外环，所以工艺性好。

4）图 6-7 为端面有调整垫（补偿环）的锥齿轮结构。为了便于拆卸，在锥齿轮上加工两个螺纹孔，旋入螺栓即可卸下锥齿轮。

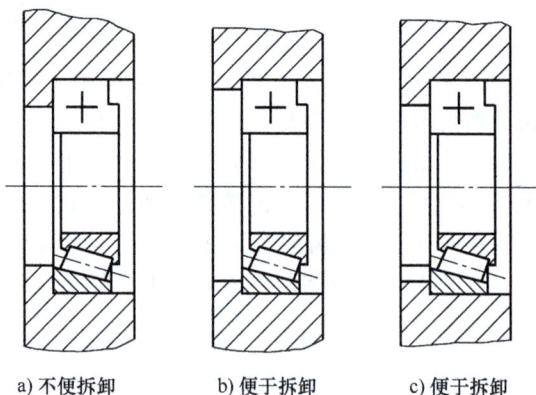

a) 不便拆卸　　　b) 便于拆卸　　　c) 便于拆卸

图 6-6　箱体上轴承靠肩的三种形式

5）图 6-8 所示为卧式车床床鞍后部的两种固定板结构。图 6-8a 的结构靠修磨或刮研来保证床鞍与床身的间隙，装配时调整费时。图 6-8b 的结构采用了螺钉调整，在装配和使用中都可方便地进行调整，工艺性好。

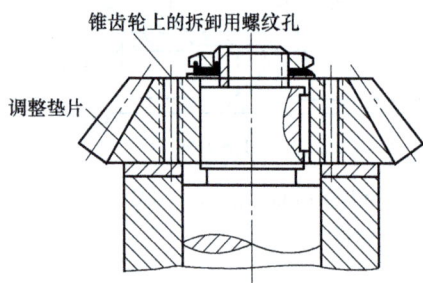

图 6-7　带有便于拆卸螺孔的锥齿轮结构

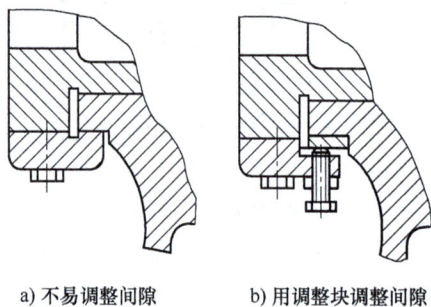

a) 不易调整间隙　　　b) 用调整块调整间隙

图 6-8　卧式车床床鞍后部固定板的两种形式

6）图 6-9 所示为车床丝杠的装配简图。丝杠装在进给箱、溜板箱和托架的相应孔中，要求 3 孔同轴，且轴线要与床身导轨面平行。装配时，垂直位置是以溜板箱为基准，先调整进给箱的位置，使丝杠成水平，然后再调整托架的位置保证三者等高；水平位置一般以进给箱为基准，先调整溜板箱的位置，使丝杠与床身导轨平行，最后再调整托架的位置，保证三者一致。

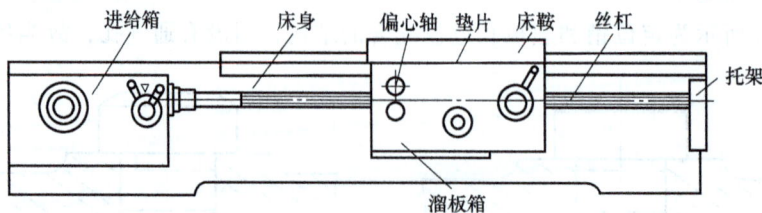

图 6-9　车床丝杠的装配简图

当车床中修时，床身导轨因磨损而重新磨削后，床鞍和溜板箱的垂直位置也将下移，丝杠就装不上了。为此，将在床鞍和溜板箱之间增设的垫片减薄，就能保证丝杠孔的中心位置。此外，溜板箱中一齿轮与床身上齿条相啮合，以便移动床鞍做进给运动，其啮合间隙则用偏心轴 3 调整，这些都是便于调整的实例。

（5）减少装配时的修配工作和机械加工　装配时进行修配工作会影响装配效率，又不易组织流水装配，还使产品没有互换性。若在装配时进行机械加工，有时会因切屑掉入机器中而影响质量，所以应避免或减少修配工作和机械加工。

（6）满足装配尺寸链"环数最少原则"　结构设计中要求结构紧凑、简单，从装配尺寸链分析即减少组成环环数，这对装配精度要求高的尺寸链更应如此。为此，必须减少相关零件和相关尺寸，合理标注零件上的设计尺寸等。

（7）各种连接的结构形式应便于装配工作的机械化和自动化　能用最少的工具快速装拆，质量大于 20kg 的装配单元应具有吊装的结构要素，还要避免采用复杂的工艺装备。满足这些要求后，既能减轻工人劳动强度、提高劳动生产率，又能节省成本。

任务 6.2　建立与解算装配尺寸链、选择装配方法

【工艺讲堂】

以匠心助力国防腾飞——罗恒军

罗恒军，中国二重万航模锻技术开发部 C919 大型模锻件项目总师，技术开发部副部长，荣获 C919 国产大飞机首飞一等功。

罗恒军有力推动了 C919 国产大飞机关键模锻件国产化、工程化应用，创新性提出"可预测、可控制、可重复、可追溯"的大飞机航空模锻件研制理念，首次在国内实现 C919 大型客机国产超高强度钢起落架模锻件装机应用，为大飞机腾飞祖国蓝天提供一双矫健"双腿"。起落架锻件的标准和精度要求非常高，以材料控制为例，一个起落架主起活塞杆重700 多 kg，在下料的时候，正负不能超过 5kg，超过这个参数，就是废品；60 台液压泵驱使300t 液压液产生的巨大压力，要使压制的精度达到毫米级，堪称顶级难度。

罗恒军团队做了无数次的数值模拟工作，通过计算机模拟工作过程，寻找问题原因，然后进行产品试制。日复一日，随着一个个小问题的解决，一项项技术难关被不断突破。7 年磨一剑，压力和挫折始终伴随。"中途也想过放弃。前几年真的太难了，就像在一个黑暗的隧道里摸索，找不到方向。"罗恒军说，很多次，他就在车间里静静地看着巨大的 8 万吨模锻压力机，心里想着，不能辜负了这个一起并肩作战的"老战友"。

2015 年 11 月，罗恒军团队终于成功试制出首件满足国际适航质量要求的 C919 国产大飞机起落架锻件，填补了国内空白。又经过两年努力，陆续实现了剩下 4 项锻件装机应用的重大突破，国产大飞机终于有了自己矫健的"双腿"。

【任务描述】

减速器的装配方式不同对零件的加工精度要求不同，装配效率亦不同，故装配方式选择直接影响产品生产工艺性和装配工艺性。

【学习目标】

（1）素养目标
1）通过建立与解算装配尺寸链，培养严谨、求实、细致、认真、负责的工程素养。

2）通过选择装配方法，提高正确认识问题、分析问题和解决问题的能力。

3）通过小组讨论和汇报，培养诚信、友善的社会主义核心价值观和团队协作精神。

（2）知识目标

1）掌握装配尺寸链的建立及在不同装配形式下尺寸链的解算。

2）了解装配方法的种类与特点。

（3）能力目标

会建立和解算装配尺寸链。

【任务分组】

将任务 6.2 的分组信息填入表 6-3 中。

表 6-3　任务 6.2 分组信息

班级		组别		指导教师	
组长		学号			
组员	学号	姓名		任务分工	

【问题引导】

1. 什么是装配尺寸链？如何建立装配尺寸链？

_____

_____

_____

2. 常用的装配方法有哪些？各种装配方法有什么特点？

_____

_____

_____

【任务实施】

1. 建立装配尺寸链

任务 6.2

_____

_____

_____

2. 选择装配方式

_____

_____

3. 解算装配尺寸链

_____

_____

_____

【任务评价】

建立与解算装配尺寸链、选择装配方法评价表见表6-4。

表6-4　建立与解算装配尺寸链、选择装配方法评价表

序号	考核评价项目		考核内容	学生自评	小组互评	教师评价	配分/分	成绩/分
1	线下考核	知识目标	相关知识点的学习、自学笔记				30	
			建立装配尺寸链					
			解算装配尺寸链					
			选择装配方法					
2		能力目标	信息搜集,自主学习,分析解决问题,归纳总结及创新能力				10	
3		素养目标	工匠精神、军工精神、团队协作、沟通协调、语言表达能力				10	
4	线上考核	资源学习	线上平台教学视频、动画、章节测试等资源学习				30	
5		课堂参与度	签到、主题讨论、随堂测验、分组任务、抢答等参与情况				20	
合计								

【知识链接】

一、装配尺寸链

在产品或部件的装配中,装配精度和相关零件的相关尺寸或相互位置关系构成装配尺寸链,即相关零件的尺寸或相互位置关系可以通过装配尺寸链简洁地表达,产品的装配精度也要通过控制装配尺寸链的封闭环予以保证。显然,正确地查明装配尺寸链,是进行尺寸链分析、计算的前提。

首先需要在装配图上找出封闭环。装配尺寸链的封闭环代表装配后的精度或技术要求,这种要求是通过把零部件装配好后自然形成的。在装配过程中,对装配精度要求发生直接影响的那些零件的尺寸和位置关系,就是装配尺寸链的组成环。

通过装配关系的分析,相应于每个封闭环的装配尺寸链组成,就能很快被查明。通常的办法是以封闭环两端的那两个零件为起点,沿着装配精度要求的位置方向,以相邻零件装配基准间的联系为线索,分别由近及远地去查找装配关系中影响装配精度的有关零件尺寸,直至找到同一基准件或基础件的两个装配基准为止。然后用一尺寸联系这两个装配基准面,形

成封闭的尺寸图形。所有有关零件的尺寸，就是装配尺寸链的组成环。

在装配精度要求一定的条件下，组成环数目越少，分配到各组成环的公差就越大，零件的加工就越容易、越经济。在结构设计时，应当遵循装配尺寸链最短原则，使组成环最少，即要求与装配精度有关的零件只能有一个尺寸作为组成环加入装配尺寸链。这个尺寸就是零件两端面的位置尺寸，应作为主要设计尺寸标注在零件图上，使组成环的数目等于有关零件的数目，即一件一环。

下面以实例说明如何组成装配尺寸链。图 6-10 为单级叶片泵装配图，图中有多个装配精度要求，即存在多个装配尺寸链的封闭环。现仅分析下面两项装配精度要求。

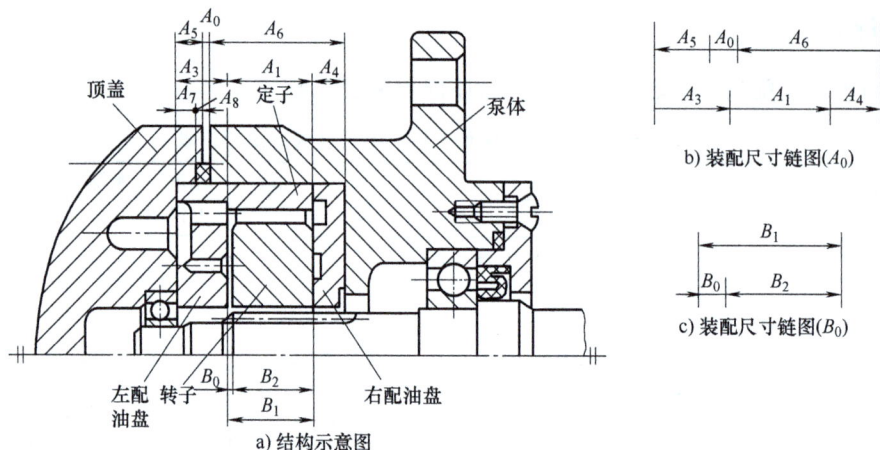

图 6-10　单级叶片泵装配图

1) 泵的顶盖与泵体端面的间隙为 A_0。

2) 定子与转子端面的轴向间隙为 B_0。

这两项装配精度要求 A_0 和 B_0，它们都是装配后自然形成的，所以 A_0 和 B_0 都是封闭环。

通过分析相关零件装配关系，就可确定装配尺寸链的各组成环。

B_0 是一个三环尺寸链的封闭环。6-10c 所示为尺寸链图，尺寸链方程式为

$$B_0 = B_1 - B_2$$

式中，B_1 为定子的宽度尺寸；B_2 为转子的宽度尺寸。

再查找以 A_0 为封闭环的装配尺寸链。从 A_0 的右侧开始，第一个零件是泵体1，其泵体端面到装配基面的尺寸为 A_6，即泵体孔深度尺寸 A_6 对 A_0 有影响，是组成环，泵体是基础件。孔内左、右配油盘4、2宽度为 A_3、A_4，定子6宽度为 A_1，其中 A_3 尺寸左端与顶盖5的压脚内端面相接触，都对 A_0 有影响，则 A_3、A_1 和 A_4 是组成环。继续往下找到顶盖内端面到外端面的尺寸 A_5 对 A_0 也有影响，A_5 也是组成环。顺次查到 A_0 的左侧，所以由尺寸 A_6、A_4、A_1、A_3、A_5 和 A_0 组成封闭图形，就是以 A_0 为封闭环的装配尺寸链。如图 6-10b 所示，增环是 A_1、A_3 和 A_4，减环是 A_5 和 A_6。5个零件只有5个尺寸参加 A_0 的装配尺寸链。六环装配尺寸链符合路线最短原则。

若顶盖压脚尺寸 A_5，由 A_7 和 A_8 尺寸代替加入尺寸链中，5个零件有6个尺寸加入 A_0 尺寸链，则不符合尺寸链路线最短原则。

A_0 尺寸链方程式为

$$A_0 = (A_1 + A_4 + A_3) - (A_5 + A_6)$$

二、装配方法的选择

选择装配方法的实质，就是研究以何种方式来保证装配尺寸链封闭环的精度问题。根据产品的批量、生产率和装配精度要求，在不同的生产条件下，应选择不同的保证装配精度的装配方法。常用的装配方法有完全互换装配法、选择装配法、调整装配法和修配装配法。

1. 完全互换装配法

装配尺寸链中的所有组成环的零件，按图样规定的公差要求加工，装配时，不需要经过选择、修配和调整，装配起来就能达到规定的装配精度。这种装配方法称为完全互换装配法。

1) 完全互换装配法的优点是：装配工作简单，生产率高，有利于组织流水生产，也容易解决备件供应问题，有利于维修工作。

2) 其缺点是：对加工精度要求高的零件，尤其当封闭环精度要求高而组成环的数目较多时，用完全互换装配法所确定的各组成环的公差值将会很小，难以加工，也不经济。

3) 完全互换装配法是靠零件的制造精度来保证装配精度要求的。在结构设计时，为保证装配精度，必须满足尺寸链各组成环公差之和不大于封闭环的公差值 T_{A0}。

故采用这种装配方法时能否保证装配质量的核心问题是组成环公差分配的合理性。

完全互换装配法举例如下：

【例 6-1】 图 6-11 为双联转子泵（摆线齿轮）的轴向装配关系简图。要求在冷态下轴向装配间隙 A_0 为 $0.05 \sim 0.15$ mm，已知泵体内腔深度为 $A_1 = 42$ mm；左右齿轮宽度为 $A_2 = A_4 = 17$ mm；中间隔板宽度为 $A_3 = 8$ mm。

解：若采用完全互换装配法满足装配精度要求，则可用极值法确定各组成环尺寸公差大小和分布位置。确定的方法和步骤如下：

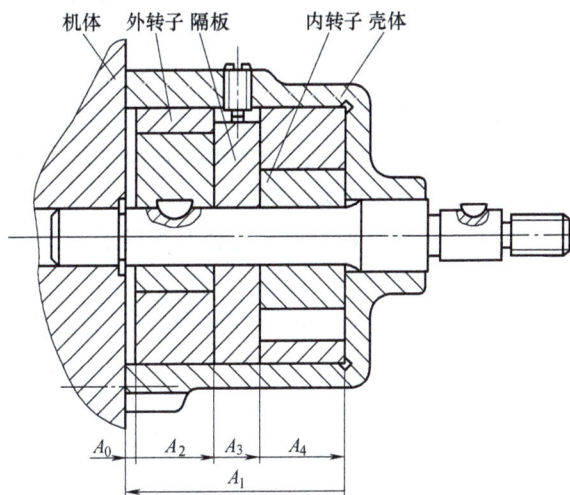

图 6-11 双联转子泵的轴向装配关系简图

1) 画出尺寸链简图。如图 6-11 的下方所示，计算封闭环的基本尺寸 A_0，即

$$A_0 = A_1 - (A_2 + A_3 + A_4) = 42\text{mm} - (17 \times 2 + 8)\text{mm} = 0\text{mm}$$

所以封闭环的尺寸 $A_0 = 0^{+0.15}_{+0.05}$ mm。

2) 确定各组成环尺寸的公差和分布位置，封闭环公差 $T_{A0} = 0.10$ mm，要求各组成环的公差之和不应超过封闭环的公差值 0.10 mm，即

$$\sum_{i=1}^{n-1} T_{Ai} = T_{A1} + T_{A2} + T_{A3} + T_{A4} \leqslant T_{A0} = 0.10\text{mm}$$

在具体确定各 T_{Ai} 值时，首先应按"等公差"法计算各组成环能分配到的平均公差 T_{AM} 的数值，即

$$T_{AM} = \frac{T_{A0}}{n-1} = \frac{0.10}{5-1}\text{mm} = 0.025\text{mm}$$

由 T_{AM} 值可以看出，零件制造精度要求较高，但还是可以达到的。因此用完全互换法（实质为极值法）是可行的。但是，最终确定的 T_{Ai} 值，还要根据各零件加工的难易程度来

适当调整分配各组成环的公差。容易加工的取 T_{Ai} 比 T_{AM} 小一些，反之取大一些。

考虑到隔板和内、外转子的端面可用平磨加工，则 A_2、A_3、A_4 尺寸精度容易保证，故取 T_{A2}、T_{A3}、T_{A4} 的值可比 T_{AM} 小一些。同时考虑到其尺寸可用标准量规测量，取其公差为标准公差。而尺寸 A_1 是用镗削加工保证的，不容易加工，公差可给得大一些，而且其尺寸属于深度尺寸，在成批生产中使用通用量具测量，故宜选 A_1 为协调环。由此确定

$$A_2 = A_4 = 17_{-0.018}^{\ 0}\ \text{mm}（按公差等级 IT7 取值）$$

$$A_3 = 8_{-0.015}^{\ 0}\ \text{mm}（按公差等级 IT7 取值）$$

3）确定协调环 A_1 的公差大小和分布位置。很明显，A_1 的公差 T_{A1} 应为

$$T_{A1} = T_{A0} - (T_{A2} + T_{A3} + T_{A4}) = 0.049\text{mm}（相当于公差等级 IT8）$$

计算 A_1 的上、下极限偏差，即

$$EI_{A0} = EI_{A1} - (ES_{A2} + ES_{A3} + ES_{A4})$$

$$0.05\text{mm} = EI_{A1} - (0 + 0 + 0)$$

$$EI_{A1} = 0.05\text{mm}$$

$$ES_{A1} = EI_{A1} + T_{A1} = 0.050\text{mm} + 0.049\text{mm} = 0.099\text{mm}$$

因此

$$A_1 = 42_{+0.050}^{+0.099}\ \text{mm}$$

2. 选择装配法

选择装配法是将尺寸链中的组成环公差放大到经济可行的程度，然后选择合适的零件进行装配，以保证规定的装配精度的方法。

（1）选择装配法的形式　选择装配法有直接选配法、分组装配法（分组互换法）、复合装配法等三种形式。

1）直接选配法：就是从配对两种零件群中，选择符合规定要求的两个零件进行装配。这种方法劳动量大，装配质量取决于工人技术水平和测量方法。

2）分组装配法：是将组成环的公差按完全互换法的极值法所求得的值放大数倍（一般为 2～6 倍），使其能按经济加工精度制造，然后对零件按公差进行测量和分组，再按对应组号进行装配，以满足原定的装配精度要求。由于同组零件可以互换，故又称分组互换法。

3）复合选配法：这是上述两种方法的复合，即把零件预先测量分组，装配时再在各对应组中直接选配。

（2）分组互换法　在大批量生产条件下，当装配尺寸链的环数较少时，采用分组互换法可以达到很高的装配精度。现以图 6-12 所示的阀孔和滑阀配合为例，说明分组互换法的计算方法。要求阀孔与滑阀的配合间隙为 0.006～0.010mm，阀孔直径为 $A_1 = \phi 11_{\ 0}^{+0.002}$ mm（$T_{A1} = 0.002$mm），滑阀直径为 $A_2 = \phi 11_{-0.008}^{-0.006}$ mm（$T_{A2} = 0.002$mm）。

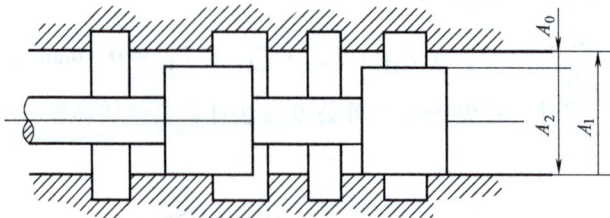

图 6-12　阀孔与滑阀的配合

若采用完全互换法装配，其平均公差为

$$T_{AM} = \frac{T_{A0}}{n} = \frac{0.004}{2} = 0.002\text{mm}$$

这个公差值为 IT2 级标准公差值，制造十分困难，也不经济，故可考虑采用分组互换法。

将两个配合件的公差放大 n 倍，取 $n = 5$，则 $T'_{Ai} = 0.010\text{mm}$（相当于 IT6 级），于是

$$A'_1 = \phi 11^{+0.010}_{0}\text{mm}$$

$$A'_2 = \phi 11^{+0.002}_{-0.008}\text{mm}$$

然后将制成的零件，再进行测量分组，按阀体孔径 A'_1 和滑阀直径 A'_2 的实际尺寸各分成 5 组，其分组公差为 $T_{Ai} = 0.002\text{mm}$，组别用不同颜色区别，以便于分组装配。其分组尺寸见表 6-5。这样，同一组的阀孔与滑阀相配，可以完全互换，并能保证配合间隙为 $0.006 \sim 0.010\text{mm}$，即

$$T'_{A1} = T'_{A2} = nT_{Ai} = 5 \times 0.002 = 0.010\text{mm}$$

表 6-5　阀孔和滑阀的分组尺寸

组别	标记颜色	阀孔直径/mm $\phi 11^{+0.010}_{0}$	滑阀直径/mm $\phi 11^{+0.002}_{-0.008}$	配合情况
1	红	11.000 ~ 11.002	10.992 ~ 10.994	
2	黄	11.002 ~ 11.004	10.994 ~ 10.996	最大间隙为 0.010mm
3	蓝	11.004 ~ 11.006	10.996 ~ 10.998	最小间隙为 0.006mm
4	白	11.006 ~ 11.008	10.998 ~ 11.000	
5	绿	11.008 ~ 11.010	11.000 ~ 11.002	

分组互换法的特点如下：

1）分组互换法是将零件的公差放大，使零件制造容易，靠测量分组、按对应组进行装配的方法来保证很高的装配精度。

2）分组后各组的配合性质和配合精度要保证原设计要求，配合件的公差必须相等，如图 6-13 所示，公差带增大时要向同方向增大，增大倍数和分组数相同。如果配合件公差不相等时，采用分组互换法可以保持配合精度不变，但配合性质却要发生变化，因此在生产中不宜采用。

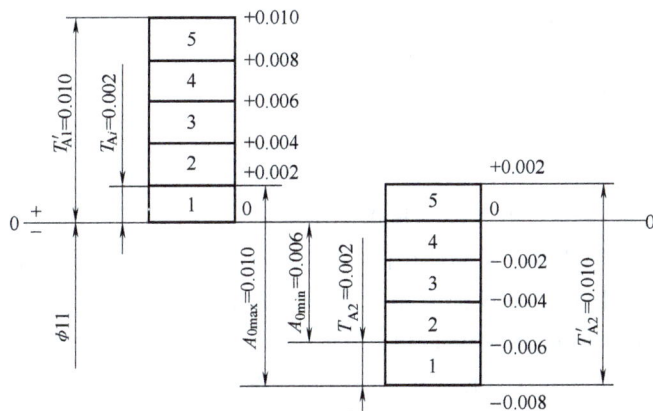

图 6-13　阀孔与滑阀分组公差带位置图

3）配合件的分组数不宜太多，尺寸公差只要放大到经济加工精度即可；否则，使零件的测量、分组等工作量增加，不利于生产。

4）由于装配精度取决于分组公差，要保证很高的配合质量，零件的表面粗糙度和形位公差不要放大，仍要严格要求。

5）为了保证分组后的零件能顺利地配套装配，两零件的尺寸分布规律应为正态分布，如图 6-14 中实线所示。若在加工中因某些因素的影响，使零件尺寸分布不是正态分布，如图 6-14 中虚线所示，各组的尺寸分布不对应，将造成各组配合件数不等，不能完全配套，造成大量零件的积压。当生产批量较大、用自动定程或自动控制尺寸加工时，零件的尺寸分布规律是接近正态分布的。但完全配套是不容易的，对于不配套零件，可另外专门加工一批零件与之配套。

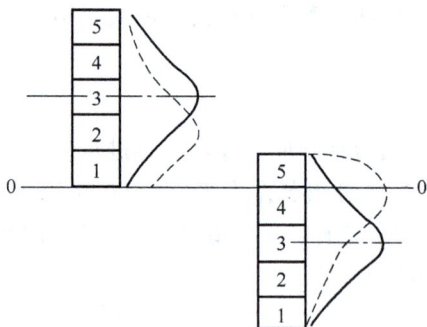

图 6-14 阀孔和滑阀公差及尺寸分布情况

综上所述，分组互换法只适用于大批量生产和装配精度要求很高的少环尺寸链。

3. 调整装配法

对于装配精度要求较高的多环尺寸链，若用完全互换法，则组成环公差较小，加工困难；若用分组互换法，由于环数多，零件分组工作相当复杂。在这种情况下，可以采用调整装配法。所谓调整装配法，就是在装配时用改变产品中可调整零件的相对位置或选用合适的调整件以达到装配精度的方法。

调整装配法的实质就是放大组成环的公差，使各组成环按经济加工精度制造。由于每个组成环的公差都较大，其装配精度必然超差。为了保证装配精度，可改变其中一个组成环的位置或尺寸来补偿这种影响。这个组成环称为补偿环，该零件称为调整件或补偿件。

调整装配法分为可动调整法和固定调整法。

（1）可动调整法 可动调整法就是改变可动补偿件的位置，来达到装配精度的方法。这种方法在机械制造中应用较多。常用的调整件有螺钉、螺母和楔等。图 6-15 所示为用调整螺钉来调整轴承间隙，以保证轴承有足够的刚性，同时又不至于过紧而引起轴承发热。

设计可动调整件时，其最大补偿量必须考虑到最大的补偿数值。同时还要考虑机械在使用过程中因零件磨损、温度变化等使组成环尺寸发生变化及所能补偿的最大值。

（2）固定调整法 固定调整法就是在尺寸链中选定一个或加入一个适当尺寸的零件作为调整件，该件是通过计算按一定的尺寸级别制成的一组专用零件，根据装配时的需要，选用某一组别的调整件来做补偿，使之达到规定的装配精度。通常使用的调整件有垫圈、垫片、轴套等零件。对于批量大和精度要求高的产品，固定调整件都采用组合垫片的形式，如不同厚度的纯铜片（厚度为 0.02mm、0.05mm、0.06mm、0.08mm、0.1mm 等，再加上较厚的垫片，如 1mm、2mm 等），这样可以组合成各种所需要的尺寸，以满足装配精度要求，使调整更为方便。

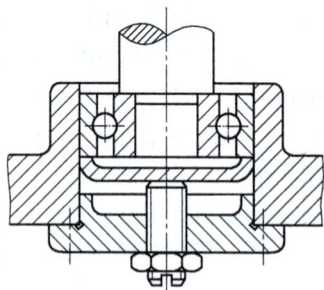

图 6-15 轴承间隙的调整

调整装配法的优点是：扩大了组成环尺寸公差，制造容易，装配时不用修配，就能达到很高的装配精度，容易组织流水生产；使用过程中可以定期改变可动调整件的位置或更换固定调整件来恢复部件原有的装配精度。

调整装配法的缺点是增加了调整件，相应增加了加工费用，但由于其他组成环公差放大，整体上还是经济的。所以调整法适用于环数多、封闭环精度要求较高的装配尺寸链，尤其是在使用过程中组成环零件尺寸容易变化（因磨损或温度变化）的尺寸链。

4. 修配装配法

在单件小批生产中，由于产品数量少，对于装配精度要求高和环数多的装配尺寸链，可采用修配装配法。修配装配法就是将尺寸链中各个组成环零件的公差放大到经济可行程度去制造。这样，在装配时封闭环上的累积误差必然超过规定的公差。为了达到规定的装配精度要求，可选尺寸链中的某一个零件作为补偿环（亦称修配环），通过修配补偿环零件尺寸的办法来达到装配精度。

如果尺寸链中各组成环公差放大为

$$T'_{A1}, T'_{A2}, \cdots, T'_{An-1}$$

则新的封闭环公差 T'_{A0} 为

$$T'_{A0} = \sum_{i=1}^{n-1} T'_{Ai}$$

式中，T'_{Ai} 为组成环放大后的公差值。T'_{A0} 必然大于规定的封闭环公差 T_{A0}，其差值（$T'_{A0} - T_{A0}$）称为补偿量（亦称修配量）。

采用修配法必须合理确定修配环的预加工尺寸，才能达到预期的效果。一般可采用极值法计算。修配环被修配时对封闭环尺寸的影响有两种情况：一种是使封闭环尺寸变大；另一种是使封闭环尺寸变小。因此，用修配法解装配尺寸链时，可根据这两种情况来进行。

修配环被修配时，封闭环尺寸变大的情况。如图 6-16 所示的简单尺寸链，如选用 A_2 作修配环，当修配 A_2 时，封闭环 A_0 尺寸变大。在这种情况下，为使通过修配环满足装配精度要求，就必须使经修配后所得到的封闭环实际尺寸 A'_{0max}，不得大于规定的封闭环的最大值 A_{0max}。根据这一关系，便可得出封闭环尺寸变大时的计算关系为

$$A'_{0max} = A_{0max} = \sum_{i=1}^{m} A_{imax} - \sum_{j=m+1}^{n-1} A_{jmin} \ \text{或} \ ESA'_0 = ESA_0 = \sum_{i=1}^{m} ESA_i - \sum_{j=m+1}^{n-1} EIA_j$$

由于具体产品装配结构不同，修配环可能是增环，也可能是减环，上述公式都可用，将修配环作为未知数从公式中求解得出修配环的预加工尺寸。

修配环被修配时，封闭环尺寸变小的情况。如图 6-16 所示，以 A_3 为修配环，当修配 A_3 时会使封闭环尺寸变小。这种情况，为使修配环满足装配精度要求，就应使经

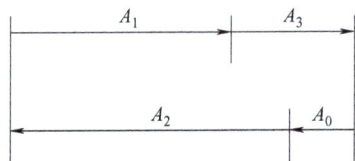

图 6-16 计算修配环的尺寸链

修配后所得到的封闭环实际尺寸 A'_{0min}，不得小于规定的封闭环最小值 A_{0min}。据此分析，可得出封闭环变小时的计算关系式为

$$A'_{0min} = A_{0min} = \sum_{i=1}^{m} A_{imin} - \sum_{j=m+1}^{n-1} A_{jmax} \ \text{或} \ EIA'_0 = EIA_0 = \sum_{i=1}^{m} EIA_i - \sum_{j=m+1}^{n-1} ESA_j$$

在封闭环尺寸变小的情况下，无论修配环是增环还是减环，皆可由上式计算得出修配环的预加工尺寸。

以上两种情况，计算的修配环尺寸是在最小修配量为零的条件下得出的。但是，确定修

配环预加工尺寸，还要考虑两个问题：一是使修配环被修配的表面要有良好的接触刚度，以便保证配合质量，因此要求有足够而又尽量小的修配量 K_{min}，一般取最小修配量为 $K_{min} = 0.05 \sim 0.10mm$，取最小刮研量为 $K_{min} = 0.10 \sim 0.20mm$；二是要考虑到磨削的生产率和工人刮研的劳动强度，要求最大修配量 K_{max} 不能过大，否则要适当调整组成环的公差。

下面计算最大修配量 K_{max}。

已知组成环公差放大后，新的封闭环公差为

$$T'_{A0} = \sum_{i=1}^{n-1} T'_{Ai}$$

要满足原封闭环公差 T_{A0}，其修配量为

$$T_K = T'_{A0} - T_{A0}$$

而修配量 T_K 等于最大修配量 K_{max} 与最小修配量 K_{min} 之差，即

$$T_K = K_{max} - K_{min}$$

或

$$K_{max} = T_K + K_{min}$$

则最大修配量为

$$K_{max} = \sum_{i=1}^{n-1} T'_{Ai} - T_{A0} + K_{min}$$

当被修配的表面质量要求较高时，则要求 $K_{min} > 0$，这时可用上式计算最大修配量 K_{max}。当被修配表面质量要求不高时，若修配环尺寸处于极限尺寸，可以不经修配，装配后就能满足装配精度要求。这时的最大修配量等于补偿量 T_K，即

$$K_{max} = T_K = \sum_{i=1}^{n-1} T'_{Ai} - T_{A0}$$

下面通过实例说明确定修配环预加工尺寸和计算最大修配量。

【例6-2】 以图6-10所示单级叶片泵为产品对象，需要在单件小批生产中，采用修配法保证装配精度要求。要求顶盖端面与泵体端面间的间隙为 $0.02 \sim 0.12mm$，已知有关组成环的尺寸和公差（公差已被放大）为 $A_1 = 22^{+0.06}_{+0.05}mm$，$A_4 = 7^{+0.042}_{0}mm$，$A_5 = 8^{+0.058}_{0}mm$，$A_6 = (36 \pm 0.05)$ mm，$A_3 = 15mm$，$T_{A3} = 0.07mm$，选择左配油盘（件号4）A_3 为修配环，试计算修配环的预加工尺寸和最大修配量。

解：1）计算封闭环的基本尺寸及偏差，即

$$A_0 = (A_3 + A_1 + A_4) - (A_5 + A_6) = (15 + 22 + 7)mm - (8 + 36)mm = 0$$

所以，$A_0 = 0^{+0.12}_{+0.02}mm$

2）计算修配环 A_3 的预加工尺寸，如图6-10b所示尺寸链图。从结构图可知，修配环 A_3 经修配尺寸减小时，封闭环 A_0 变小，则 A_3 的尺寸为

$$EIA'_0 = EIA_0 = \sum_{i=1}^{m} EIA_i - \sum_{j=m+1}^{n-1} ESA_i$$

$$EIA_0 = (EIA_3 + EIA_1 + EIA_4) - (ESA_5 + ESA_6)$$

$$0.02 = (EIA_3 + 0.05 + 0) - (0.058 + 0.050)$$

$$EIA_3 = 0.078mm$$

所以，$A_3 = 15^{+0.148}_{+0.078}mm$，这时的 $K_{min} = 0$。

对于配油盘，其端面质量要求高，同定子端面和顶盖内端面接合要严密，防止泄漏，所以配油盘端面要经过平磨和研磨加工，即使在 A_3 处于极限尺寸时，也应有最小修配量，故取最

小修配量 $K_{min} = 0.05$mm。因此修配环 A_3 的尺寸为

$$A_3 = (15 + 0.05)^{+0.148}_{+0.078}\text{mm} = 15^{+0.1980}_{+0.0128}\text{mm}$$

3）计算最大修配量 K_{max}。最大修配量可通过新、老封闭环公差分布图比较得出，如图 6-17 所示。现计算最大修配量为

$$K_{max} = \sum_{i=1}^{n-1} T'_{Ai} - T_{A0} + K_{min}$$

$$= (T'_{A1} + T'_{A3} + T'_{A4} + T'_{A5} + T'_{A6}) - T_{A0} + K_{min}$$

修配法的特点可在较大程度上放大组成环的公差，而仍然保证达到很高的装配精度，因此对于装配精度要求较高的多环尺寸链特别适用。但是，修配法要求修配工作的技术水平较高，并且由于每个产品的修配量不一致，故不适合大批量生产，只适用于单件小批量生产。

图 6-17 新、老封闭环公差带分布

三、产品的装配

1. 零件的清洗

零件在装配前必须先经洗涤及清理，以消除附着的杂质碎末、油脂和防腐剂等，从而保证零件在装配运转后不致产生先期磨损和额外偏差。零件的清洗方法见表 6-6。

表 6-6 零件的清洗方法

清洗方法	设备	洗涤剂
大型零件采用手动或机动清洗，然后用压缩空气吹净	手动或机动钢丝刷，压缩空气喷嘴	
中、小型零件采用清洗槽和压缩空气吹干或经清洗机清洗随后烘干	（1）人工清洗槽和刷子	（1）煤油和三氯乙烯 C_2HCl_3（适用小型零件）
	（2）机械化清洗槽，清洗槽中备有零件的传送装置、搅拌装置和加热装置（图 6-18）	（2）3%~5%无水碳酸钠水溶液中加少量乳化剂（10ml/L）加热到 60~80℃
	（3）清洗机（图 6-19）	（3）同（2）
复杂零件清洗采用喷嘴吹净	特殊结构的喷嘴、超声波振荡清洗机	同上项（2）

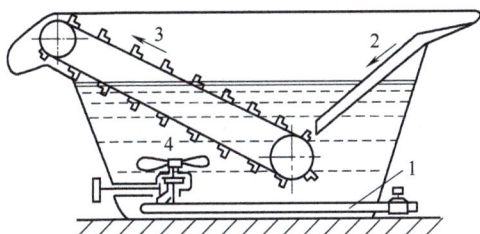

图 6-18 机械化清洗槽

1—加热管 2—零件输入槽
3—传送链 4—搅拌装置

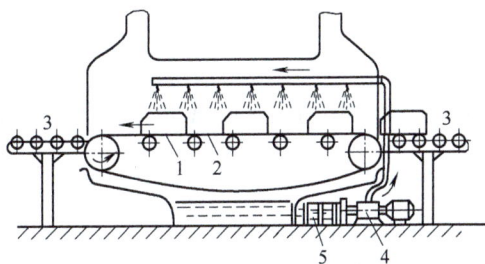

图 6-19 单室清洗机

1—产品 2—传送装置 3—滚道
4—泵 5—过滤装置

清洗液的评价指标主要是：清洗力、工艺性、稳定性、缓蚀性，以及易于配制、使用安全、成本低廉，并符合消防和环境保护要求等。常用的清洗液有水剂清洗液、碱液、汽油、

煤油、柴油、三氯乙烯、三氯氟烷等。

水剂清洗液应用渐广，其特点是：清洗力强，应用工艺简单，合理配制可有较好的稳定性和缓蚀性，无毒，不燃，使用安全，成本低。品种有 TX-10、6501、6503、105、664、SP-1、741、771、三乙醇胺油酸皂等。

零件黏附较严重的液态和半固态油污，或带有残存的研磨膏、抛光膏等，可用 664、105、TX-10、771、平平加等进行清洗。零件上有热处理熔盐，可用 6503 清洗剂，它在盐类电解水溶液中有良好清洗力。对缓蚀性要求较高的零件，可用 6503、664、SP-1、771、三乙醇胺油酸皂等具有一定防锈能力的清洗剂。铜铝合金或镀锌零件，可用平平加或 TX-10 清洗剂。SP-1、HD-2 等在常温下仍具有相当强的清洗力，不必加热。

为使水剂清洗液有较好的工艺性、稳定性和缓蚀性，可适当加入添加剂。加入适量磷酸钠、硅酸钠、碳酸钠等，可提高工艺性和稳定性；加少量亚硝酸钠、三乙醇胺、磷酸氢钠等可增强缓蚀性；加适量消泡剂，如二甲苯硅油、邻苯二甲酸二丁酯等，可提高喷洗工艺性。

箱体零件内部杂质在装配前也必须用机动或手动的钢刷清理刷净，或利用装有各种形状的压缩空气喷嘴吹净。压缩空气对各种深孔或凹槽的清理最为有利，同时并保证零件吹净后的快速干燥。

2. 可拆连接的装配

可拆连接有螺纹连接、键连接、花键连接和圆锥面连接。其中螺纹连接应用最广泛。

（1）螺纹连接　螺纹连接由螺栓、螺钉（或螺柱）和螺母等组成。螺纹连接的装配质量主要包括：螺栓和螺母正确地旋紧；螺栓和螺钉在连接中不应有歪斜和弯曲的情况；锁紧装置可靠。拧得过紧的螺栓连接将会降低螺母的使用寿命和在螺栓中产生过大的应力。为了使螺纹连接在长期工作条件下能保证结合零件的稳固，必须给予一定的拧紧力矩。普通螺纹材料为 35 钢，经过正火，在扳手上的最大许用转矩列于表 6-7 中。对于 Q235、Q255、Q275 和 45 钢（经过正火）应将表中数字分别乘以系数 0.75、0.8、0.9 和 1.1。

表 6-7　螺纹的拧紧转矩

螺纹直径/mm	6	8	10	12	14	16	18	20	22	24	27	30	36
拧紧转矩/（N·m）	4	9.5	18	32	51	80	112	160	220	280	410	550	970

按螺纹连接的重要性，分别采用下列几种方法来保证螺纹的拧紧程度：

1）用百分尺或其他测量工具来测定螺栓的伸长量（图 6-20），从而测算出夹紧力，即

$$F_0 = \frac{\lambda}{l} ES$$

式中，F_0 为夹紧力（N）；λ 为伸长量（mm）；l 为螺栓在两支持面间的长度（mm）；S 为螺栓的截面积（mm^2）；E 为螺栓材料的弹性模数（MPa）。螺栓中的拉应力 $\sigma = \frac{\lambda}{l} E$，不得超过螺栓的许用拉应力。

2）使用扭力指示式扳手（图 6-21）和预置式扳手，可事先设定（预置）转矩值，拧紧转矩调节精度可达 5%。

3）使用具有一定长度的普通扳手，根据普通装配工能施加于手柄上的最大扭力和正常扭力（装配工最大的扭力是 400~600N，正常扭力是 200~300N）来选择扳手的适宜长度，从而保证一定的拧紧转矩。

安装螺母的基本要求是：①螺母应能用手轻松地旋到待连接零件的表面上；②螺母的端

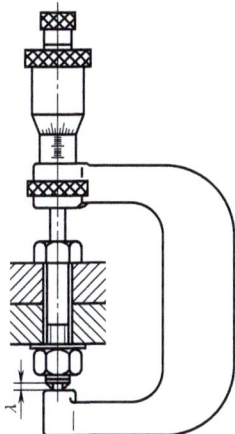

图 6-20　螺栓伸长量的测量

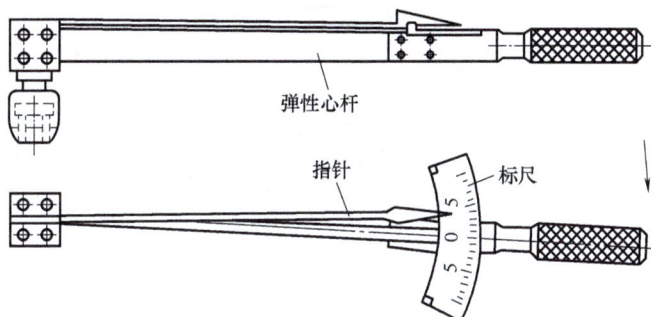

图 6-21　指示式扳手

面必须垂直于螺纹轴线；③螺纹的表面必须正确而光滑；④螺母数量多时，应按一定次序来拧紧（图 6-22），并应逐步拧紧，即先把所有的螺母紧到 1/3，然后紧到 2/3，最后再完全拧紧。但如用机械多头螺母扳手同时拧紧各螺母时，则可以一次完全拧紧。

螺纹装配工具可分为手动和机动两大类。手动工具除一般常用的扳手和螺钉旋具外，尚有各种专用的扳手。机动工具有气扳机和电动扳手，气动旋具和电动旋具。机动工具除能提高劳动生产率和降低劳动强度外，尚能产生较大的转矩。这对大型螺栓来说，其意义更大。

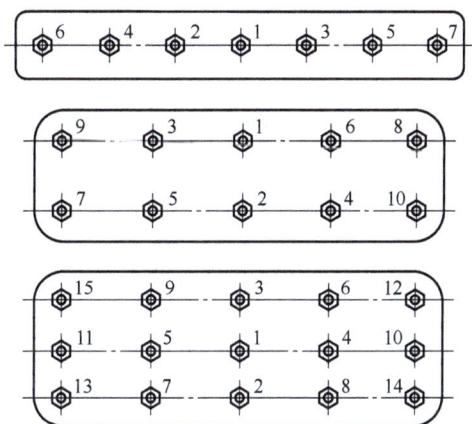

图 6-22　螺母拧紧次序

（2）键、花键和圆锥面连接　键连接是可拆连接的一种。它又分为楔形键、平键和半圆键连接三种。采用键连接装配时，应注意下列几点：

1）键连接尺寸按基轴制制造，花键连接尺寸按基孔制制造，以便适合各种配合的零件。

2）大尺寸的键和轮毂上键槽通常修配，修配精度可用塞尺检查。大批生产中键和键槽不宜修配。

3）在楔形键配合中，把套和轴的配合间隙减小至最低限度，以消除装配后的偏心度，如图 6-23 所示。

花键连接能保证配合零件获得较高的同轴度。它的装配形式有滑动、紧滑动和固定三种。固定配合最好用加热压入法，不宜用锤打，加热温度为 80~120℃。套件压合后应检验跳动误差。重要的花键连接还要用涂色法检验。

平键连接的主要优点是装配时可轻易地把轴装到套内，并且定中心较好。装配时，应注意套和轴的接触面积和轴压入套内所用的力量。

3. 不可拆连接的装配

不可拆连接的特点是：连接零件不能相对运动；当拆开连接时，将损伤或破坏连接零件。不可拆连接有过盈连接、滚口及卷边连接、焊接连接、铆钉连接和黏合连接。本节主要介绍过盈连接的装配，过盈连接的装配采用的装配设备和工具见表 6-8 所示。

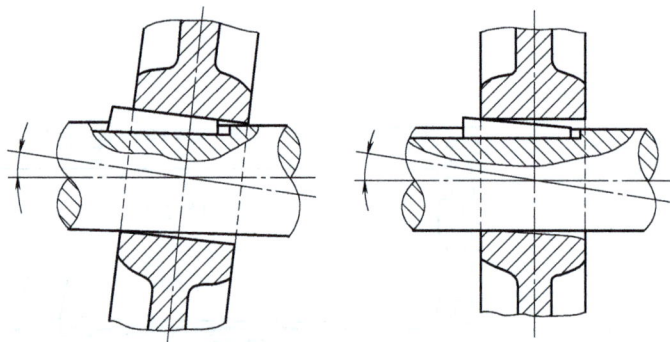

图 6-23　键连接的零件在安装楔形键后的位移

表 6-8　不可拆过盈连接的装配方法

方法	应用的设备和工具	设备规格和应用范围	备注
人工锤击法	锤子（质量 0.25～1.25kg）	压装不大的销钉、塞头、键、楔块等；压装轴套、环等	（1）锤子材料必须比被冲击的材料软 （2）软锤用木、巴氏合金铜或其他软金属制成 （3）用钢制大锤敲击时，中间必须垫衬软金属
用压床加压力的连接法	（1）手动螺旋压床 （2）手动齿条压床 （3）手动偏心杠杆压床 （4）气动压床 （5）机动螺旋压床 （6）液压压床 （7）吊车拉力压床	（1）加压 10000～20000N （2）加压 10000～15000N （3）加压 15000N 以下 （4）加压 30000～50000N （5）加压 50000～100000N （6）加压大于 100000N （7）小批生产	—
加热包容件法	（1）热水槽 （2）油槽 （3）气体加热炉 （4）感应式和电阻式加热炉	（1）温度在 100℃ 以下 （2）温度在 70～120℃ （3）温度在 250～400℃ （4）温度在 150～200℃ 以上	用于加热大尺寸的包容件
冷却被包容件法	（1）用固体二氧化碳冷却的酒精槽（图 6-24） （2）液态空气和氮气冷却槽 （3）冷冻设备	（1）-78℃ （2）-180～-190℃ （3）-120℃	将尺寸不大的零件紧配于大型零件时适用

注：上述各法亦可根据具体情况联合使用。

压配带有一定过盈的包容件和被包容件（一般亦可称为套类零件和轴类零件）所需的轴向压力 F（图 6-25）是根据相配零件的材料、壁厚、形状和过盈的大小而定。最大压合力可按下列公式计算，即

$$F = f\pi dLp(\text{N})$$

式中，f 为压合时的摩擦因数；d 为配合面的公称直径（mm）；L 为压合长度（mm）；p 为配合表面上的压应力（MPa），可根据下列公式计算

$$p = \frac{\delta \times 10^{-3}}{\left(\dfrac{c_1}{E_1} + \dfrac{c_2}{E_2}\right)d}$$

$$c_1 = \frac{d^2 + d_0^2}{d^2 - d_0^2} - u_1, \quad c_2 = \frac{D^2 + d^2}{D^2 - d^2} + u_2$$

式中，d_0 为被包容件的内孔直径（mm）；D 为包容件的外圆直径（mm）；E_1 和 E_2 为被包容件和包容件的弹性模量（MPa）；u_1 和 u_2 为被包容件和包容件的泊松比（钢为 $u_1 = u_2 = 0.30$；青铜为 0.36；铸铁为 0.25）；δ 为计算过盈（μm）。

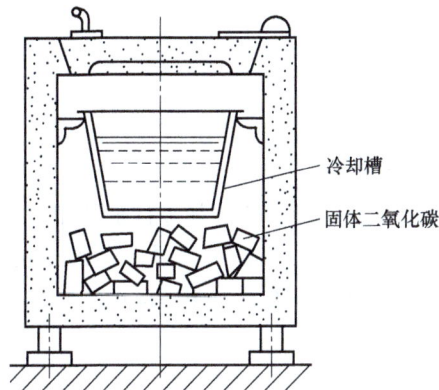

图 6-24　零件的冷却槽

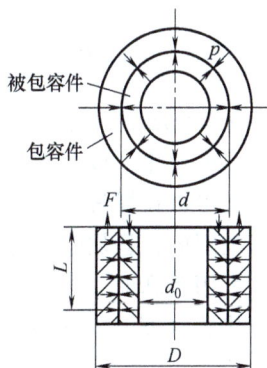

图 6-25　压配图

压合时的摩擦因数是由许多因素决定的，如零件的材料、两配合面的表面粗糙度、压应力、有无润滑和润滑油的性质等。表 6-9 所列为钢轴和各种不同材料压合时的摩擦因数 f 值。

表 6-9　压合时的摩擦因数 f 的数值

材料	被包容件	中碳钢				
	包容件	中碳钢	优质铸铁	铝镁合金	黄铜	塑料
润滑油		机械油	干	干	干	干
f		0.06 ~ 0.22	0.06 ~ 0.14	0.02 ~ 0.08	0.05 ~ 0.1	0.54

f 值的变化规律是：两配合表面加工表面粗糙度值减小，f 减小；压应力 p 增大，f 减小。

两个压配零件拆卸时的压出力常比压合力大 10% ~ 15%。压合用的压床所能产生的压力应为压合力的 1.5 ~ 2 倍。压合速度一般不超过 5mm/s，过高会降低压应力。

相配零件压合后，包容件的外径将会增大，而被包容件为套件（图 6-25），则内径将缩小。压合时除使用各种压床外，尚须使用一些专用夹具，以保证压合零件得到正确的装夹位置及避免变形。图 6-26 所示为压合专用夹具的几个实例。

大直径零件的配合或与过盈大于 0.1mm 的零件配合，常用加热包容件或者冷却被包容件来实现。包容件的加热温度或被包容件的冷却温度 t，按下列公式求得

$$t > \frac{\delta \times 10^{-3}}{a \times d}$$

式中，a 为待加热零件或待冷却零件材料的线胀系数（℃$^{-1}$）；d 为配合面公称直径（mm）；δ 为待加热零件的线膨胀量，或待冷却零件的收缩量（mm）。

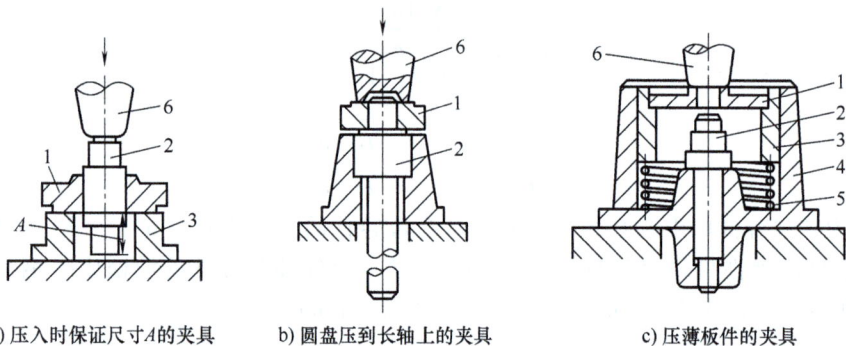

a) 压入时保证尺寸A的夹具　　b) 圆盘压到长轴上的夹具　　c) 压薄板件的夹具

图 6-26　压合专用夹具

1—包容件　2—被包容件　3—导套　4—支座　5—弹簧　6—压头

求得的 t 值必须增加（加热时）或减少（冷却时）20%～30%以补偿零件在配合前由于搬动所引起的温度变化，以及零件在相配时自由安放所需要的间隙。

一般包容件可以在煤气炉或电炉中用空气或液体作介质进行加热。如零件加热温度要保持在一个狭窄范围内，且加热要特别均匀，最好用液体作介质。液体可以是水或纯矿物油，在高温加热时可用蓖麻油。大型零件，如齿轮的轮缘和其他环形零件可用感应电流加热及移动式螺旋电加热器（图 6-27 和图 6-28）。

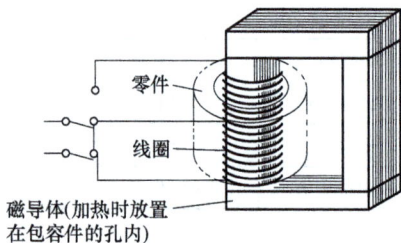

图 6-27　用感应电流加热零件

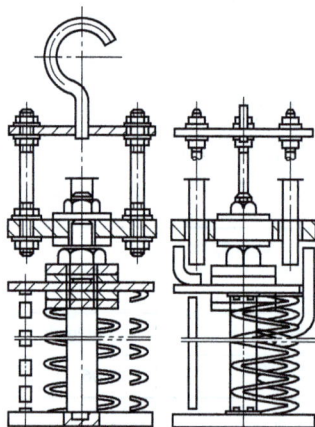

图 6-28　移动式螺旋电加热

加热大型包容件的劳动量很大，最好用相反的方法，即用冷却较小的被包容件来获得两个零件的温度差。冷却零件的冷却剂，用固体二氧化碳，可以把零件冷却到 $-78℃$，用液态空气和液态氮气可把零件冷却到更低的温度（$-180～-190℃$）。使用冷却方法必须采用劳动保护措施，以防止介质伤害人体。

4. 活动连接的装配

活动连接的种类很多，装配方法也各种各样。本节主要介绍轴承、齿轮传动装置的装配。

（1）滑动轴承的装配　滑动轴承分为整体式和对开式。

1）整体式轴承。整体式轴承分为三种，如图 6-29 所示。

整体式轴承的装配要点如下。

① 将轴套装到体壳内。根据轴套的尺寸和过盈大小，选择合适的装配方法。

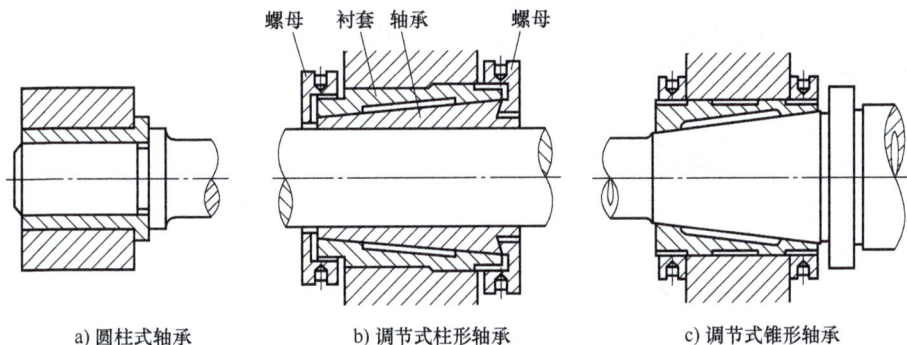

a) 圆柱式轴承   b) 调节式柱形轴承   c) 调节式锥形轴承

图 6-29 整体式轴承

② 轴套压入体壳时，需特别注意不使其偏斜，以免表面擦伤及轴套变形。利用图 6-30 所示的几种压配夹具，可以获得良好效果。

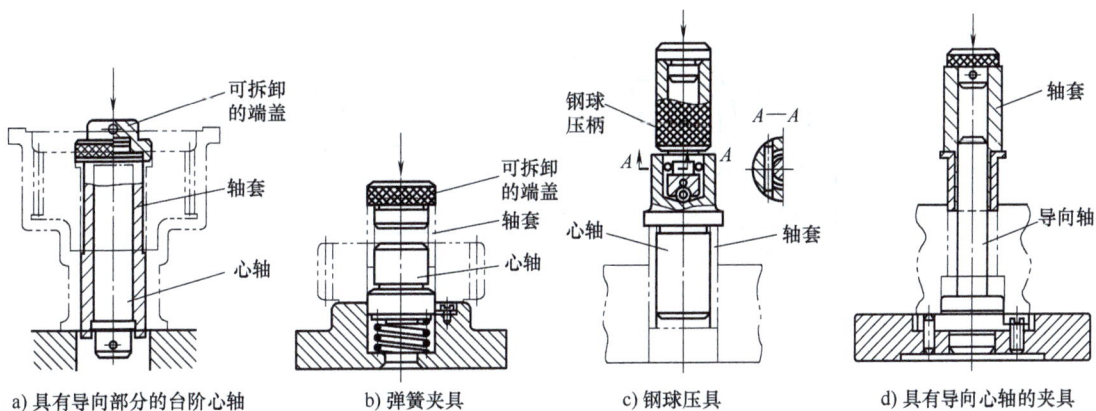

a) 具有导向部分的台阶心轴   b) 弹簧夹具   c) 钢球压具   d) 具有导向心轴的夹具

图 6-30 压配轴承衬套的专用夹具

③ 轴套压合后应紧固，以防止转动。紧固轴套方法如图 6-31 所示。

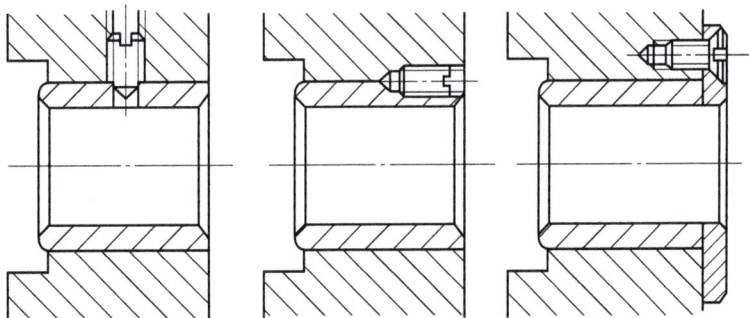

图 6-31 防止轴套转动的方法

④ 轴套压入体壳后，会产生变形，因此需修配和校正。修配和校正的方法有：铰光、刮研、钢球挤压、研磨。

2）对开式轴承。对开式轴承分为厚壁轴瓦和薄壁轴瓦两种。厚壁轴瓦由低碳钢、铸铁和青铜制成，并在滑动表面上浇铸巴氏合金和其他耐磨合金。这种轴瓦壁厚为 3~5mm，巴氏合金层的厚度是 0.7~3.0mm。

对开式轴承装配的主要程序和说明如下：

① 轴瓦以不大的过盈配合或滑动配合装在体壳内。

② 为防止轴瓦移动，可用如图 6-32 所示的方法将其固定在体壳内。

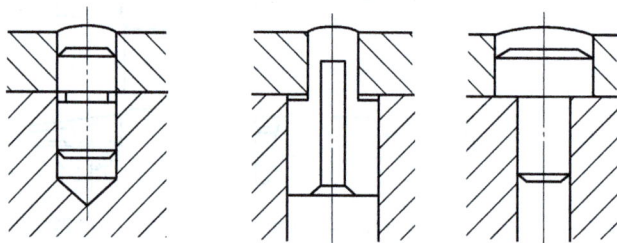

图 6-32　防止对开轴瓦移动的方法

③ 轴承盖在壳体上的固定有三种方法（图 6-33），即用销钉、槽、榫台。

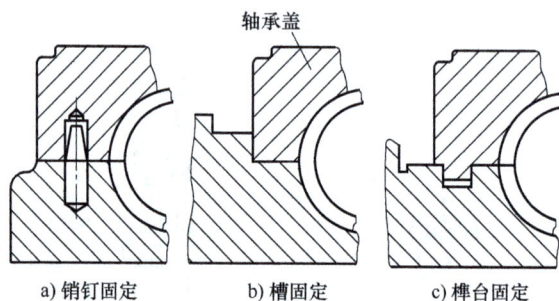

a) 销钉固定　　　　b) 槽固定　　　　c) 榫台固定

图 6-33　固定轴承盖方法

④ 装配非互换性轴瓦时，滑动表面必须留有 0.05～0.1mm 的加工余量，以便在装配后进行最后的修配加工。装配具有互换性的厚壁轴瓦，装配前轴瓦必须严格按公差加工。

薄壁轴瓦用低碳钢制造，滑动表面浇注一层耐磨的巴氏或铜铅合金。轴瓦全部壁厚为 1.5～3mm。为了防止薄壁轴瓦移动，可用定位销或者在开合处用凸齿定位。薄壁轴瓦具有互换性。在没有把轴瓦安装到轴承座内时，轴瓦需有如图 6-34a 所示的形状。压入轴承座后轴瓦的边缘应高出接合平面，其数值为 h，如图 6-34b 所示。h 值一般采用 0.05～0.10mm，它可用工具来检验，如图 6-35 所示。

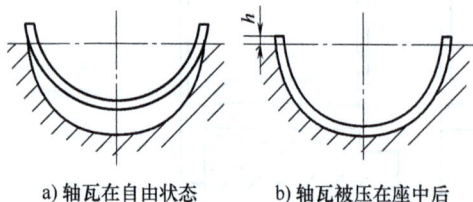

a) 轴瓦在自由状态　　　b) 轴瓦被压在座中后

图 6-34　薄壁轴承在轴承座中的装置

图 6-35　检验薄壳轴瓦边缘高度的工具

1—轴承座　2—固定夹板　3—移动活动夹板的杠杆
4—百分表　5—活动夹板　6—复位弹簧　7—偏心轴

装配多支承轴的滑动轴承时，应特别注意各轴承的同轴度。轴瓦安装在壳体内后，再把轴安装在轴瓦内，并用涂色法检验轴和轴瓦的接触情况，同时利用刮研方法使涂色点不少于轴承的全部面积的 85%。

（2）滚动轴承的装配 滚动轴承（即球轴承和滚子轴承）按工作特性可分为下列三种：向心轴承、推力轴承和向心推力轴承。根据负荷的大小，又分为特轻型、轻型、中型和重型等。

滚动轴承种类虽多，但它的装配仍有共同的特点。

1）滚动轴承的配合，动圈（一般为内圈）与机器的转动部分（一般为轴颈）常采用过盈配合；静圈（一般为外圈）与机器的静止部分常采用过盈很小或具有间隙的配合。

2）与滚动轴承相配的零件必须具有一定的精度和表面粗糙度。

3）把轴承内圈压装在轴上所需的力 F，可根据下列公式求得

$$F = \frac{HuE\pi B}{2N}$$

式中，H 为有效过盈（90%测量过盈）（mm）；u 为包容表面的摩擦因数，取 $0.1 \sim 0.15$（当用润滑油时）；E 为轴承材料的弹性模量（$E = 2.12 \times 10^5$）（MPa）；B 为轴承内圈宽度（mm）；N 为经验系数（轻型轴承为 2.78；中型轴承为 2.27；重型轴承为 1.96）。

4）滚动轴承装配时必须注意下列事项：

① 安装前应把轴承、轴、孔及油孔等用煤油或汽油清洗干净。

② 把轴承套在轴上时，压装轴承的压力应施加在内圈上；把轴承压在体壳时，压力应施加在外圈上。

③ 当把轴承同时压装在轴和壳体上时，压力应同时施加在内、外两圈上。

④ 在压配时或用软锤敲打时，应使压配力或打击力均匀地分布于座圈的整个端面。

⑤ 不应使用能把压力施加于夹持架或钢球上去的压装夹具，同时亦不应使用锤直接敲打轴承端面。

⑥ 如果轴承内圈与轴配合过盈较大，最好采用热套法安装。即把轴承放在温度为90℃左右的润滑油、混合油或水中加热。当轴承的钢球保持架是塑料制的时，只宜用水加热。加热时轴承不能与锅底接触，以防止轴承过热。

⑦ 安装轴承时必须注意四周环境，高精度轴承的装配必须在防尘的房间内进行。工作人员必须根据规定注意清洁。

⑧ 最好使用各种压装轴承用的专用工具，以免装配时碰伤轴承，如图6-36所示。

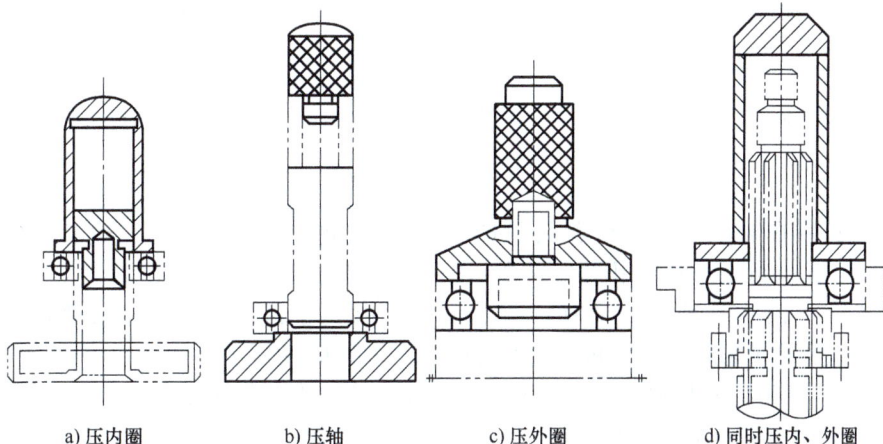

a) 压内圈　　b) 压轴　　c) 压外圈　　d) 同时压内、外圈

图 6-36 压装轴承用的工具

⑨ 轴承压配后必须用如图 6-37 所示的方法来检查轴承的径向间隙。

⑩ 轴上安装轴承的跨距较大时，必须留有轴受热膨胀伸延所需的间隙。

（3）齿轮传动装置的装配　齿轮传动装置主要可分为 3 类，即圆柱齿轮传动装置、锥齿轮传动装置、蜗杆副传动装置。

1）圆柱齿轮传动装置的装配程序。

① 把齿轮装到传动轴上。齿轮安装在轴上的方法有很多，图 6-38 是几种安装方法的示例。当齿轮与轴是间隙配合时，只需用手或一般的起重工具进行装配。当两者之间的配合是过渡配合时，就需在压床上或用专用工具（图 6-39 及图 6-40）把齿轮压装在轴颈上，齿圈和齿轮轮毂的配合往往是带有过盈的过渡配合。一般是把齿圈加热进行装配。

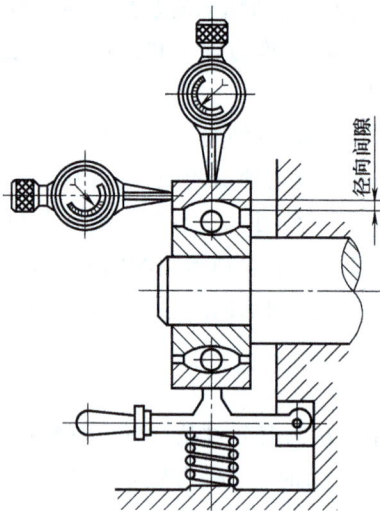

图 6-37　用百分表检验轴承中的径向间隙

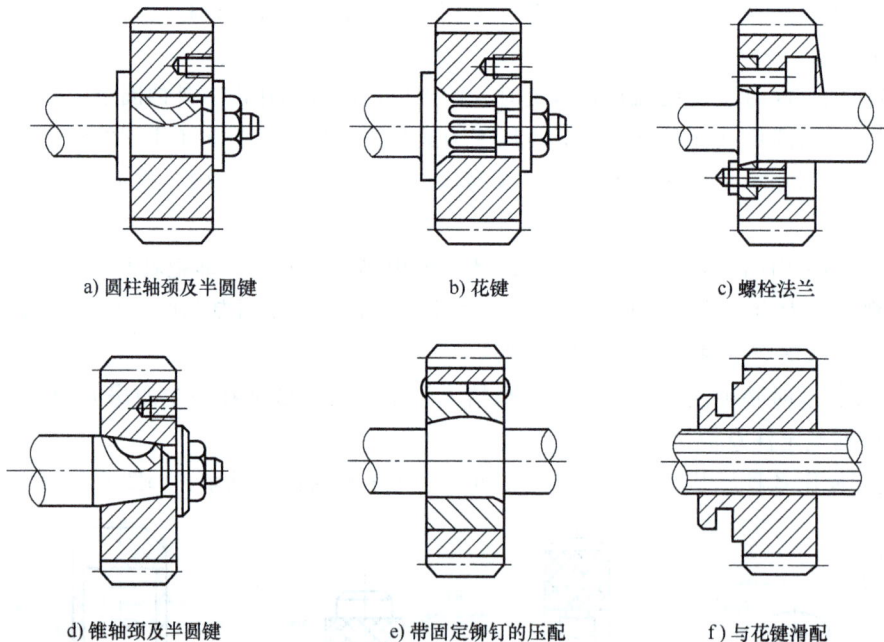

a) 圆柱轴颈及半圆键　　　　b) 花键　　　　c) 螺栓法兰

d) 锥轴颈及半圆键　　　　e) 带固定铆钉的压配　　　　f) 与花键滑配

图 6-38　齿轮安装在传动轴上的方法

② 齿轮安装在轴上后，需检验齿轮的端面圆跳动或径向圆跳动。检验用的夹具如图 6-41 所示。大批量生产时可用图 6-42 所示的检验夹具。

③ 检验壳体内主动轴和从动轴的位置。检验内容包括：齿轮轴中心距的检验，如图 6-43 所示；齿轮轴轴线平行度和倾斜度的检验，如图 6-44 所示。

④ 把齿轮-轴组件安装到体壳轴孔中。装配方式根据轴在孔中的结构特点而定。

⑤ 检验齿轮传动装置的啮合质量：齿轮齿侧面的接触斑点的位置及其所占面积的百分比（利用涂色法）；齿轮啮合齿侧间隙。

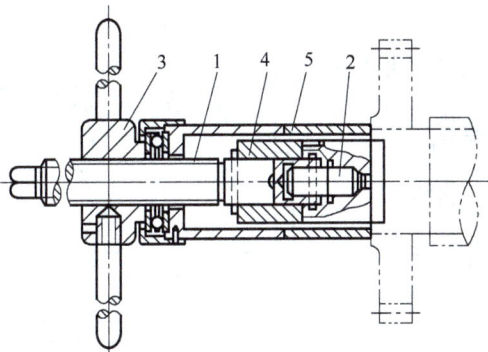

图 6-39 压装齿轮的工具（一）

1—螺杆 2—螺杆 1 端部的螺钉（压装时固定在工件轴上） 3—带手柄的螺母 4—导套 5—中间隔环

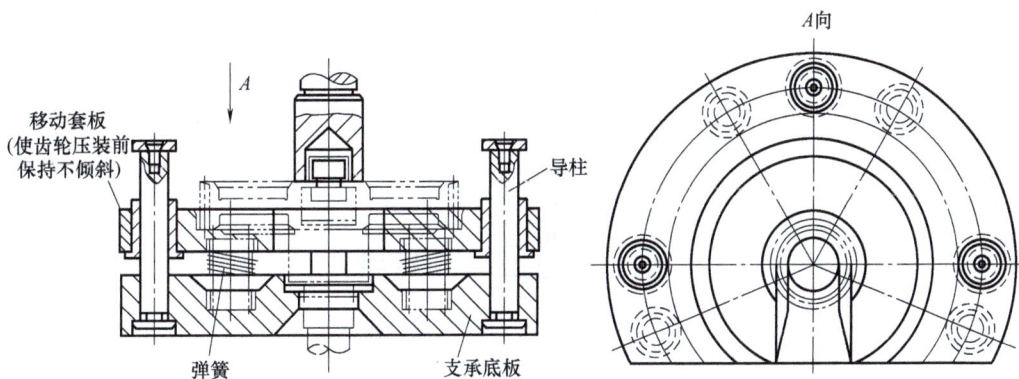

图 6-40 压装齿轮的工具（二）

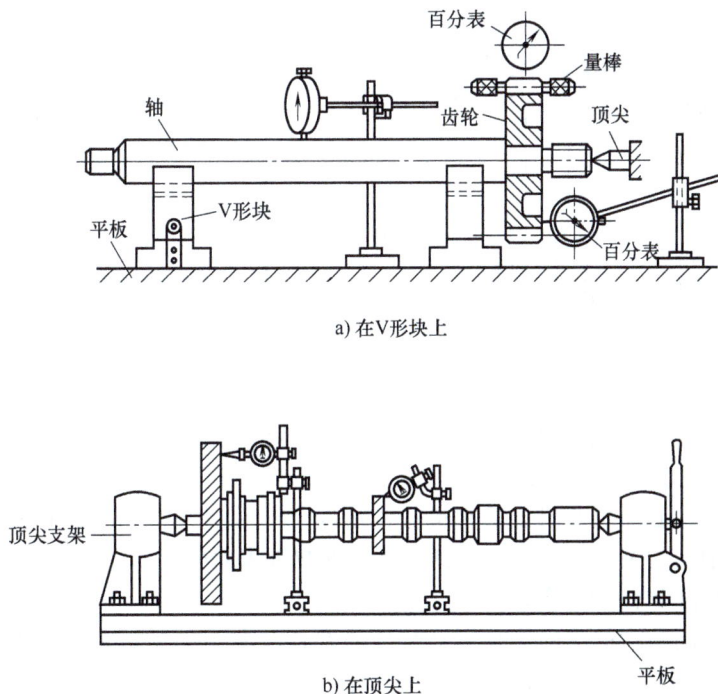

a) 在V形块上

b) 在顶尖上

图 6-41 齿轮-轴组件装配质量的检验

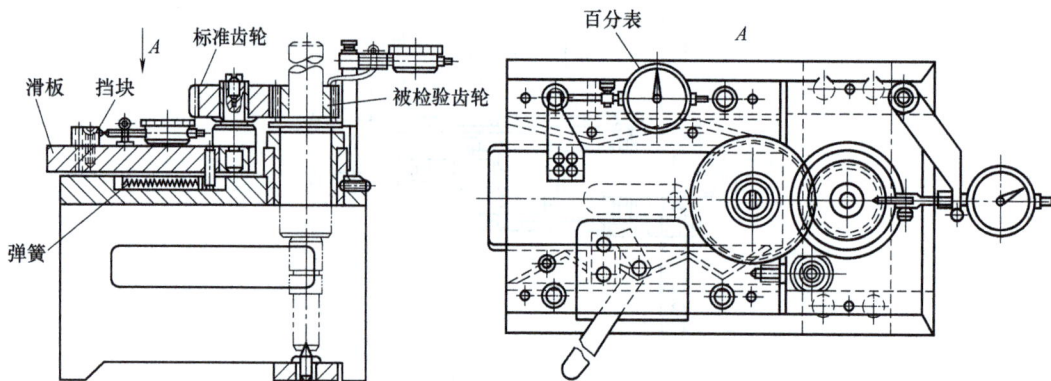

图 6-42　大批量生产中齿轮-轴组件装配质量的检验

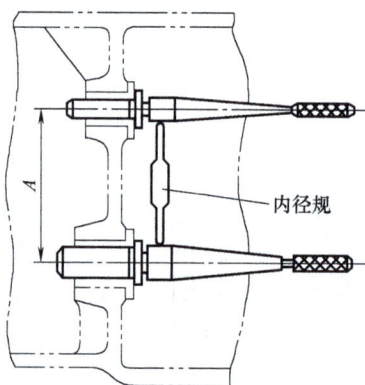

图 6-43　利用量规做孔的中心距检验

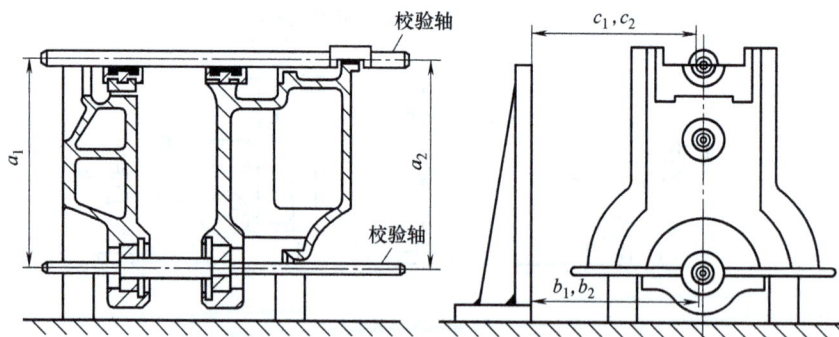

图 6-44　平台上箱体孔轴线平行度和倾斜度的检验

2) 锥齿轮传动装置的装配程序。锥齿轮传动装置的装配工序和装配圆柱齿轮装置的装配工序相类似,但必须注意以下的特点:锥齿轮传动装置中,两个啮合的锥齿轮的锥顶必须重合于一点。为此,必须用专门装置来检验锥齿轮传动装置轴线相交的正确性。图 6-45 中的塞杆的末端顺轴线切去一半,两个塞杆各插入安装锥齿轮轴的孔中,用塞尺测出切开平面间的距离 a,即为相交轴线的误差。

锥齿轮轴线之间角度的准确性是用经校准的塞杆及专门的样板来校验的,如图 6-46 所示。将样板放入外壳安装锥齿轮轴的孔中,将塞杆放入另一个孔中,如果两孔的轴线不形成直角,则样板中的一个矮脚与塞杆之间存有间隙,这个间隙可用塞尺来测得。

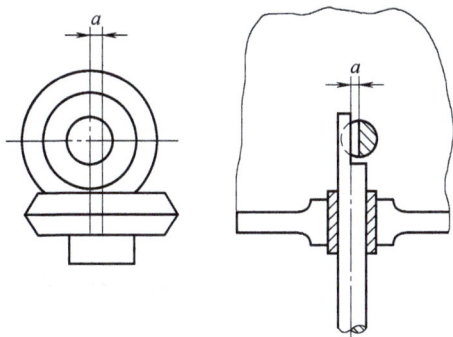

图 6-45　锥齿轮传动装置轴线相交的正确性检验

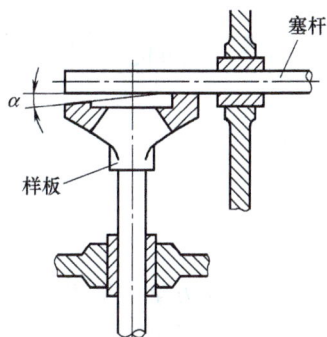

图 6-46　锥齿轮轴线交角的检验

3）蜗杆副传动装置的装配程序。

① 首先从蜗轮着手，把齿圈和轮毂装配好。

② 把蜗轮装到轴上，安装过程和检验方法同圆柱齿轮。

③ 用专门工具检验壳体内孔的中心距和轴线间的直线度。如图 6-47 所示，把塞杆 1 放入壳体蜗轮轴孔中，塞杆上套着样板，然后在蜗杆安装孔中放入塞杆 2；并用特制的量规测得塞杆 2 与样板之间的距离 a、c。根据 a、b 和塞杆直径 d 可以算出中心距 A

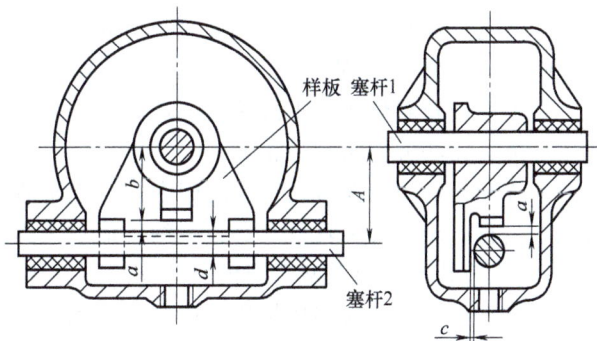

图 6-47　蜗杆副传动装置的中心距以及轴线垂直度的检验

$$A = b + a + d/2$$

检验轴线垂直度可采用图 6-48 所示的工具。

④ 把蜗轮-轴组件先装到壳体内，然后把蜗杆装到轴承内。

⑤ 检验装配完毕的蜗杆副传动装置的灵活度和啮合的"空行程"。检验传动灵活性就是检验蜗轮处在任何位置下，旋转蜗杆所需的转矩。空行程的检验，就是检验在蜗轮不动时蜗杆所能转动的最大角度。空行程的检验方法如图 6-49 所示。

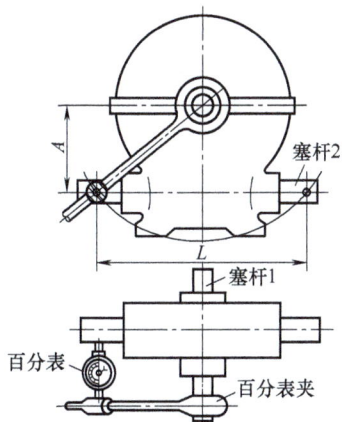

图 6-48　用百分表做蜗杆装置轴线的垂直度检验

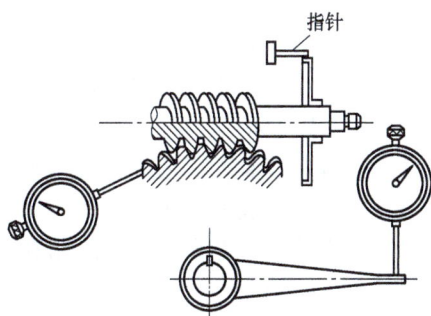

图 6-49　蜗杆副传动装置啮合的空行程的检验

任务6.3　制订装配工艺规程

【工艺讲堂】

盾构机装配大师——曹佰库

曹佰库，北方重工集团有限公司盾构机分公司装配一车间主任，曾荣获全国劳动模范、辽宁省特等劳动模范等称号。

"凡事贵在坚持"，曹佰库一直把这句话当作座右铭。也正是受到这句话的鼓舞，他整整坚持了40年，成了名副其实的盾构机装配大师。2005年以前，"中国制造"在大型盾构机领域尚属空白。当时，全国上下大力兴建地下轨道交通，使用的盾构机全部依赖进口。为了推动东北老工业基地振兴，曹佰库带领他的团队开始了一次次的探索。2005年，厂里与法国NFM公司合作生产盾构机，这也是用在武汉长江过江隧道项目中的中国"第一台"盾构机。曹佰库创新斜垫式空工翻转法、左右臂组装法……，曹佰库和他的团队仅用27天就完成了任务，让法方专家刮目相看。

曹佰库和他的团队在短短几年时间内，攻克了盾构机装配6大关键技术，实现工艺创新近百项，自行研制工装夹具百余套，节约价值近千万元，创造了1年装配15台盾构机的全国纪录和27天装配1台大型盾构机的世界纪录。曹佰库和他的团队用刻苦钻研、精益求精的工匠精神，使我国的大型盾构机装配技术达到了世界领先水平，为发展民族装备制造业做出了重大贡献。

【任务描述】

装配工艺规程是指导装配生产的主要技术文件，制订装配工艺规程是生产技术准备工作中的一项重要工作。装配工艺规程对保证装配质量、提高装配生产效率、缩短装配周期、减轻工人的劳动强度、减小装配占地面积和降低成本等都有重要的影响。所以，要合理地制订装配工艺规程。

【学习目标】

（1）素养目标
1）通过装配工艺规程的设计，培养勇于探索的创新精神。
2）通过先进装配方法介绍，培养勇攀高峰、为国争光的军工精神。
3）通过装配基准的选择，培养精益求精的工匠精神。
4）通过小组讨论和汇报，培养诚信、友善的社会主义核心价值观和团队协作精神。
（2）知识目标
1）掌握制订装配工艺规程的基本要求及主要依据。
2）掌握制订装配工艺规程的步骤、方法和内容。
3）掌握装配工艺系统图的绘制和工艺文件的填写方法。
（3）能力目标
1）能正确分析产品的装配图样及验收技术条件。
2）能合理选择装配组织形式、划分装配单元和确定装配顺序。

3）能合理划分装配工序和完成装配工序设计。

4）能正确填写装配工艺文件。

【任务分组】

将任务 6.3 的分组信息填入表 6-10 中。

表 6-10 任务 6.3 分组信息

班级		组别		指导教师	
组长		学号			
组员	学号	姓名		任务分工	

【问题引导】

1. 什么是装配、装配精度？

_____

_____

2. 装配精度与零件精度两者间的关系是什么？

_____

_____

_____

3. 产品的结构工艺性、装配工艺性分别指什么？

_____

_____

【任务实施】

1. 选择装配组织方式

任务 6.3

_____

_____

_____

2. 划分装配单元

_____

_____

_____

3. 绘制装配单元系统图

4. 装配工序设计

_____

_____

_____

5. 填写减速器装配工艺过程卡（表6-12）

【任务评价】

编制装配工艺规程评价表见表6-11。

表6-11　编制装配工艺规程评价表

序号	考核评价项目		考核内容	学生自评	小组互评	教师评价	配分/分	成绩/分
1	线下考核	知识目标	相关知识点的学习、自学笔记				30	
			选择装配组织形式					
			划分装配单元					
			绘制装配单元系统图					
			划分与设计装配工序					
			填写工艺文件					
2		能力目标	信息搜集，自主学习，分析解决问题，归纳总结及创新能力				10	
3		素养目标	工匠精神、军工精神、团队协作、沟通协调、语言表达能力				10	
4	线上考核	资源学习	线上平台教学视频、动画、章节测试等资源学习				30	
5		课堂参与度	签到、主题讨论、随堂测验、分组任务、抢答等参与情况				20	
合计								

表6-12　减速器装配工艺过程卡

装配工艺过程卡				产品型号		零(部)件图号				
				产品名称		零(部)件名称		共　页	第　页	
工序号	工序名称	工序内容		装配部门	设备及工艺装备		辅助材料	工时定额		
					设计(日期)	审核(日期)	标准化(日期)	会签(日期)		
标记	处数	更改文件号	签字	日期	标记	处数	更改文件号	签字	日期	

【知识链接】

装配工艺规程是指导装配生产的技术性文件,是制订装配生产计划、组织装配生产以及设计装配工艺的主要依据。制订装配工艺规程的任务是根据产品图样、技术要求、验收标准和生产纲领、现有生产条件等原始资料,确定装配组织形式;划分装配单元和装配工序;拟订装配方法;包括计算时间定额,规定工序装配技术要求、质量检查方法和工具,确定装配过程中装配件的输送方法及所需设备和工具,提出专用工、夹具的设计任务书,编制装配工艺规程文件等。装配工艺规程制订步骤和内容如下:

1. 熟悉和分析产品的装配图样及验收条件

1) 了解产品及部件的具体结构、装配技术要求和检查验收的内容及方法。

2) 审查产品的结构工艺性。

3) 研究设计人员所确定的装配方法,进行必要的装配尺寸链分析与计算。

2. 确定装配组织形式

根据产品的结构特点和生产纲领的不同,装配组织形式可采用固定式或移动式。

(1) 固定式装配　产品在固定工作地点进行装配。产品的所有零部件汇集在工作地附近。其特点是装配占地面积大,要求工人有较高的技术水平,装配周期长,装配效率低。因此,固定式装配适用于单件小批量生产。

(2) 移动式装配　将产品或部件置于装配线上,从一个工作地移到另一个工作地,在每个工作地重复完成固定的工序,使用专用设备和工、夹具。在装配线上实现流水作业,因而装配效率高。

移动式装配分为自由式移动装配和强制式移动装配。自由式移动装配是利用小车或托盘在辊道上自由移动。强制式移动又分为连续和间歇移动，是利用链式传送带进行的。移动式装配只适用于大批量生产。

3. 划分装配单元，确定装配顺序

为了利于组织平行和流水装配作业，应根据产品的结构特征和装配工艺特点，将产品分解为可以独立进行装配的单元，称为装配单元。装配单元包括零件、组件和部件，零件是组成产品的基本单元。

无论哪一级装配单元，都要选定某一零件或比它低一级的装配单元作为装配基准件。装配基准件一般是产品的基体或体积、重量较大，有足够支承面的主干零部件，应满足陆续装入零部件时的作业要求和稳定性要求；基准件补充加工量应尽量少，还应有利于装配过程的检测，工序间的传递输送和翻身、转位等作业。

在划分装配单元、确定装配基准件以后，即可安排装配顺序。安排装配顺序的原则是：

1）预处理工序先行。如前述去毛刺、清洗工序，还有防锈、防腐处理等应安排在前。

2）"从里到外"，使先装部分不致成为后续装配作业的障碍。

3）"由下而上"，保证重心始终稳定。

4）"先难后易"，因先装有较开阔的安装、调整、检测空间。

5）带强力、加温或补充加工的装配作业应尽量先行，以免影响后面工序的装配质量。

6）处于基准件同方位的装配工序或使用同一工装，或具有特殊环境要求的工序，尽可能集中连续安排，有利于提高装配生产率。

7）易燃、易碎或有毒物质、部件的安装，应尽量放在最后。

8）电线、各种管道安装必须安排在合适的工序。

9）及时安排检测工序，保证前行工序质量。

4. 划分装配工序

装配顺序确定以后，就可以将装配工艺过程划分为若干个工序。其主要工作包括以下步骤：

1）划分装配工序，确定工序内容。

2）制订工序装配质量要求与检测项目。

3）制定各工序施力、温升等操作规范。

4）选择装配工具和装备。

5）确定工时定额与平衡各工序的节拍。

6）确定产品检测和试验方法等。

5. 绘制装配单元系统图

装配单元系统图是表示从分散的零件如何依次装配成组件、部件以至成品的途径及其相互关系的程序。按照产品的复杂程度，为了表达清晰方便，可分别绘制产品装配系统图和部件装配系统图，甚至组件装配系统图，常见的表达方式如图6-50a、b所示。在装配单元系统图上加注必要的工艺说明，如焊接、配钻、配刮、冷压、热压和检验等，就形成装配工艺系统图。

6. 填写工艺文件

单件小批量生产仅要求填写装配工艺过程卡。中批量生产时，通常只需要填写装配工艺过程卡，对复杂产品则还需填写装配工序卡。大批大量生产时，不仅要求填写装配工艺过程卡，而且要填写装配工序卡，以便指导工人进行装配。装配工艺过程卡的格式见表6-12。

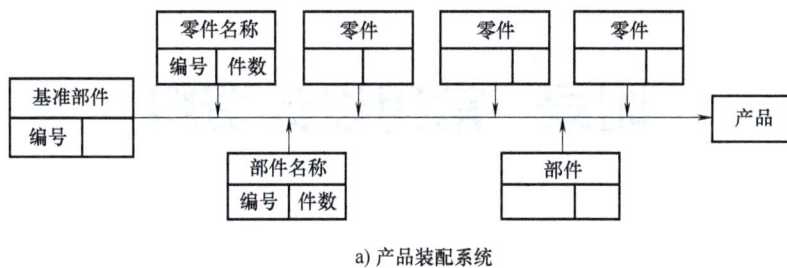

a) 产品装配系统

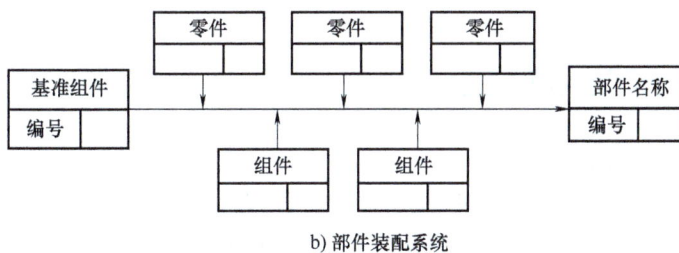

b) 部件装配系统

图 6-50 装配单元系统图

附录 常用设计资料

附录 A 毛坯余量与精度

1. 铸件尺寸公差与机械加工余量

1）铸件的尺寸公差（GB/T 6414—2017） 铸件尺寸公差的代号为 DCTG，公差等级（DCTG）分为 16 级，各级尺寸公差列于表 A-1。壁厚尺寸公差可以比一般尺寸的公差降一级，例如：图样上规定一般尺寸的公差等级为 DCTG10，则壁厚尺寸公差等级为 DCTG11。成批和大量生产铸件、小批和单件生产铸件的尺寸公差等级分别见表 A-2 和表 A-3。公差带应对称于铸件基本尺寸设置，有特殊要求时，也可采用非对称设置，但应在图样上注明。铸件公称尺寸是铸件图样上给定的尺寸，包括机械加工余量。

表 A-1 铸件尺寸公差（DCTG） （单位：mm）

公称尺寸		铸件尺寸公差等级（DCTG）及相应的线性尺寸公差值														
大于	至	1	2	3	4	5	6	7	8	9	10	11	12	13	14	15	16
—	10	0.09	0.13	0.18	0.26	0.36	0.52	0.74	1.0	1.5	2.0	2.8	4.2	—	—	—	—
10	16	0.1	0.14	0.2	0.28	0.38	0.54	0.78	1.2	1.6	2.2	3.0	4.4	—	—	—	—
16	25	0.11	0.15	0.22	0.30	0.42	0.58	0.82	1.2	1.7	2.4	3.2	4.6	6	8	10	12
25	40	0.12	0.17	0.24	0.32	0.46	0.64	0.90	1.3	1.8	2.6	3.6	5.0	7	9	11	14
40	63	0.13	0.18	0.26	0.36	0.50	0.70	1.0	1.4	2.0	2.8	4.0	5.6	8	10	12	16
63	100	0.14	0.20	0.28	0.40	0.56	0.78	1.1	1.6	2.2	3.2	4.4	6	9	11	14	18
100	160	0.15	0.22	0.30	0.44	0.62	0.88	1.2	1.8	2.5	3.6	5.0	7	10	12	16	20
160	250	—	0.24	0.34	0.50	0.70	1.0	1.4	2.0	2.8	4.0	5.6	8	11	14	18	22
250	400	—	—	0.4	0.56	0.78	1.1	1.6	2.2	3.2	4.4	6.2	9	12	16	20	25
400	630	—	—	—	0.64	0.90	1.2	1.8	2.6	3.6	5	7	10	14	18	22	28
630	1000	—	—	—	—	1.0	1.4	2.0	2.8	4.0	6	8	11	16	20	25	32
1000	1600	—	—	—	—	—	1.6	2.2	3.2	4.6	7	9	13	18	23	29	37
1600	2500	—	—	—	—	—	—	2.6	3.8	5.4	8	10	15	21	26	33	42
2500	4000	—	—	—	—	—	—	—	4.4	6.2	9	12	17	24	30	38	49
4000	6300	—	—	—	—	—	—	—	—	7.0	10	14	20	28	35	44	56
6300	10000	—	—	—	—	—	—	—	—	—	11	16	23	32	40	50	64

表 A-2 成批和大量生产的毛坯铸件的尺寸公差等级

铸造方法	铸件尺寸公差等级 DCTG								
	钢	灰铸铁	球墨铸铁	可锻铸铁	铜合金	锌合金	轻金属合金	镍基合金	钴基合金
砂型铸造手工造型	11～13	11～13	11～13	11～13	10～13	10～13	9～12	11～14	11～14

（续）

铸造方法	铸件尺寸公差等级 DCTG								
	钢	灰铸铁	球墨铸铁	可锻铸铁	铜合金	锌合金	轻金属合金	镍基合金	钴基合金
砂型铸造机器造型及壳型	8~12	8~12	8~12	8~12	8~10	8~10	7~9	8~12	8~12
金属型铸造低压铸造	—	8~10	8~10	8~10	8~10	7~9	7~9	—	—
压力铸造	—	—	—	—	6~8	4~6	4~7	—	—
熔模铸造　水玻璃	7~9	7~9	7~9	—	5~8	—	5~8	7~9	7~9
熔模铸造　硅溶液	4~6	4~6	4~6	—	4~6	—	4~6	4~6	4~6

表 A-3　小批和单件生产的毛坯铸件的尺寸公差等级

铸造方法	造型材料	铸件尺寸公差等级 DCTG							
		钢	灰铸铁	球墨铸铁	可锻铸铁	铜合金	轻金属合金	镍基合金	钴基合金
砂型铸造手工造型	黏土砂	13~15	13~15	13~15	13~15	13~15	11~13	13~15	13~15
砂型铸造手工造型	化学粘接剂砂	12~14	11~13	11~13	11~13	10~12	10~12	12~14	12~14

注：小于25mm的铸件公称尺寸，采用下述较精的尺寸公差：铸件公称尺寸小于等于10mm时，其精度等级提高3级；铸件公称尺寸大于10mm小于等于16mm时，其精度等级提高2级；铸件公称尺寸大于16mm小于等于25mm时，其公差等级提高1级。

2）铸铁件机械加工余量

① 铸铁件的机械加工余量等级（RMAG）共分10个等级，分别为 RMAG A~RMAG K。又按零件图的基本尺寸大小分成13个尺寸组。由于机械加工和制造工艺上的要求，允许挑选其他等级的加工余量，也允许在同一铸件某局部范围内挑选不同等级的加工余量，但都应当在有关图样和技术文件上注明。

② 砂型铸造（采用手工造型或机器造型）所生产的灰铸铁、球墨铸铁、耐热铸铁和耐蚀铸铁等铸件的机械加工余量及其等级选择见表 A-4 和表 A-5。

表 A-4　铸件的机械加工余量（摘自 GB/T 6414—2017）　　　　（单位：mm）

铸件公称尺寸		铸件的机械加工余量等级 RAMG 及对应的机械加工余量 RAM									
大于	至	A	B	C	D	E	F	G	H	J	K
—	40	0.1	0.1	0.2	0.3	0.4	0.5	0.5	0.7	1	1.4
40	63	0.1	0.2	0.3	0.3	0.4	0.5	0.7	1	1.4	2
63	100	0.2	0.3	0.4	0.5	0.7	1.0	1.4	2	2.8	4
100	160	0.3	0.4	0.5	0.8	1.1	1.5	2.2	3	4	6
160	250	0.3	0.5	0.7	1.0	1.4	2	2.8	4	5.5	8
250	400	0.4	0.7	0.9	1.3	1.4	2.5	3.5	5	7	10
400	630	0.5	0.8	1.1	1.5	2.2	3	4	6	9	12
630	1000	0.6	0.9	1.2	1.8	2.5	3.5	5	7	10	14

（续）

铸件公称尺寸		铸件的机械加工余量等级 RAMG 及对应的机械加工余量 RAM									
大于	至	A	B	C	D	E	F	G	H	J	K
1000	1600	0.7	1.0	1.4	2.0	2.8	4	5.5	8	11	16
1600	2500	0.8	1.1	1.6	2.2	3.2	4.5	6	9	14	18
2500	4000	0.9	1.3	1.8	2.5	3.5	5	7	10	14	20
4000	6300	1.0	1.4	2.0	2.8	4.0	5.5	8	11	16	22
6300	1000	1.1	1.5	2.2	3.0	4.5	6	9	12	17	24

注：等级 A 和等级 B 只用于特殊情况，如带有工装定位面、夹紧面和基准面的铸件。

表 A-5　铸件的机械加工余量等级选择（摘自 GB/T 6414—2017）

铸造方法	机械加工余量等级								
	铸件材料								
	钢	灰铸铁	球墨铸铁	可锻铸铁	铜合金	锌合金	轻金属合金	镍基合金	钴基合金
砂型铸造 手工铸造	G~J	F~H	F~H	F~H	F~H	F~H	F~H	G~K	G~K
砂型铸造 机器造型和壳型	F~H	E~G	E~G	E~G	E~G	E~G	E~G	F~H	F~H
金属型 （重力铸造和低压铸造）	—	D~F	D~F	D~F	D~F	D~F	D~F	—	—
压力铸造	—	—	—	—	B~D	B~D	B~D	—	—
熔模铸造	E	E	E	—	E	—	E	E	E

③ 铸孔的机械加工余量一般按浇注时位置处于顶面的机械加工余量选择，见表 A-6。

表 A-6　最小孔径尺寸　　　　　　　　　　（单位：mm）

铸造方法	成批生产	单件生产
砂型铸造	30	50
金属型铸造	10~20	—
压力铸造及熔模铸造	5~10	—

2. 锻件尺寸公差与机械加工余量

（1）锻件尺寸公差（GB/T 12362—2016）

1）范围。锻件尺寸公差适用于重量不大于 500kg，长度（最大尺寸）不大于 2500mm 的模锻锤、热模锻压力机、螺旋压力机和平锻机等锻压设备生产的结构钢模锻件。

2）尺寸公差。尺寸公差包括普通级和精密级。普通级公差适用于一般模锻工艺能够达到技术要求的锻件；精密级公差适用于有较高技术要求的锻件。精密级公差可用于某一锻件的全部尺寸，也可用于局部尺寸。

查找锻件尺寸公差时涉及的主要因素如下：

① 锻件质量 m_f：根据锻件图基本尺寸进行计算。

② 锻件形状复杂系数 S：锻件质量 m_f 与相应锻件外廓包容体质量 m_N 之比值，即

$$S = \frac{m_f}{m_N}$$

锻件外廓包容体质量 m_N 为以包容锻件最大轮廓的圆柱体或长方体作为实体的计算质量，钢材密度为 $7.85 g/cm^3$。

锻件形状复杂系数 S 分为 4 级（表 A-7）：S_1 级（简单）；$0.63 < S \leqslant 1$；S_2 级（一般）；$0.32 < S \leqslant 0.63$；S_3 级（较复杂）；$0.16 < S \leqslant 0.32$；S_4 级（复杂）；$0 < S \leqslant 0.16$。对薄形圆盘或法兰件，当圆盘厚度与直径之比 $t/d \leqslant 0.2$ 时，复杂系数 S 直接采用 S4 级。

表 A-7　锻件形状复杂系数 S 分级表

级别	S 数值范围	级别	S 数值范围
S_1 级（简单）	$0.63 < S \leqslant 1$	S_3 级（较复杂）	$0.16 < S \leqslant 0.32$
S_2 级（一般）	$0.32 < S \leqslant 0.63$	S_4 级（复杂）	$0 < S \leqslant 0.16$

③ 锻件材质系数 M（表 A-8），分为 M_1 和 M_2 两级：M_1 级，最高含碳量小于 0.65%（质量分数，余同）的碳钢或合金元素总含量小于 3.0% 的合金钢。M_2 级，最高含碳量大于或等于 0.65% 的碳素钢或合金元素总含量大于或等于 3.0% 的合金钢。

表 A-8　锻件材质系数

级别	钢的最高含碳量	合金钢的合金元素总含量
M_1	<0.65%	<3.0%
M_2	≥0.65%	≥3.0%

④ 零件表面粗糙度：适用于零件上不小于 $Ra1.6\mu m$ 的机械加工表面。查表加工余量时，若加工表面粗糙度值小于 $Ra1.6\mu m$，其加工余量要适当加大。

⑤ 长度、宽度和高度公差：指在分模线一侧同一块模具上沿长度、宽度方向上的尺寸公差。此类公差根据锻件基本尺寸、质量、形状复杂系数以及材质系数查表确定，当复杂系数为 S_1、S_2 级，且长度比小于 3.5 时，可按最大外形尺寸查表 A-7 确定为同一公差值。

⑥ 冲孔公差：按孔径尺寸由表 A-9 查得偏差算出总公差，上、下极限偏差按 +1/4 和 -3/4 比例分配。

⑦ 厚度公差：锻件所有厚度公差应一致。其偏差可按锻件最大厚度尺寸在表 A-10 查得。

⑧ 中心距尺寸公差：表 A-11 仅适用于平面直线分模，且在同一半模内的距离尺寸，下列情况不适用：直线分模，但在投影面上具有弯曲轴线的；具有落的曲线分模，由曲面连接的平面间凸部的中心距。

（2）锻件机械加工余量　锻件机械加工余量根据估算锻件质量、零件表面粗糙度及形状复杂系数由表 A-12、表 A-13 确定。对于扁薄截面或锻件相邻部位截面变化较大的部分应适当增大局部余量。

表 A-9　锻件的错差、残留飞边公差与基本尺寸的极限偏差（普通级）　　　　（单位：mm）

左侧参数栏（平行刻度）：

- **错差**：0.4　0.5　0.6　0.8　1.0　1.2　1.4　1.6　1.8　2.0　2.4　2.8
- **残留飞边公差**（分模线 平直或对称／非对称）：0.4　0.5　0.6　0.7　0.8　1.0　1.2　1.4　1.6　1.8　2.0　2.4　2.8　3.2
- **锻件质量/kg（大于～至）**：0～0.4，0.4～1.0，1.0～1.8，1.8～3.2，3.2～5.6，5.6～10.0，10.0～20.0，20.0～50.0，50.0～120.0，120.0～250.0，250.0～500.0
- **锻件材质系数**：M_1　M_2
- **形状复杂系数**：S_1　S_2　S_3　S_4

锻件基本尺寸——公差值及极限偏差：

锻件基本尺寸（大于～至）	0～30	30～80	80～120	120～180	180～315	315～500	500～800	800～1250	1250～2500
1.1	$1.1^{+0.8}_{-0.5}$								
1.2	$1.2^{+0.8}_{-0.4}$	$1.2^{+0.8}_{-0.4}$							
1.4	$1.4^{+0.9}_{-0.5}$	$1.4^{+1.0}_{-0.5}$	$1.4^{+0.9}_{-0.4}$						
1.6	$1.6^{+1.1}_{-0.5}$	$1.6^{+1.1}_{-0.5}$	$1.6^{+1.1}_{-0.5}$	$1.6^{+1.1}_{-0.5}$					
1.8	$1.8^{+1.2}_{-0.6}$	$1.8^{+1.2}_{-0.6}$	$1.8^{+1.2}_{-0.8}$	$1.8^{+1.2}_{-0.6}$	$1.8^{+1.2}_{-0.6}$				
2.0	$2.0^{+1.3}_{-0.7}$	$2.0^{+1.3}_{-0.7}$	$2.0^{+1.3}_{-0.7}$	$2.0^{+1.3}_{-0.7}$	$2.0^{+1.3}_{-0.7}$				
2.2	$2.2^{+1.5}_{-0.7}$	$2.2^{+1.5}_{-0.7}$	$2.2^{+1.95}_{-0.7}$	$2.2^{+1.5}_{-0.7}$	$2.2^{+1.5}_{-0.7}$	$2.2^{+1.4}_{-0.7}$			
2.5	$2.5^{+1.7}_{-0.8}$	$2.5^{+1.7}_{-0.8}$	$2.5^{+1.7}_{-0.8}$	$2.5^{+1.7}_{-0.8}$	$2.5^{+1.7}_{-0.8}$	$2.5^{+1.7}_{-0.8}$			
2.8	$2.8^{+1.9}_{-0.9}$	$2.8^{+1.8}_{-0.9}$	$2.8^{+1.9}_{-0.9}$	$2.8^{+1.9}_{-0.9}$	$2.8^{+1.9}_{-0.9}$	$2.8^{+1.9}_{-0.9}$	$2.8^{+1.9}_{-0.9}$		
3.2	$3.2^{+2.1}_{-1.1}$	$3.2^{+2.1}_{-1.1}$	$3.2^{+2.1}_{-1.1}$	$3.2^{+2.1}_{-1.1}$	$3.2^{+2.1}_{-1.1}$	$3.2^{+2.1}_{-1.1}$	$3.2^{+2.1}_{-1.1}$		
3.6	$3.6^{+2.4}_{-1.2}$	$3.6^{+2.4}_{-1.2}$	$3.6^{+2.4}_{-1.2}$	$3.6^{+2.4}_{-1.2}$	$3.6^{+2.4}_{-1.2}$	$3.6^{+2.4}_{-1.2}$	$3.6^{+2.4}_{-1.2}$	$3.6^{+2.4}_{-1.2}$	
4.0	$4.0^{+2.7}_{-1.3}$	$4.0^{+2.7}_{-1.3}$	$4.0^{+2.7}_{-1.3}$	$4.0^{+2.7}_{-1.3}$	$4.0^{+2.7}_{-1.3}$	$4.0^{+2.7}_{-1.5}$	$4.0^{+2.7}_{-1.5}$	$4.0^{+2.7}_{-1.3}$	
4.5		$4.5^{+3.0}_{-1.5}$	$4.5^{+3.0}_{-1.5}$	$4.5^{+3.0}_{-1.5}$	$4.5^{+3.0}_{-1.5}$	$4.5^{+3.0}_{-1.5}$	$4.5^{+3.0}_{-1.5}$	$4.5^{+3.0}_{-1.5}$	$4.5^{+3.0}_{-1.5}$
5.0		$5.0^{+3.5}_{-1.7}$	$5.0^{+3.3}_{-1.7}$	$5.0^{+3.0}_{-1.7}$	$5.0^{+3.0}_{-1.7}$	$5.0^{+3.3}_{-1.7}$	$5.0^{+3.0}_{-1.7}$	$5.0^{+3.0}_{-1.7}$	$5.0^{+3.3}_{-1.7}$
5.6			$5.6^{+3.1}_{-1.6}$	$5.6^{+3.7}_{-1.9}$	$5.6^{+3.7}_{-1.9}$	$5.6^{+3.7}_{-1.9}$	$5.6^{+3.7}_{-1.9}$	$5.6^{+3.7}_{-1.9}$	$5.6^{+3.7}_{-1.9}$
6.3			$6.3^{+4.2}_{-2.1}$	$6.3^{+4.2}_{-2.1}$	$6.3^{+4.2}_{-2.1}$	$6.3^{+4.2}_{-2.1}$	$6.3^{+4.2}_{-2.1}$	$6.3^{+4.2}_{-2.1}$	$6.3^{+3.9}_{-2.1}$
7.0			$7.0^{+4.7}_{-2.1}$	$7.0^{+4.7}_{-2.3}$	$7.0^{+4.7}_{-2.3}$	$7.0^{+4.7}_{-2.3}$	$7.0^{+4.7}_{-2.3}$	$7.0^{+4.7}_{-2.3}$	$7.0^{+4.2}_{-2.1}$
8.0			$8.0^{+5.4}_{-2.7}$	$8.0^{+5.3}_{-2.7}$	$8.0^{+5.3}_{-2.7}$	$8.0^{+5.3}_{-2.7}$	$8.0^{+5.3}_{-2.7}$	$8.0^{+5.3}_{-2.7}$	$8.0^{+5.3}_{-2.7}$
9.0				$9.0^{+6.0}_{-3.0}$	$9.0^{+6.0}_{-3.0}$	$9.0^{+6.0}_{-3.0}$	$9.0^{+6.0}_{-3.0}$	$9.0^{+6.0}_{-3.0}$	$9.0^{+6.0}_{-3.0}$
10.0					$10.0^{+6.7}_{-3.3}$	$10.0^{+6.7}_{-3.3}$	$10.0^{+6.7}_{-3.3}$	$10.0^{+6.7}_{-3.3}$	$10.0^{+7.0}_{-3.5}$
11.0					$11.0^{+7.3}_{-3.7}$	$11.0^{+7.3}_{-3.7}$	$11.0^{+7.3}_{-3.7}$	$11.0^{+7.3}_{-3.7}$	$11.0^{+7.4}_{-3.7}$
12.0						$12.0^{+8.0}_{-4.0}$	$12.0^{+8.0}_{-4.0}$	$12.0^{+8.0}_{-4.0}$	$12.0^{+8.0}_{-4.0}$
13.0								$13.0^{+8.7}_{-4.3}$	$13.0^{+8.7}_{-4.3}$
14.0									$14.0^{+9.3}_{-4.7}$

注：
1. 锻件的高度或台阶尺寸及中心到边缘尺寸公差按±1/2的比例分配，长度、宽度尺寸的上、下偏差按+2/3、-1/3比例分配。
2. 内表面尺寸的允许偏差，其正负偏差与表中相反。
3. 锻件质量6kg，材质系数为M_1，形状复杂系数为S_2，尺寸为160mm，平直分模线时各类公差查表法。

表 A-10　模锻件厚度、顶料杆压痕公差及允许偏差（普通级）　　　　　　　　　　　　　　　　　（单位：mm）

顶料杆压痕		锻件质量/kg		锻件材质系数		形状复杂系数				锻件基本尺寸						
+（凸）	-（凹）	大于	至	M_1	M_2	S_1	S_2	S_3	S_4	大于 0 至 18	18 / 30	30 / 50	50 / 80	80 / 120	120 / 180	180 / 315
										公差值及极限偏差						
0.8	0.4	0	0.4							$1.0^{+0.8}_{-0.3}$	$1.1^{+0.8}_{-0.3}$	$1.2^{+0.9}_{-0.3}$	$1.4^{+1.0}_{-0.4}$	$1.6^{+1.2}_{-0.4}$	$1.8^{+1.4}_{-0.4}$	$2.0^{+1.8}_{-0.5}$
1.0	0.5	0.4	1.0							$1.1^{+0.8}_{-0.3}$	$1.2^{+0.6}_{-0.3}$	$1.4^{+1.0}_{-0.4}$	$1.6^{+1.2}_{-0.1}$	$1.8^{+1.4}_{-0.1}$	$2.0^{+1.5}_{-0.5}$	$2.2^{+1.7}_{-0.6}$
1.2	0.6	1.0	1.8							$1.2^{+0.9}_{-0.3}$	$1.4^{+1.0}_{-0.4}$	$1.6^{+1.2}_{-0.4}$	$1.8^{+1.4}_{-0.4}$	$2.0^{+1.1}_{-0.5}$	$2.2^{+1.7}_{-0.5}$	$2.5^{+1.9}_{-0.6}$
1.5	0.8	1.8	3.2							$1.4^{+1.0}_{-0.4}$	$1.6^{+1.2}_{-0.4}$	$1.8^{+1.4}_{-0.4}$	$2.0^{+1.5}_{-0.4}$	$2.2^{+1.7}_{-0.5}$	$2.5^{+1.9}_{-0.6}$	$2.8^{+2.1}_{-0.7}$
1.8	0.9	3.2	5.6							$1.6^{+1.2}_{-0.4}$	$1.8^{+1.4}_{-0.4}$	$2.0^{+1.5}_{-0.5}$	$2.2^{+1.7}_{-0.5}$	$2.5^{+1.9}_{-0.6}$	$2.8^{+2.1}_{-0.7}$	$3.2^{+2.4}_{-0.8}$
2.2	1.2	5.6	10.0							$1.8^{+1.4}_{-0.4}$	$2.0^{+1.6}_{-0.5}$	$2.2^{+1.7}_{-0.5}$	$2.5^{+1.9}_{-0.6}$	$2.8^{+2.1}_{-0.7}$	$3.2^{+2.4}_{-0.8}$	$3.6^{+2.7}_{-0.9}$
2.8	1.5	10.0	20.0							$2.0^{+1.5}_{-0.5}$	$2.2^{+1.7}_{-0.5}$	$2.5^{+1.9}_{-0.6}$	$2.8^{+2.1}_{-0.7}$	$3.2^{+2.4}_{-0.8}$	$3.6^{+2.7}_{-0.9}$	$4.0^{+3.0}_{-1.0}$
3.5	2.0	20.0	50.0							$2.2^{+1.7}_{-0.6}$	$2.5^{+1.9}_{-0.6}$	$2.8^{+2.1}_{-0.7}$	$3.2^{+2.4}_{-0.8}$	$3.6^{+2.7}_{-0.9}$	$4.0^{+3.0}_{-1.6}$	$4.5^{+2.4}_{-1.1}$
4.5	2.5	50.0	120.0							$2.5^{+1.0}_{-0.6}$	$2.8^{+2.1}_{-0.7}$	$3.2^{+2.1}_{-0.8}$	$3.6^{+2.7}_{-0.9}$	$4.0^{+3.0}_{-1.0}$	$4.5^{+3.4}_{-1.1}$	$5.0^{+3.8}_{-1.2}$
6.0	3.0	120.0	250.0							$2.8^{+2.1}_{-0.7}$	$3.2^{+2.4}_{-0.8}$	$3.6^{+2.7}_{-0.9}$	$4.0^{+3.0}_{-1.0}$	$4.5^{+3.4}_{-1.1}$	$5.0^{+4.8}_{-1.2}$	$5.6^{+4.2}_{-1.4}$
8.0	3.6	250.0	500.0							$3.2^{+2.4}_{-0.8}$	$3.6^{+2.7}_{-0.9}$	$4.0^{+3.0}_{-1.0}$	$4.5^{+2.4}_{-1.3}$	$5.0^{+3.6}_{-1.2}$	$5.6^{+4.2}_{-1.4}$	$6.3^{+4.8}_{-1.0}$
										$3.6^{+2.7}_{-0.9}$	$4.0^{+3.0}_{-1.0}$	$4.5^{+3.4}_{-1.0}$	$5.0^{+3.8}_{-1.2}$	$5.6^{+4.2}_{-1.5}$	$6.3^{+4.8}_{-1.5}$	$7.0^{+5.8}_{-1.7}$
										$4.0^{+3.0}_{-1.0}$	$4.5^{+3.4}_{-1.1}$	$5.0^{+3.8}_{-1.2}$	$5.6^{+4.3}_{-1.1}$	$6.3^{+4.8}_{-1.5}$	$7.0^{+5.3}_{-1.7}$	$8.0^{+6.0}_{-2.0}$
										$4.5^{+3.4}_{-1.1}$	$5.0^{+3.6}_{-1.2}$	$5.6^{+4.2}_{-1.4}$	$6.3^{+4.6}_{-1.5}$	$7.0^{+5.3}_{-1.7}$	$8.0^{+6.0}_{-3.0}$	$9.0^{+6.6}_{-2.2}$
										$5.0^{+3.8}_{-1.2}$	$5.6^{+4.2}_{-1.4}$	$6.3^{+4.8}_{-1.4}$	$7.0^{+5.3}_{-1.2}$	$8.0^{+6.0}_{-2.0}$	$9.0^{+6.6}_{-2.2}$	$10.0^{+7.5}_{-2.0}$
										$5.6^{+4.2}_{-1.4}$	$6.3^{+4.6}_{-1.5}$	$7.0^{+5.3}_{-1.7}$	$8.0^{+6.0}_{-2.0}$	$9.0^{+6.5}_{-2.2}$	$10.0^{+7.5}_{-3.6}$	$11.0^{+8.3}_{-2.7}$

注：1. 上、下偏差按 +3/4、-1/4 比例分配，若有需要也可按 +2/3、-1/3 比例分配。
2. 锻件质量 3kg，材质系数为 M_1，形状复杂系数为 S_3，最大厚度尺寸为 45mm 时各类公差查法。

表 A-11　锻件的中心距尺寸公差　　（单位：mm）

中心距	大于	0	30	80	120	180	250	315	400	500	630	800	1000	1250	1600	2000
	至	30	80	120	180	250	315	400	500	630	800	1000	1250	1600	2000	2500

一般锻件
有一道校正或精压工序
同时有校正及精压工序

极限偏差	普通级	±0.3	±0.3	±0.4	±0.5	±0.6	±0.8	±1.0	±1.2	±1.6	±2.0	±2.5	±3.2	±4.0	±5.0	±6.0
	精密级	±0.25	±0.25	±0.3	±0.4	±0.5	±0.6	±0.8	±1.0	±1.2	±1.6	±2.0	±2.5	±3.2	±4.0	±5.0

注：当锻件中心距尺寸为 300mm，有一道校正或精压工序，查得中心距极限偏差为普通级 ±1.0mm，精密级 ±0.8mm。

表 A-12　锻件内外表面加工余量　　（单位：mm）

锻件质量 /kg		零件表面粗糙度 Ra /μm		形状复杂系数 $S_1 S_2 S_3 S_4$	单边余量							
					厚度方向	水平方向						
大于	至	≥1.6	<1.6			0	315	400	630	800	1250	1600
						315	400	630	800	1250	1600	2500
0	0.4				1.0~1.5	1.0~1.5	1.5~2.0	2.0~2.5	—	—	—	—
0.4	1.0				1.5~2.0	1.5~2.0	1.5~2.0	2.0~2.5	2.0~3.0	—	—	—
1.0	1.8				1.5~2.0	1.5~2.0	1.5~2.0	2.0~2.7	2.0~3.0	—	—	—
1.8	3.2				1.7~2.2	1.7~2.2	2.0~2.5	2.0~2.7	2.0~3.0	2.5~3.5	—	—
3.2	5.6				1.7~2.2	1.7~2.2	2.0~2.5	2.0~2.7	2.5~3.5	2.5~4.0	—	—
5.6	10.0				2.0~2.5	2.0~2.5	2.0~2.5	2.3~3.0	2.5~3.5	2.7~4.0	3.0~4.5	—
10.0	20.0				2.0~2.5	2.0~2.5	2.0~2.7	2.3~3.0	2.5~3.5	2.7~4.0	3.0~4.5	—
20.0	50.0				2.3~3.0	2.3~3.0	2.5~3.0	2.5~3.5	2.7~4.0	3.0~4.5	3.0~4.5	—
50.0	120.0				2.5~3.2	2.5~3.2	2.5~3.5	2.7~3.5	2.7~4.0	3.0~4.5	3.5~4.5	4.0~5.5
120.0	250.0				3.0~4.0	2.5~3.5	2.5~3.5	2.7~4.0	3.0~4.5	3.0~4.5	3.5~4.5	4.0~5.5
250.0	500.0				3.5~4.5	2.7~4.0	2.7~3.5	3.0~4.5	3.0~4.5	3.0~5.0	4.0~5.0	4.5~6.0
					4.0~5.5	2.7~4.0	3.0~4.5	3.0~4.5	3.5~4.5	3.5~5.0	3.0~5.5	4.5~6.0
					4.5~6.5	3.0~4.0	3.0~4.5	3.5~4.5	3.5~5.0	4.0~5.0	4.5~6.0	5.0~6.5

注：当锻件质量 3kg，零件表面粗糙度值为 $Ra3.2$μm，形状复杂系数为 S_3，长度为 480mm 时，查出该锻件余量是：厚度方向为 1.7~2.2mm，水平方向为 2.0~2.7mm。

表 A-13　锻件内孔直径的单面机械加工余量　　（单位：mm）

孔径		孔深					
大于	至	大于	0	63	100	140	200
		至	63	100	140	200	280
—	25		2.0	—	—	—	—
25	40		2.0	2.6	—	—	—
40	63		2.0	2.6	3.0	—	—

（续）

孔径		孔深				
大于	至	大于 至	0 63	63 100	100 140	140 200	200 280
63	100	2.5	3.0	3.0	4.0	—
100	160	2.6	3.0	3.4	4.0	4.6
160	250	3.0	3.0	3.4	4.0	4.6
250	—	3.4	—	4.0	4.6	5.2

3. 轧制件

轧制件尺寸及允许偏差（GB/T 702—2017）见表 A-14 和表 A-15。

表 A-14 热轧圆钢和方钢的尺寸允许偏差 （单位：mm）

截面公称尺寸 （圆钢直径或方钢边长）	尺寸允许偏差		
	1 组	2 组	3 组
>5.5~20	±0.25	±0.35	±0.40
>20~30	±0.30	±0.40	±0.50
>30~50	±0.40	±0.50	±0.60
>50~80	±0.60	±0.70	±0.80
>80~110	±0.90	±1.0	±1.1
>110~150	±1.2	±1.3	±1.4
>150~200	±1.6	±1.8	±2.0
>200~280	±2.0	±2.2	±3.0
>280~310	±2.0	±3.0	±4.0

表 A-15 一般用途热轧扁钢的尺寸允许偏差 （单位：mm）

宽度(b)			厚度(t)		
公称尺寸	尺寸允许偏差		公称尺寸	尺寸允许偏差	
	1 组	2 组		1 组	2 组
10~50	+0.3 -0.9	+0.5 -1.0	3~16	+0.2 -0.4	+0.3 -0.5
>50~75	+0.4 -1.2	+0.6 -1.3			
>75~100	+0.7 -1.7	+0.9 -1.8	>16~60	+1.0%t -2.5%t	+1.5%t -3.0%t
>100~150	+0.8%b -1.8%b	+1.0%b -2.0%b			
>150~200	供需双方协商				
在同一截面任意两点测量的厚度差不得大于厚度公差的50%					

附录 B　各种加工方法的经济精度及表面粗糙度

典型表面加工的经济精度和表面粗糙度（表 B-1～表 B-6）

表 B-1　外圆表面加工方法

序号	加工方法	公差等级（IT）	表面粗糙度 $Ra/\mu m$	适用范围
1	粗车	11～13	50～12.5	适用于淬火钢以外的各种金属
2	粗车—半精车	8～10	6.3～3.2	
3	粗车—半精车—精车	6～7	1.6～0.8	
4	粗车—半精车—精车—滚压（或抛光）	5～6	0.2～0.025	
5	粗车—半精车—磨削	6～7	0.8～0.4	适用于淬火钢、未淬火钢或铸铁
6	粗车—半精车—粗磨—精磨	5～6	0.4～0.1	
7	粗车—半精车—粗磨—精磨—超精加工	5～6	0.1～0.012	
8	粗车—半精车—粗磨—精磨—超精磨（或镜面磨）	5级以上	0.025～0.006	
9	粗车—半精车—精车—精磨—研磨	5级以上	<0.1	
10	粗车—半精车—精车—金刚石车	5～6	0.2～0.025	适用于有色金属

表 B-2　孔加工方法

序号	加工方法	经济公差等级（IT）	表面粗糙度 $Ra/\mu m$	适用范围
1	钻	11～13	12.5	加工未淬硬钢及铸铁的实心毛坯，也可用于加工有色金属（但 Ra 较大），孔径<15～20mm
2	钻—铰	8～10	6.3～1.6	
3	钻—粗铰—精铰	7～8	1.6～0.8	
4	钻—扩	10～11	12.5～6.3	同上，但孔径>20mm
5	钻—扩—铰	8～9	3.2～1.6	
6	钻—扩—粗铰—精铰	7	1.6～0.8	
7	钻—扩—机铰—手铰	6～7	0.4～0.1	
8	钻—(扩)—拉（或推）	7～9	1.6～0.1	大批大量生产，小零件的通孔
9	粗镗（扩孔）	11～13	12.5～6.3	未淬硬钢，铸件毛坯有铸孔或锻孔
10	粗镗（粗扩）—半精镗（精扩）	9～10	3.2～1.6	
11	粗镗（扩）—半精镗（精扩）—精镗（铰）	7～8	1.6～0.8	
12	粗镗（扩）—半精镗（精扩）—精镗—浮动镗刀块精镗	6～7	0.8～0.4	
13	粗镗（扩）—半精镗—磨孔	6～7	0.8～0.2	淬火钢或非淬火钢
14	粗镗（扩）—半精镗—粗磨—精磨	6～7	0.2～0.1	
15	粗镗—半精镗—精镗—金刚镗	6～7	0.4～0.05	有色金属

（续）

序号	加工方法	经济公差等级（IT）	表面粗糙度 $Ra/\mu m$	适用范围
16	钻—扩—粗铰—精铰—珩磨 钻—（扩）—拉—珩磨 粗镗—半精镗—精镗—珩磨	6~7	0.2~0.025	黑色金属高精度大孔的加工
17	以研磨代替上述方法的珩磨	5~6	<0.1	
18	钻（粗镗）—扩（半精镗）—精镗—金刚镗—脉冲滚挤	6~7	0.1	有色金属及铸件上的小孔

表 B-3　平面加工方法

序号	加工方法	经济公差等级（IT）	表面粗糙度 $Ra/\mu m$	适用范围
1	粗车	11~13	50~12.5	未淬火钢、铸件、有色金属
2	粗车—半精车	8~9	6.3~3.2	
3	粗车—半精车—精车	6~7	1.6~0.8	
4	粗车—半精车—磨削	7~9	0.8~0.2	钢、铸铁端面加工
5	粗铣（粗刨）	11~13	12.5~6.3	不淬硬的平面
6	粗铣（粗刨）—精铣（精刨）	8~10	6.3~1.6	
7	粗铣（粗刨）—半精铣（半精刨）—精铣（精刨）	7~8	3.2~1.6	
8	粗铣—拉	6~9	0.8~0.2	大量生产未淬硬的小平面
9	粗刨（粗铣）—精刨（精铣）—宽刃刀精刨	6~7	0.8~0.2	未淬硬钢、铸件、有色金属
10	粗刨（粗铣）—半精刨（半精铣）—精刨（精铣）—宽刃刀低速精刨	5	0.8~0.2	
11	粗刨（粗铣）—精刨（精铣）—刮研	5~6	0.8~0.1	未淬硬钢、铸件、有色金属
12	粗刨（粗铣）—半精刨（半精铣）—精刨（精铣）—刮研			
13	粗刨（粗铣）—精刨（精铣）—磨削	6~7	0.8~0.2	淬硬或未淬硬黑色金属
14	粗刨（粗铣）—半精刨（半精铣）—精刨（精铣）—磨削	5~6	0.4~0.2	
15	粗铣—精铣—磨削—研磨	5级以上	0.006~0.1	

表 B-4　齿轮、花键加工的表面粗糙度

加工方法	表面粗糙度 $Ra/\mu m$	加工方法	表面粗糙度 $Ra/\mu m$
粗滚	3.2~1.6	拉	3.2~1.6
精滚	1.6~0.8	剃	0.8~0.2
精插	1.6~0.8	磨	0.8~0.1
精刨	3.2~0.8	研	0.4~0.2
热扎	0.8~0.4	冷扎	0.2~0.1

表 B-5　热处理工序的安排

热处理种类名称	预备热处理	表面处理	时效处理	最终热处理	
	退火、正火、调质等	电镀、涂层、发蓝、氧化等	人工时效自然时效	淬火、淬火回火、渗碳、冰冷处理	氧化
热处理目的	改善材料加工性能	提高表面耐磨性、耐蚀性、美观	消除内应力	提高材料硬度和耐磨性	
热处理工序安排	机械加工之前	—	粗加工前或后	半精加工之后精加工之前	精加工之后

表 B-6　标准公差值（GB/T 1800.2—2020）

公称尺寸/mm		标准公差等级																			
		IT01	IT0	IT1	IT2	IT3	IT4	IT5	IT6	IT7	IT8	IT9	IT10	IT11	IT12	IT13	IT14	IT15	IT16	IT17	IT18
大于	至	标准公差值																			
		μm												mm							
—	3	0.3	0.5	0.8	1.2	2	3	4	6	10	14	25	40	60	0.1	0.14	0.25	0.4	0.6	1	1.4
3	6	0.4	0.6	1	1.5	2.5	4	5	8	12	18	30	48	75	0.12	0.18	0.3	0.48	0.75	1.2	1.8
6	10	0.4	0.6	1	1.5	2.5	4	6	9	15	22	36	58	90	0.15	0.22	0.36	0.58	0.9	1.5	2.2
10	18	0.5	0.8	1.2	2	3	5	8	11	18	27	43	70	110	0.18	0.27	0.43	0.7	1.1	1.8	2.7
18	30	0.6	1	1.5	2.5	4	6	9	13	21	33	52	84	130	0.21	0.33	0.52	0.84	1.3	2.1	3.3
30	50	0.6	1	1.5	2.5	4	7	11	16	25	39	62	100	160	0.25	0.39	0.62	1	1.6	2.5	3.9
50	80	0.8	1.2	2	3	5	8	13	19	30	46	74	120	190	0.3	0.46	0.74	1.2	1.9	3	4.6
80	120	1	1.5	2.5	4	6	10	15	22	35	54	87	140	220	0.35	0.54	0.87	1.4	2.2	3.5	5.4
120	180	1.2	2	3.5	5	8	12	18	25	40	63	100	160	250	0.4	0.63	1	1.6	2.5	4	6.3
180	250	2	3	4.5	7	10	14	20	29	46	72	115	185	280	0.46	0.72	1.15	1.85	2.9	4.6	7.2
250	315	2.5	4	6	8	12	16	22	32	52	81	130	210	320	0.52	0.81	1.3	2.1	3.2	5.2	8.1
315	400	3	5	7	9	13	18	25	36	57	89	140	230	360	0.57	0.89	1.4	2.3	3.6	5.7	8.9
400	500	4	6	8	10	15	20	27	40	63	97	155	250	400	0.63	0.97	1.55	2.5	4	6.3	9.7
500	630	—	—	9	11	16	22	32	44	70	110	175	280	440	0.7	1.1	1.75	2.8	4.4	7	11
630	800	—	—	10	13	18	25	36	50	80	125	200	320	500	0.8	1.25	2	3.2	5	8	12.5
800	1000	—	—	11	15	21	28	40	56	90	140	230	360	560	0.9	1.4	2.3	3.6	5.6	9	14
1000	1250	—	—	13	18	24	33	47	66	105	165	260	420	660	1.05	1.65	2.6	4.2	6.6	10.5	16.5
1250	1600	—	—	15	21	29	39	55	78	125	195	310	500	780	1.25	1.95	3.1	5	7.8	12.5	19.5
1600	2000	—	—	18	25	35	46	65	92	150	230	370	600	920	1.5	2.3	3.7	6	9.2	15	23
2000	2500	—	—	22	30	41	55	78	110	175	280	440	700	1100	1.75	2.8	4.4	7	11	17.5	28
2500	3150	—	—	26	36	50	68	96	135	210	330	540	860	1350	2.1	3.3	5.4	8.6	13.5	21	33

附录 C　工序加工余量的确定

1. 轴的加工余量（表 C-1～表 C-6）

表 C-1　轴的折算长度（确定半精车及磨削加工余量）

光轴	台阶轴	
(1) 取 L=l	(2) 取 L=l	(3) 取 L=2l
(4) 取 L=2l	(5) 取 L=2l	

注：轴类零件的加工中受力变形与其长度和装夹方式（顶尖或卡盘）有关。轴的折算长度可分为表中五种情形。(1)、(2)、(3) 轴件装在顶尖间或装在卡盘与顶尖间，相当于简支梁。其中 (2) 为加工轴的中段。(3) 为加工轴的边缘（靠近端部的两段），轴的折算长度 L 是轴的端部到加工部分最远一端距离的 2 倍。(4)、(5) 轴件仅一端夹紧在卡盘内，相当于悬臂梁，其折算长度是卡盘端面到加工部分最远一端之间距离的 2 倍。

表 C-2　粗车及半精车外圆加工余量及偏差　（单位：mm）

零件公称尺寸	直径加工余量						直径偏差	
	经或未经热处理零件的粗车		半精车				荒车(h14)	粗车(h12～h13)
			未经热处理		经热处理			
	折算长度							
	≤200	>200～400	≤200	>200～400	≤200	>200～400		
3～6	—	—	0.5		0.8	—	−0.30	−0.12～−0.18
>6～10	1.5	1.7	0.8	1.0	1.0	1.3	−0.36	−0.15～−0.22
>10～18	1.5	1.7	1.0	1.3	1.3	1.5	−0.43	−0.18～−0.27
>18～30	2.0	2.2	1.3	1.3	1.3	1.5	−0.52	−0.21～−0.33
>30～50	2.0	2.2	1.4	1.5	1.5	1.9	−0.62	−0.25～−0.39
>50～80	2.3	2.5	1.5	1.8	1.8	2.0	−0.74	−0.30～−0.54
>80～120	2.5	2.8	1.5	1.8	1.8	2.0	−0.87	−0.35～−0.54
>120～180	2.5	2.8	1.8	2.0	2.0	2.3	−1.00	−0.40～−0.63
>180～250	2.8	3.0	2.0	2.3	2.3	2.5	−1.15	−0.46～−0.72
>250～315	3.0	3.3	2.0	2.3	2.3	2.5	−1.30	−0.52～−0.81

注：加工带凸台的零件时，其加工余量要根据零件的最大直径来确定。

表 C-3　半精车后磨外圆加工余量及偏差　　（单位：mm）

零件基本尺寸	直径加工余量										直径偏差	
	第一种		第二种				第三种				第一种磨削前半精车或第三种粗磨（h10~h11）	第二种粗磨（h8~h9）
	经或未经热处理零件的终磨		热处理后				热处理前粗磨		热处理后半精磨			
			粗磨		半精磨							
	折算长度											
	≤200	>200~400	≤200	>200~400	≤200	>200~400	≤200	>200~400	≤200	>200~400		
3~6	0.15	0.20	0.10	0.12	0.05	0.08	—	—	—	—	−0.048~ −0.075	−0.018~ −0.030
>6~10	0.20	0.30	0.12	0.20	0.08	0.10	0.12	0.20	0.20	0.30	−0.058~ −0.090	−0.022~ −0.036
>10~18	0.20	0.30	0.12	0.20	0.08	0.10	0.12	0.20	0.20	0.30	−0.070~ −0.110	−0.027~ −0.043
>18~30	0.20	0.30	0.12	0.20	0.08	0.10	0.12	0.20	0.20	0.30	−0.084~ −0.130	−0.033~ −0.052
>30~50	0.30	0.40	0.20	0.25	0.10	0.15	0.20	0.25	0.30	0.40	−0.100~ −0.160	−0.039~ −0.062
>50~80	0.40	0.50	0.25	0.30	0.15	0.20	0.25	0.30	0.40	0.50	−0.120~ −0.190	−0.064~ −0.074
>80~120	0.40	0.50	0.25	0.30	0.15	0.20	0.25	0.30	0.40	0.50	−0.140~ −0.220	−0.054~ −0.087
>120~180	0.50	0.80	0.30	0.50	0.20	0.30	0.30	0.50	0.50	0.80	−0.160~ −0.250	−0.063~ −0.100
>180~250	0.50	0.80	0.30	0.50	0.20	0.30	0.30	0.50	0.50	0.80	−0.185~ −0.290	−0.072~ −0.115
>250~315	0.50	0.80	0.30	0.50	0.20	0.30	0.30	0.50	0.50	0.80	−0.210~ −0.320	−0.081~ −0.130

表 C-4　用金钢石刀精车外圆加工余量及偏差　　（单位：mm）

零件材料	零件基本尺寸	直径加工余量
轻合金	≤100	0.3
	>100	0.5
青铜及铸铁	≤100	0.3
	>100	0.4
钢	≤100	0.2
	>100	0.3

表 C-5　半精车轴端面加工余量及偏差　　　　（单位：mm）

零件长度（全长）	端面最大余量					粗车端面尺寸偏差（IT12-IT13）
	≤30	>30~120	>120~260	>260~500	>500	
	端面余量					
≤10	0.5	0.6	1.0	1.2	1.4	−0.15~−0.22
>10~18	0.5	0.7	1.0	1.2	1.4	−0.18~−0.27
>18~30	0.6	1.0	1.2	1.3	1.5	−0.21~−0.33
>30~50	0.6	1.0	1.2	1.3	1.5	−0.25~−0.39
>50~80	0.7	1.0	1.3	1.5	1.7	−0.30~−0.46
>80~120	1.0	1.0	1.3	1.5	1.7	−0.35~−0.54
>12~180	1.0	1.3	1.5	1.74	1.8	−0.40~−0.63
>18~250	1.0	1.3	1.5	1.7	1.8	−0.46~−0.72
>25~500	1.2	1.4	1.5	1.7	1.8	−0.52~−0.97
>500	1.4	1.5	1.7	1.8	2.0	−0.70~−1.10

注：1. 加工有台阶的轴时，每台阶的加工余量应根据该台阶的直径及零件全长分别选用。

　　2. 表中余量指单边余量，偏差指长度偏差。

　　3. 加工余量及偏差使用于经热处理及未经热处理的零件。

表 C-6　磨轴端面加工加工余量及偏差　　　　（单位：mm）

零件长度	端面最大余量					半精车车端面尺寸偏差（IT11）
	≤30	>30~120	>120~260	>260~500	>500	
	端面余量					
≤10	0.2	0.2	0.3	0.4	0.6	−0.09
>10~18	0.2	0.3	0.3	0.4	0.6	−0.11
>18~30	0.2	0.3	0.3	0.4	0.6	−0.13
>30~50	0.2	0.3	0.3	0.4	0.6	−0.16
>50~80	0.3	0.3	0.4	0.5	0.6	−0.19
>80~120	0.3	0.3	0.5	0.5	0.6	−0.22
>120~180	0.3	0.4	0.5	0.6	0.7	−0.25
>180~250	0.3	0.4	0.5	0.6	0.7	−0.29
>250~500	0.4	0.5	0.6	0.7	0.8	−0.40
>500	0.5	0.6	0.7	0.7	0.8	−0.44

注：1. 加工有台阶的轴时，每台阶的加工余量应根据该台阶的直径及零件全长分别选用。

　　2. 表中余量指单边余量，偏差指长度偏差。

　　3. 加工余量及偏差用于经热处理及未经热处理的零件。

2. 孔、槽的加工余量（表 C-7～表 C-9）

表 C-7 基孔制 7、8 级精度（H7、H8）孔的加工　　　　（单位：mm）

加工孔的孔径	直径					加工孔的孔径	直径				
	钻		用车刀镗以后	扩孔钻	粗铰	精铰（H7、H8、H9）		钻		用车刀镗以后	扩孔钻	粗铰	精铰（H7、H8、H9）
	第一次	第二次						第一次	第二次				
3	2.9	—	—	—	—	3H7	30	15.0	28	29.8	29.8	29.93	30H7
4	3.9	—	—	—	—	4H7	32	15.0	30.0	31.7	31.75	31.93	32H7
5	4.8	—	—	—	—	5H7	35	20.0	33.0	34.7	34.75	34.93	35H7
6	5.8	—	—	—	—	6H7	38	20.0	36.0	37.7	37.75	37.93	38H7
8	7.8	—	—	—	7.96	8H7	40	25.0	38.0	39.7	39.75	39.93	40H7
10	9.8	—	—	—	9.96	10H7	42	25.0	40.0	41.7	41.75	41.93	42H7
12	11.0	—	—	11.85	11.95	12H7	45	25.0	43.0	44.7	44.75	44.93	45H7
13	12.0	—	—	12.85	12.95	13H7	48	25.0	46.0	47.7	47.75	47.93	48H7
14	13.0	—	—	13.85	13.95	14H7	50	25.0	48.0	49.7	49.75	49.93	50H7
15	14.0	—	—	14.85	14.95	15H7	60	30	55.0	59.5	59.5	59.9	60H7
16	15.0	—	—	15.85	15.95	16H7	70	30	65.0	69.5	69.5	69.9	70H7
18	17.0	—	—	17.85	17.94	18H7	80	30	75.0	79.5	79.5	79.9	80H7
20	18.0	—	19.8	19.8	19.94	20H7	90	30	80.0	89.5	—	89.9	90H7
22	20	—	21.8	21.8	21.94	22H7	100	30	80.0	99.3	—	99.8	100H7
24	22	—	23.8	22.8	23.94	24H7	120	30	80.0	119.3	—	119.8	120H7
25	23	—	24.8	24.8	24.94	25H7	140	30	80.0	139.3	—	139.8	140H7
26	24	—	25.8	25.8	25.94	26H7	160	30	80.0	159.3	—	159.8	160H7
28	26	—	27.8	27.8	27.94	28H7	180	30	80.0	179.3	—	179.8	180H7

注：1. 在铸铁上加工直径小于 15mm 的孔时，不用扩孔钻和镗孔。

　　2. 在铸铁上加工直径为 30mm 与 32mm 的孔时，仅用直径为 28mm 与 30mm 的钻头各钻一次。

　　3. 如仅用一次铰孔，则铰孔的加工余量为本表中与精铰的加工余量之和。

　　4. 钻头直径大于 75mm 时采用环孔钻。

表 C-8 按照 7 级或 8 级精度加工预先铸出或冲出的孔　　　　（单位：mm）

加工孔的孔径	粗镗		精镗		粗铰	精铰
	第一次	第二次	镗以后的直径	按照 H11 公差		
30	—	28	29.7	+0.13	29.93	30
35	—	33	34.7	+0.16	34.93	35
40	—	38	39.7	+0.16	39.93	40
45	—	43	44.7	+0.16	44.93	45
50	45	48	49.7	+0.16	49.93	50

（续）

加工孔的孔径	粗镗		精镗		粗铰	精铰
	第一次	第二次	镗以后的直径	按照 H11 公差		
55	51	53	54.5	+0.19	54.92	55
60	56	58	59.5	+0.19	59.92	60
65	61	63	64.5	+0.19	64.92	65
70	66	68	69.5	+0.19	69.90	70
75	71	73	74.5	+0.19	74.90	75
80	75	78	79.5	+0.19	79.90	80
85	80	83	84.3	+0.22	84.85	85
90	85	88	89.3	+0.22	89.75	90
95	90	93	94.3	+0.22	94.85	95
100	95	98	99.3	+0.22	99.85	100

注：1. 如仅用一次铰孔时，则铰孔的加工余量为粗铰与精铰加工余量之和。
　　2. 如铸出的孔有最大加工余量时，则第一次粗镗可以分成两次或多次进行。

表 C-9　半精镗后磨圆孔加工余量及偏差　　　　（单位：mm）

基本尺寸	直径余量					直径
	第一种	第二种		第三种		终磨前半精镗或第三种粗磨（H10）
	经或未经热处理零件的终磨	热处理		热处理前粗磨	热处理后半精磨	
		粗磨	半精磨			
6～10	0.2	—	—	—	—	—
>10～18	0.3	0.2	0.1	0.2	0.3	+0.07
>18～30	0.3	0.2	0.1	0.2	0.3	+0.084
>30～50	0.3	0.2	0.1	0.3	0.4	+0.10
>50～80	0.4	0.3	0.1	0.3	0.4	+0.12
>80～120	0.5	0.3	0.2	0.3	0.5	+0.14
>120～180	0.5	0.3	0.2	0.5	0.5	+0.16

3. 平面加工余量（表 C-10～表 C-12）

表 C-10　平面粗刨后精铣加工余量　　　　（单位：mm）

平面长度	平面宽度		
	≤100	>100～200	>200
≤100	0.6～0.7	—	—
>100～250	0.6～0.8	0.7～0.9	—
>250～500	0.7～1.0	0.75～1.0	0.8～1.1
>500	0.8～1.0	0.9～1.2	0.9～1.2

表 C-11　铣平面加工余量　　　　　　　　　　　　　　（单位：mm）

零件厚度	荒铣后粗铣						粗铣后半精铣					
	宽度≤200			宽度>200~400			宽度≤200			宽度>200~400		
	平面长度											
	≤100	>100~250	>250~400	≤100	>100~250	>250~400	≤100	>100~250	>250~400	≤100	>100~250	>250~400
>6~30	1.0	1.2	1.5	1.2	1.5	1.7	0.7	1.0	1.0	1.0	1.0	1.0
>30~50	1.0	1.5	1.7	1.5	1.5	2.0	1.0	1.0	1.2	1.0	1.2	1.2
>50	1.5	1.7	2.0	1.7	2.0	2.5	1.0	1.3	1.5	1.3	1.5	1.5

表 C-12　磨平面的加工余量　　　　　　　　　　　　　（单位：mm）

零件厚度	第一种						第二种											
	经热处理或未经热处理零件的终磨						热处理后											
							粗磨						半精磨					
	宽度≤200			宽度>200~400			宽度≤200			宽度>200~400			宽度≤200			宽度>200~400		
	平面长度																	
	≤100	>100~250	>250~400	≤100	>100~250	>250~400	≤100	>100~250	>250~400	≤100	>100~250	>250~400	≤100	>100~250	>250~400	≤100	>100~250	>250~400
>6~30	0.3	0.3	0.5	0.3	0.5	0.5	0.2	0.2	0.3	0.2	0.3	0.3	0.1	0.1	0.2	0.1	0.2	0.2
>30~50	0.5	0.5	0.5	0.5	0.5	0.5	0.3	0.3	0.3	0.3	0.3	0.3	0.2	0.2	0.2	0.2	0.2	0.2
>50	0.5	0.5	0.5	0.5	0.5	0.5	0.3	0.3	0.3	0.3	0.3	0.3	0.2	0.2	0.2	0.2	0.2	0.2

4. 齿轮及花键加工（表 C-13~表 C-15）

表 C-13　齿轮精加工余量　　　　　　　　　　　　　　（单位：mm）

模数		2	3	4	5	6	7	8	9	10	11	12
精滚齿或精插齿		0.6	0.75	0.9	1.05	1.2	1.35	1.5	1.7	1.9	2.1	2.2
磨齿		0.15	0.2	0.23	0.26	0.29	0.32	0.35	0.38	0.4	0.45	0.5
剃齿	D　≤50	0.08	0.09	0.1	0.11	0.12	—					
	>50~100	0.09	0.1	0.11	0.12	0.14						
	>100~200	0.12	0.13	0.14	0.15	0.16						

表 C-14　精铣花键的加工余量　　　　　　　　　　　　（单位：mm）

花键轴基本尺寸	花键长度			
	≤100	>100~200	>200~350	>350~500
	花键厚度及直径的加工余量			
≥10~18	0.4~0.6	0.5~0.7	—	—
>18~30	0.5~0.7	0.6~0.8	0.7~0.9	—
>30~50	0.6~0.8	0.7~0.9	0.8~1.0	—
>50	0.7~0.9	0.8~1.0	0.9~1.2	1.2~1.5

表 C-15　磨花键的加工余量　　　　　　　　　　　　　（单位：mm）

花键轴基本尺寸	花键长度			
	≤100	>100~200	>200~350	>350~500
	花键厚度及直径的加工余量			
≥10~18	0.1~0.2	0.2~0.3	—	—
>18~30	0.1~0.2	0.2~0.3	0.2~0.4	—
>30~50	0.2~0.3	0.2~0.4	0.3~0.5	—
>50	0.2~0.4	0.3~0.5	0.3~0.5	0.4~0.6

附录 D　切削用量的确定

1. 车削用量的确定（表 D-1~表 D-4）

表 D-1　根据机床中心高选择刀杆截面尺寸　　　　　　（单位：mm）

中心高	150	180~200	260~300	350~400
矩形截面（高×宽）	20×12	25×16	32×20	40×25
方形截面	16×16	20×20	25×25	32×32

表 D-2　硬质合金及高速钢车刀粗车外圆和端面的进给量

加工材料	车刀刀杆尺寸（高×宽）/mm	工件直径/mm	背吃刀量 a_p/mm				
			≤3	>3~5	>5~8	>8~12	>12
			进给量 f(mm/r)				
碳素结构钢和合金结构钢	16×25	20	0.3~0.4	—	—	—	—
		40	0.4~0.5	0.3~0.4	—	—	—
		60	0.5~0.7	0.4~0.6	0.3~0.5	—	—
		100	0.6~0.9	0.5~0.7	0.5~0.6	0.4~0.5	—
		400	0.8~1.2	0.7~1.0	0.6~0.8	0.5~0.6	—
	20×30 25×25	20	0.3~0.4	—	—	—	—
		40	0.4~0.5	0.3~0.4	—	—	—
		60	0.6~0.7	0.5~0.7	0.4~0.6	—	—
		100	0.8~1.0	0.7~0.9	0.5~0.7	0.4~0.7	—
		600	1.2~1.4	1.0~1.2	0.8~1.0	0.6~0.9	0.4~0.6
	25×40	60	0.6~0.9	1.5~0.8	0.4~0.7	—	—
		100	0.8~1.2	0.7~1.1	0.6~0.9	0.5~0.8	—
		1000	1.2~1.5	0.1~1.5	0.9~1.2	0.8~1.0	0.7~0.8
	30×45 40×60	500	1.1~1.4	1.1~1.4	1.0~1.2	0.8~1.2	0.7~1.1
		2500	1.3~2.0	1.3~1.8	1.2~1.6	1.1~1.5	1.0~1.5

（续）

加工材料	车刀刀杆尺寸(高×宽)/mm	工件直径/mm	背吃刀量 a_p/mm				
			≤3	>3~5	>5~8	>8~12	>12
			进给量 f(mm/r)				
铜合金及铸铁	16×25 20×30 25×25	40	0.4~0.5	—			
		60	0.6~0.8	0.5~0.8	0.4~0.6	—	—
		100	0.8~1.2	0.7~1.0	0.6~0.8	0.5~0.7	
		400	1.0~1.4	1.0~1.2	0.8~1.0	0.6~0.8	
		40	0.4~0.5	—			
		60	0.6~0.9	0.5~0.8	0.4~0.7	—	
		100	0.9~1.3	0.8~1.2	0.7~1.0	0.5~0.8	
		600	1.2~1.8	1.2~1.6	1.0~1.3	0.9~1.1	0.7~0.9
	25×40	60	0.6~0.8	0.5~0.8	0.4~0.7	—	—
		100	1.0~1.4	0.9~1.2	0.8~1.0	0.6~0.9	
		1000	1.5~2.0	1.2~1.8	1.0~1.4	1.0~1.2	0.8~1.0
	30×45 40×60	500	1.4~1.8	1.2~1.6	1.0~1.4	1.0~1.3	0.9~1.2
		2500	1.6~2.4	1.6~2.0	1.4~1.8	1.3~1.7	1.2~1.7

注：1. 加工断续表面及有冲击的加工时，表面的进给量应乘以系数 $k=0.75~0.85$。

2. 加工耐热钢及其合金时，不易采用大于 1.0mm/r 的进给量。

3. 加工淬硬钢时，表面的进给量应乘以系数 k。当材料硬度为 44~56HRC 时，$k=0.8$，当硬度为 57~62HRC 时，$k=0.5$。

表 D-3　硬质合金外圆车刀半精车的进给量

工件材料	表面粗糙度 Ra/μm	车削速度范围/(mm/min)	刀尖圆弧半径 r/mm		
			0.5	1.0	2.0
			进给量 f/(mm/r)		
铸铁、青铜、铝合金	6.3	不限	0.25~0.40	0.40~0.50	0.50~0.60
	3.2		0.15~0.25	0.25~0.40	0.40~0.60
	1.6		0.10~0.15	0.15~0.20	0.20~0.35
碳钢及合金钢	6.3	<50	0.30~0.50	0.45~0.60	0.55~0.70
		>50	0.40~0.55	0.55~0.65	0.65~0.70
	3.2	<50	0.18~0.25	0.25~0.30	0.3~0.40
		>50	0.25~0.30	0.30~0.35	0.35~0.50
	1.6	<50	0.10	0.11~0.15	0.15~0.22
		50~100	0.11~0.16	0.16~0.25	0.25~0.35
		>100	0.16~0.20	0.20~0.25	0.25~0.35

表 D-4　国产焊接和可转位车刀切削用量选用参考表

工件材料	热处理状态	刀具材料	$a_p=0.3~2$mm $f=0.08~0.3$mm/r	$a_p=2~6$mm $f=0.3~0.6$mm/r	$a_p=6~10$mm $f=0.6~1$mm/r
			v_c/(m/min)		
碳素钢	正火	YT15　YT30　YT5R	130~160	90~110	130~160
	调质	YC35　YC45	100~130	70~90	100~130

（续）

工件材料	热处理状态	刀具材料	$a_p = 0.3 \sim 2\text{mm}$ $f = 0.08 \sim 0.3\text{mm/r}$	$a_p = 2 \sim 6\text{mm}$ $f = 0.3 \sim 0.6\text{mm/r}$	$a_p = 6 \sim 10\text{mm}$ $f = 0.6 \sim 1\text{mm/r}$
			$v_c / (\text{m/min})$		
合金钢	正火	YT30　YT5R　YM10	$110 \sim 130$	$70 \sim 90$	$110 \sim 130$
	调质	YW1 YW2 YW3 YC45	$80 \sim 110$	$50 \sim 70$	$80 \sim 110$
不锈钢	正火	YG8　YG6A　YG8N YW3　YM051　YM10	$70 \sim 80$	$60 \sim 70$	$70 \sim 80$
淬火钢	>45HRC	YT510　YM051 YM052	>40HRC $30 \sim 50$	60HRC $20 \sim 30$	—
高锰钢	$(\omega_{Mn}13\%)$	YT5R　YW3　YC35 YS30　YM052	$20 \sim 30$	$10 \sim 20$	—
高温合金	（GH135）	YM051　YM052　YD15	50	—	
	（K14）	YS2T　YD15	$30 \sim 40$	—	
钛合金	—	YS2T　YD15	$a_p = 1.1\text{mm}$ $f = 0.1 \sim 0.3\text{mm/r}$	$a_p = 2\text{mm}$ $f = 0.1 \sim 0.3\text{mm/r}$	$a_p = 3\text{mm}$ $f = 0.1 \sim 0.3\text{mm/r}$
			$36 \sim 65$	$28 \sim 49$	$26 \sim 44$
灰铸铁	<190HBW	YG8　YG8N	$90 \sim 120$	$60 \sim 80$	$50 \sim 70$
	（190～225HBW）	YG3X　YG6X　YG6A	$80 \sim 110$	$50 \sim 70$	$40 \sim 60$
冷硬铸铁	≥45HRC	YG6X　YG8M　YM053 YD15　YS2　YDS15	$a_p = 3 \sim 6$ mm　$f = 0.15 \sim 0.3$ mm/r $15 \sim 17$		

2. 铣削用量的确定（表 D-5～表 D-8）

表 D-5　高速钢面铣刀、圆柱形铣刀和圆盘铣刀铣削时的进给量

（1）粗铣时每齿进给量 $f_z / (\text{mm/z})$

铣床（铣头）功率/kW	工艺系统刚度	粗齿和镶齿铣刀				细齿铣刀			
		面铣刀与圆盘铣刀		圆柱形铣刀		面铣刀与圆盘铣刀		圆柱形铣刀	
		钢	铸铁及铜合金	钢	铸铁及铜合金	钢	铸铁及铜合金	钢	铸铁及铜合金
>10	大	$0.2 \sim 0.3$	$0.3 \sim 0.45$	$0.25 \sim 0.35$	$0.35 \sim 0.50$				
	中	$0.15 \sim 0.25$	$0.25 \sim 0.40$	$0.20 \sim 0.30$	$0.30 \sim 0.40$				
	小	$0.10 \sim 0.15$	$0.20 \sim 0.25$	$0.15 \sim 0.20$	$0.25 \sim 0.30$				
$5 \sim 10$	大	$0.12 \sim 0.20$	$0.25 \sim 0.35$	$0.15 \sim 0.25$	$0.25 \sim 0.35$	$0.08 \sim 0.12$	$0.20 \sim 0.35$	$0.10 \sim 0.15$	$0.12 \sim 0.20$
	中	$0.08 \sim 0.15$	$0.20 \sim 0.30$	$0.12 \sim 0.20$	$0.20 \sim 0.30$	$0.06 \sim 0.10$	$0.15 \sim 0.30$	$0.06 \sim 0.10$	$0.10 \sim 0.15$
	小	$0.06 \sim 0.10$	$0.15 \sim 0.20$	$0.10 \sim 0.15$	$0.12 \sim 0.20$	$0.04 \sim 0.08$	$0.10 \sim 0.20$	$0.06 \sim 0.08$	$0.08 \sim 0.12$
<5	中	$0.04 \sim 0.06$	$0.15 \sim 0.30$	$0.10 \sim 0.15$	$0.12 \sim 0.20$	$0.04 \sim 0.06$	$0.12 \sim 0.20$	$0.05 \sim 0.08$	$0.06 \sim 0.12$
	小	$0.04 \sim 0.06$	$0.10 \sim 0.20$	$0.06 \sim 0.10$	$0.10 \sim 0.15$	$0.04 \sim 0.06$	$0.08 \sim 0.15$	$0.03 \sim 0.06$	$0.05 \sim 0.10$

（续）

（2）半精铣时进给量 f/（mm/r）

要求表面粗糙度 Ra/μm	镶齿面铣刀和圆盘铣刀	圆柱形铣刀					
		铣刀直径 d_0/mm					
		40~80	100~125	160~250	40~80	100~125	160~250
		钢及铸铁			铸铁、铜及铝合金		
6.3	1.2~2.7	—					
3.2	0.5~0.12	1.0~2.7	1.7~3.8	2.3~5.0	1.0~2.3	1.4~3.0	1.9~3.7
1.6	0.23~0.5	0.6~1.5	1.0~2.1	1.3~2.8	0.6~1.3	0.8~1.7	1.1~2.1

注：1. 表中大进给量用于小的铣削深度和铣削宽度；小进给量用于大的铣削深度和铣削宽度。

2. 铣削耐热钢时，进给量与铣削钢时相同，但不大于 0.3mm/z。

表 D-6　硬质合金面铣刀、圆柱形铣刀和圆盘铣刀铣削平面和凸台的进给量

机床功率/kW		钢		铸铁及钢合金	
		每齿进给量 f_z/（mm/z）			
		P10（YT15）	P30（YT5）	K20（YG6）	K30（YG8）
粗铣	5~10	0.09~0.018	0.12~0.18	0.14~0.24	0.20~0.29
	>10	0.12~0.18	0.16~0.24	0.18~0.28	0.25~0.38
精铣	要求达到的粗糙度 Ra/μm	3.2	1.6	0.8	0.4
	每转进给量/（mm/r）	0.5~1.0	0.4~0.6	0.2~0.3	0.15

注：1. 表列数值用于与圆柱铣刀铣削深度 $\alpha_p \leqslant 30$mm；当 $\alpha_p > 30$ 时，进给量应减少 30%

2. 用圆盘铣刀铣槽时，表列进给量应减少一半。

3. 铣削材料的强度或硬度大时，进给量取小值；反之取大值。

4. 上述进给量用于粗铣。精铣时铣刀每转进给量按下表选择。

表 D-7　硬质合金立铣刀铣削平面和凸台的进给量

铣刀类型	铣刀直径 d_0/mm	侧吃刀量 a_e/mm			
		1~3	5	8	12
		每齿进给量 f_z/（mm/z）			
带整体刀头的立铣刀	10~12	0.03~0.025	—	—	—
	14~16	0.06~0.04	0.04~0.03	—	—
	18~22	0.08~0.05	0.06~0.04	0.04~0.03	—
镶螺旋形刀片的立铣刀	20~25	0.12~0.07	0.10~0.05	0.10~0.03	0.08~0.05
	30~40	0.18~0.10	0.12~0.08	0.10~0.06	0.10~0.05
	50~60	0.20~0.10	0.16~0.10	0.12~0.08	0.12~0.06

注：1. 大进给量用于在大功率机床上吃刀量较小的粗铣；小进给量用于在中等功率的机床上吃刀量较大的铣削。

2. 表中所列进给量可得到表面粗糙度值为 $Ra3.2 \sim 6.3$μm 的表面。

表 D-8　P10 硬质合金面铣刀铣削碳钢、铬钢及镍铬钢的切削用量

刀具寿命/min	d_0/z	a_p/mm	铣刀每齿进给量 f_z/（mm/z）															
			0.07			0.1			0.13			0.18			0.24			0.33		
			切削用量																
			v_c	n	v_f	v_c	n	v_f	v_c	n	v_f	v_c	n	v_f	v_c	n	v_f	v_c	n	v_f
180	$\dfrac{100}{5}$	1.5	229	727	218	203	649	259	173	551	331	154	491	393	139	441	463	124	393	550
		5.0	203	645	193	181	575	230	154	511	293	137	436	349	123	391	410	109	348	488
	$\dfrac{125}{4}$	1.5	229	582	140	203	518	166	173	441	212	154	393	251	139	353	296	124	314	352
		5.0	203	516	124	181	460	147	154	391	188	137	349	223	123	313	263	109	278	312
	$\dfrac{160}{6}$	5	203	403	145	181	359	172	154	305	220	137	272	262	123	244	308	109	218	365
		16	281	359	129	161	320	154	137	272	196	122	242	233	109	217	274	97	134	326

（续）

刀具寿命/min	d_0/z	a_p/mm	铣刀每齿进给量 f_z/(mm/z)															
			0.07			0.1			0.13			0.18			0.24			0.33		
			切削用量																	
			v_c	n	v_f	v_c	n	v_f	v_c	n	v_f	v_c	n	v_f	v_c	n	v_f	v_c	n	v_f
240	$\dfrac{200}{8}$	5	191	304	146	170	271	173	145	231	221	129	206	263	116	184	310	103	164	368
		16	170	271	130	152	242	155	129	205	197	115	183	235	103	164	276	92	146	328
	$\dfrac{250}{8}$	5	191	244	117	170	217	139	145	185	177	129	164	211	116	148	248	103	131	295
		16	170	217	104	152	193	124	129	164	158	115	146	187	103	131	221	92	117	262
300	$\dfrac{250}{8}$	5	183	185	111	163	165	132	139	140	168	124	125	200	111	112	235	99	100	280
		16	163	164	99	145	146	118	124	125	149	110	111	178	98	100	209	88	89	249
420	$\dfrac{400}{12}$	5	171	136	98	152	121	116	130	103	149	116	92	176	104	82	208	92	73	247
		16	152	121	87	136	108	104	115	92	132	103	82	157	92	73	185	82	65	220

加工条件改变时切削用量的修正参数

钢的力学性能	R_m/MPa	<560	561~620	621~700	701~789	790~889	890~1000
	硬度/HBW	<160	160~177	180~200	203~226	228~255	257~285
	系数 $k_{Mv}=k_{T_n}=k_{Mv_f}$	1.27	1.13	1.0	0.89	0.79	0.69
实际寿命与标准寿命之比	比值 $T_R:T$	0.5	1.0	1.5	2	3	4
	系数 $k_{Tv}=k_{Tn}=k_{Tv_f}$	1.15	1.0	0.92	0.87	0.8	0.76

常用硬质合金牌号	牌号	YT5	YT14	YT15	YT30
	系数 $k_{tv}=k_{tn}=k_{tv_f}$	0.65	0.8	1.0	1.4

加工条件改变时切削用量的修正参数

毛坯表面状态	表面状态	无外皮	有外皮			
			轧件	锻件	铸件	
					一般	带砂的
	系数 $k_{tv}=k_{tn}=k_{sv_f}$	1.0	0.9	0.8	0.8~0.85	0.5~0.6
铣削宽度与铣刀直径之比	比值 $a_e:d_0$	<0.45		0.45~0.8		>0.8
	系数 $k_{aev}=k_{aen}=k_{aev_f}$	1.13		1.0		0.89
主偏角	主偏角 κ_r/(°)	90	60	45	30	15
	系数 $k_{\kappa_r v}=k_{\kappa_r n}$	0.87	1.0	1.1	1.25	1.6
	$k_{\kappa_r v_f}$	0.7	1.0	1.1	1.65	2.9
铣刀实际齿数与标准齿数之比	比值 $z_r:z$	0.25	0.5	0.8	1.0	1.5	2.5	3.0
	系数 $k_{zv}=k_{zn}$	1.0						
	k_{zv_f}	0.25	0.5	0.8	1.0	1.5	2.5	3.0

3. 钻削用量的确定（表 D-9）

表 D-9 高速钢钻头钻削不同材料的切削用量

加工材料		硬度		切削速度 v/(m/min)	钻头直径/mm					钻头螺旋角 (°)	顶角 (°)	备注
		布氏 (HBW)	洛氏		<3	3~6	6~13	13~19	19~25			
					进给量 f/(mm/r)							
铝及铝合金		45~	62HRB	105	0.08	0.15	0.25	0.40	0.48	32~42	90~118	
铝及铜合金	高加工性	~124	10~70HRB	60	0.08	0.15	0.25	0.40	0.48	15~40	118	
	低加工性	~124	10~70HRB	20	0.08	0.15	0.25	0.40	0.48	0~25	118	
镁及镁合金		50~90	52HRB	45~120	0.08	0.15	0.25	0.40	0.48	25~35	118	
锌合金		80~100	41~62HRB	75	0.08	0.15	0.25	0.40	0.48	32~42	118	
碳钢	~0.25%（质量分数，余同）	125~175	71~88HRB	24	0.08	0.15	0.20	0.26	0.32	25~35	118	
	~0.50%	175~225	88~98HRB	20	0.08	0.13	0.20	0.26	0.32	25~35	118	
	~0.90%	175~225	88~98HRB	17	0.08	0.13	0.20	0.26		25~35	118	
合金钢	0.12%~0.25%	175~225	88~98HRB	21	0.08	0.15	0.20	0.40	0.48	25~35	118	
	0.30%~0.65%	175~225	88~98HRB	15~18	0.05	0.09	0.15	0.21	0.26	25~35	118	
马氏体时效钢		275~325	28~98HRB	17	0.08	0.13	0.20	0.26	0.32	25~35	118~135	
不锈钢	奥氏体	135~185	75~35HRB	17	0.08	0.09	0.15	0.21	0.26	25~35	118~135	用含钴高速钢
	铁素体	135~185	75~90HRB	20	0.08	0.13	0.20	0.26	0.32	25~35	118~135	
	马氏体	135~185	75~88HRB	20	0.08	0.15	0.25	0.40	0.48	25~354	118~135	用含钴高速钢
	沉淀硬化	150~200	82~94HRB	15	0.08	0.09	0.15	0.21	0.26	25~35	118~135	用含钴高速钢
工具钢		196	94HRB	18	0.08	0.13	0.20	0.26	0.32	25~35	118	
		241	24HRC	15	0.08	0.13	0.20	0.26	0.32	25~35	118	
灰铸铁	软	120~150	80HRB	43~46	0.08	0.15	0.25	0.40	0.48	20~30	90~118	
	中硬	160~220	80~97HRB	24~34	0.08	0.13	0.20	0.26	0.32	14~25	90~118	
可锻铸铁		112~126	71HRB	27~37	0.08	0.15	0.20	0.26	0.32	20~30	90~118	
球墨铸铁		190~225	98HRB	18	0.08	0.15	0.20	0.26	0.32	14~25	90~118	
高温合金	镍基	150~300	32HRC	6	0.04	0.08	0.09	0.11	0.13	28~35	118~135	用含钴高速钢
	铁基	180~230	89~99HRB	7.5	0.05	0.09	0.15	0.21	0.26	28~35	118~135	
	钴基	180~230	89~99HRB	6	0.04	0.08	0.09	0.11	0.13	28~35	118~135	
钛及钛合金	纯钛	110~200	94HRB	30	0.05	0.09	0.15	0.21	0.26	30~38	135	
	α 及 α+β	300~360	31~39HRC	12	0.05	0.09	0.15	0.21	0.32	30~38	135	用含钴高速钢
	β	275~350	29~38HRC	7.5	0.04	0.08	0.09	0.11	0.13	30~38	135	
碳		—	—	18~21	0.04	0.08	0.09	0.11	0.13	25~35	90~118	
塑料		—	—	30	0.08	0.13	0.20	0.26	0.32	15~25	118	
硬橡胶		—	—	30~90	0.05	0.09	0.15	0.21	0.26	10~20	90~118	

4. 镗孔切削用量的确定（表 D-10）

表 D-10　卧式镗床的镗销用量 　　　　　(v：m/min，f：mm/r)

加工方式	刀具材料	刀具类型	铸铁		钢（包括铸钢）		铜、铝及其合金		直径/mm
			v	f	v	f	v	f	
粗镗	高速钢	钻头	20~35	0.3~1.0	20~40	0.3~1.0	100~150	0.4~1.5	5~8
		镗刀块	25~40	0.3~0.8	—	—	120~150	0.4~1.5	
	硬质合金	钻头	40~80	0.3~1.0	40~60	0.3~1.0	200~250	0.4~1.5	
		镗刀块	35~60	0.3~0.8	—	—	200~250	0.4~1.0	
半精镗	高速钢	钻头	25~40	0.2~0.4	30~50	0.2~0.8	150~200	0.2~1.0	1.5~3
		镗刀块	30~40	0.2~0.6	—	—	150~200	0.2~1.0	
		粗铰刀	15~25	2.0~5.0	10~20	0.5~3.0	30~50	2.0~5.0	0.3~0.8
	硬质合金	钻头	60~100	0.2~0.8	80~120	0.2~0.8	250~300	0.2~0.8	1.5~3
		镗刀块	50~80	0.2~0.6	—	—	250~300	0.2~0.6	
		精铰刀	30~50	3.0~5.0	—	—	80~120	3.0~5.0	0.3~0.8
精镗	高速钢	钻头	15~30	0.15~0.5	20~35	0.1~0.6	150~200	0.2~1.0	0.6~1.2
		镗刀块	8~15	1.0~4.0	6.0~12	1.0~4.0	20~30	1.0~4.0	
		精铰刀	10~20	2.0~5.0	10~20	0.5~3.0	30~50	2.0~5.0	0.1~0.4
	硬质合金	钻头	50~80	0.15~0.5	60~100	0.15~0.5	200~250	0.15~0.5	0.6~1.2
		镗刀块	20~40	1.0~4.0	8.0~20	1.0~40	30~50	1.0~4.0	
		精铰刀	30~50	2.5~5.0	—	—	50~100	2.0~5.0	0.1~0.4

注：1. 镗杆以镗套支承时，v 取中间值；镗杆悬伸时，v 取小值。

　　2. 当加工孔径较大时，a_p 取大值；加工孔径较小，且加工精度要求较高时，a_p 取小值。

5. 磨削用量的确定（表 D-11~表 D-15）

表 D-11　外圆磨削砂轮速度

砂轮速度/(m/s)	陶瓷结合剂砂轮	≤35
	树脂结合剂砂轮	>50

表 D-12　纵进给粗磨外圆磨削用量

(1)工件速度							
工件磨削表面直径 d_w/mm	20	30	50	80	120	200	300
工件速度 v_w/(m/min)	10~20	11~22	12~24	13~26	14~28	15~30	17~34

(2)纵向进给量=(0.5~0.8)b_s，b_s 为砂轮宽度(mm)

(3)背吃刀量 a_p					
工件磨削表面直径 d_w/mm	工件速度 v_w/(m/min)	工件纵向进给量 f_a(以砂轮宽度计)/(mm/r)			
		0.5	0.6	0.7	0.8
		工作台单行程磨削深度 a_p/(mm/s)			
0.01082 0.00900 0.0077	10	0.0216	0.0180	0.0154	0.0135
	15	0.0144	0.0120	0.0103	0.0090
	20	0.0108	0.0090	0.0077	0.0068

（续）

工件磨削表面直径 d_w/mm	工件速度 v_w/(m/min)	工件纵向进给量 f_a（以砂轮宽度计）/(mm/r)			
		0.5	0.6	0.7	0.8
		工作台单行程磨削深度 a_p/(mm/s)			
30	11	0.0222	0.0185	0.0158	0.0139
	16	0.0152	0.0127	0.0109	0.0096
	22	0.0111	0.092	0.0079	0.0070
		0.0237	0.0197	0.0169	0.0148
	18	0.0157	0.0132	0.0113	0.0099
	24	0.0118	0.0098	0.0084	0.0074
80	13	0.0242	0.0201	0.0172	0.0151
	19	0.0165	0.0138	0.0118	0.0103
	26	0.0126	0.0101	0.0086	0.0078
120	14	0.0264	0.0220	0.0189	0.0165
	21	0.0176	0.0147	0.0126	0.0110
	28	0.0132	0.0110	0.0095	0.0083
200	15	0.0287	0.0239	0.0205	0.0180
	22	0.0196	0.0164	0.0140	0.0122
	30	0.0144	0.0120	0.0103	0.0090
300	17	0.0287	0.0239	0.0205	0.0179
	25	0.0195	0.0162	0.0139	0.0121
	34	0.0143	0.0119	0.0102	0.0089

背吃刀量 a_p 的修正系数

与砂轮耐用度及直径有关 k_1					与工件材料有关 k_2	
耐用度 T/s	砂轮直径 d_s				加工材料	系数
	400	500	600	750		
360	1.25	1.4	1.6	1.8	耐热钢	0.85
540	1.0	1.12	1.25	1.4	淬火钢	0.95
900	0.8	0.9	1.0	1.12	非淬火钢	1.0
1440	0.63	0.71	0.8	0.9	铸铁	1.05

注：工作台往复一次行程磨削深度 a_p 应将表列数值乘以2。

表 D-13 精磨外圆磨削用量

（1）工件速度/(m/min)

工件磨削表面直径 d_w/mm	加工材料		工件磨削表面直径 d_w/mm	加工材料	
	非淬火钢及铸铁	淬火钢及耐热钢		非淬火钢及铸铁	淬火钢及耐热钢
20	15~30	20~30	120	30~60	35~60
30	18~35	22~35	200	35~70	40~70
50	20~40	25~40	300	40~80	50~80
80	25~50	30~50			

（续）

（2）纵向进给量

表面粗糙度 $Ra = 0.8\mu m$ 　$f_a = (0.4 \sim 0.6)d_s$ mm；表面粗糙度 $Ra 0.2 \sim 0.4\mu m$ 　$f_a = (0.4 \sim 0.6)Q_s$ mm

（3）磨削深度 a_p

工件磨削表面直径 d_w/mm	工件速度 v_w/(m/min)	工件纵向进给量 f_a/(mm/r)								
		10	12.5	16	20	25	32	40	50	63
		工作台单行程磨削深度 a_p/(mm/行程)								
20	16	0.0112	0.0090	0.0070	0.0056	0.0045	0.0035	0.0028	0.0022	0.0018
	20	0.0090	0.0072	0.0056	0.0045	0.0036	0.0028	0.0022	0.0018	0.0014
	25	0.0072	0.0058	0.0045	0.0036	0.0028	0.0022	0.0018	0.0014	0.0011
	32	0.0056	0.0045	0.0035	0.0028	0.0023	0.0018	0.0014	0.0011	0.0009
30	20	0.0109	0.0088	0.0069	0.0055	0.0044	0.0034	0.0027	0.0022	0.0017
	25	0.0087	0.0070	0.0055	0.0044	0.0035	0.0027	0.0022	0.0018	0.0014
	32	0.0068	0.0054	0.0043	0.0034	0.0027	0.0021	0.0017	0.0014	0.0011
	40	0.0054	0.0043	0.0034	0.0027	0.0022	0.0017	0.0014	0.0011	0.0009
50	23	0.0123	0.0099	0.0077	0.0062	0.0049	0.0039	0.0031	0.0025	0.0020
	29	0.0098	0.0079	0.0061	0.0049	0.0039	0.0031	0.0025	0.0020	0.0016
	36	0.0079	0.0064	0.0049	0.0040	0.0032	0.0025	0.0020	0.0016	0.0013
	45	0.0063	0.0051	0.0039	0.0032	0.0025	0.0020	0.0016	0.0013	0.0010
80	25	0.0143	0.0115	0.0090	0.0072	0.0058	0.0045	0.0036	0.0029	0.0023
	32	0.0112	0.0090	0.0071	0.0056	0.0045	0.0035	0.0028	0.0023	0.0018
	40	0.0090	0.0072	0.0057	0.0045	0.0036	0.0028	0.0022	0.0018	0.0014
	50	0.0072	0.0058	0.0046	0.0036	0.0029	0.0022	0.0018	0.0014	0.0011
120	30	0.0146	0.0117	0.0092	0.0074	0.0059	0.0046	0.0037	0.0029	0.0023
	38	0.0115	0.0093	0.0073	0.0058	0.0046	0.0036	0.0029	0.0023	0.0018
	48	0.0091	0.0073	0.0058	0.0046	0.0037	0.0029	0.0019	0.0015	
	60	0.0073	0.0059	0.0047	0.0037	0.0030	0.0023	0.0018	0.0015	0.0012
200	35	0.0162	0.0128	0.0101	0.0081	0.0065	0.0051	0.0041	0.0032	0.0026
	44	0.0129	0.0102	0.0080	0.0065	0.0052	0.0040	0.0032	0.0026	0.0021
	55	0.0103	0.0081	0.0064	0.0052	0.0042	0.0032	0.0026	0.0021	0.0017
	70	0.0080	0.0064	0.0050	0.0041	0.0033	0.0025	0.0020	0.0016	0.0013
300	40	0.0174	0.0139	0.0109	0.0087	0.0070	0.0054	0.0044	0.0035	0.0028
	50	0.0139	0.0111	0.0087	0.0070	0.0056	0.0043	0.0035	0.0028	0.0022
	63	0.0110	0.0088	0.0069	0.0056	0.0044	0.0034	0.0028	0.0022	0.0018
	70	0.0099	0.0079	0.0062	0.0050	0.0039	0.0031	0.0025	0.0020	0.0016

（4）磨削深度的修正系数

与加工精度有关的 k_1							与加工材料及砂轮直径有关 k_2					
精度等级	直径余量/mm						加工材料	砂轮直径 d_s/mm				
	0.11～0.15	0.2	0.3	0.5	0.7	1.0		400	500	600	750	900
IT5	0.4	0.5	0.63	0.8	1.0	1.12	耐热钢	0.55	0.6	0.71	0.8	0.85

表 D-14　内圆磨削砂轮速度选择

砂轮直径/mm	<8	9~12	13~18	19~22	23~25	26~30	31~33	34~41	42~49	>50
磨钢、铸铁时速度/(m/s)	10	14	18	20	21	23	24	26	27	30

表 D-15　粗磨内圆磨削用量

(1)工件速度

工件磨削表面直径 d_w/mm	10	20	30	50	80	120	200	300	400
工件速度 v_w/(m/min)	10~20	10~20	12~24	15~30	18~36	20~40	23~46	28~56	35~70

(2)纵向进给量　$f_a = (0.5\sim0.8)b_s$；b_s 为砂轮宽度(mm)

(3)磨削深度

工件磨削表面直径 d_w/mm	工件速度 v_w/(m/min)	工件纵向进给量 f_a(以砂轮宽度计)			
		0.5	0.6	0.7	0.8
		工作台一次往复行程磨削深度 a_p/(mm/行程)			
20	10	0.0080	0.0067	0.0057	0.0050
	15	0.0053	0.0044	0.0038	0.0033
	20	0.0040	0.0033	0.0029	0.0025
25	10	0.0100	0.0083	0.0072	0.0063
	15	0.0066	0.0055	0.0047	0.0041
	20	0.050	0.0042	0.0036	0.0031
30	11	0.0109	0.0091	0.0078	0.0068
	16	0.0075	0.00625	0.00538	0.0047
	20	0.006	0.0050	0.0043	0.0038
35	12	0.0116	0.0097	0.0083	0.0073
	18	0.0078	0.0065	0.0056	0.0049
	20	0.0059	0.0049	0.0042	0.0037
40	13	0.0123	0.0103	0.0088	0.0077
	20	0.0080	0.0067	0.0057	0.0050
	26	0.0062	0.0051	0.0044	0.0038
50	14	0.0143	0.0119	0.0102	0.0089
	21	0.096	0.00795	0.0068	0.0060
	29	0.0069	0.00575	0.0049	0.0043
60	16	0.0150	0.0125	0.0107	0.0094
	24	0.0100	0.0083	0.0071	0.0063
	32	0.0075	0.0063	0.0054	0.0047
80	17	0.0188	0.0157	0.0134	0.0117
	25	0.0128	0.0107	0.0092	0.0080
	33	0.0097	0.0081	0.0069	0.0061
120	20	0.024	0.020	0.0172	0.015
	30	0.016	0.0133	0.0114	0.010
180	25	0.0288	0.0240	0.0206	0.0179
	37	0.0194	0.0162	0.0139	0.0121
	49	0.0147	0.0123	0.0105	0.0092

（续）

（3）磨削深度

工件磨削表面 直径 d_w/mm	工件速度 v_w/(m/min)	工件纵向进给量 f_a（以砂轮宽度计）			
		0.5	0.6	0.7	0.8
		工作台一次往复行程磨削深度 a_p/（mm/行程）			
200	26	0.0308	0.0257	0.0220	0.0192
	38	0.0211	0.0175	0.0151	0.0132
	52	0.0154	0.0128	0.0110	0.0096
250	27	0.0370	0.0308	0.0264	0.0231
	40	0.0250	0.0208	0.0178	0.0156
	54	0.0185	0.0154	0.0132	0.0115
300	30	0.0400	0.0333	0.0286	0.0250
	42	0.0286	0.0238	0.0204	0.0178
	55	0.0218	0.0182	0.0156	0.0179
400	33	0.0485	0.0404	0.0345	0.0302
	44	0.0364	0.0303	0.0260	0.0227
	56	0.0286	0.0238	0.0204	0.0179

（4）磨削深度 a_p 的修正系数

与砂轮耐用度有关 k_1						与砂轮直径 d_s 及工件孔径 d_w 之比 k_2			
T/s	≤96	150	240	360	600	$\dfrac{d_s}{d_w}$	0.4	≤0.7	>0.7
k_1	1.25	1.0	0.8	0.62	0.5	k_2	0.63	0.8	1.0

（5）与砂轮直径及工件材料有关 k_3

工件材料	v_s/mm		
	18~22.5	≤22.5~28	≤28~35
耐热钢	0.68	0.76	0.85
淬火钢	0.76	0.85	0.95
非淬火钢	0.80	0.90	1.0
铸铁	0.83	0.94	1.05

注：工作台单行程的磨削深度 a_p 应将表列数值除以2。

附录 E　辅助工时的确定

1. 普通车床辅助工时的确定（表 E-1~表 E-4）

表 E-1　普通车床上装夹工件时间　　　　　　　　（单位：min）

装夹方法	加力 方法	工件质量/kg								
		0.5	1	2	3	5	8	15	25	100
自定心卡盘	手动	0.07	0.08	0.09	0.1	0.11	0.13	0.18	—	—
自定心卡盘与顶尖	手动	0.09	0.10	0.11	0.12	0.14	0.18	0.26	0.37	—
两个顶尖或自定心卡盘与中心架	手动	0.05	0.06	0.06	0.07	0.08	0.1	0.15	0.22	1.10

（续）

装夹方法	加力方法	工件质量/kg								
		0.5	1	2	3	5	8	15	25	100
专用夹具螺栓压板夹紧	手动	—	—	—	0.42	0.44	0.47	0.55	0.67	—
两个顶尖、顶尖与卡盘或制动销	气动	0.03	0.03	0.04	0.04	0.04	0.05	0.06	0.07	—
自定心卡盘或可胀心轴	气动	0.03	0.03	0.04	0.04	0.05	0.06	0.08	—	

注：1. 本表时间包括伸手取工件装到卡盘或顶尖间，开动气阀或转动顶尖手轮或用扳手夹紧工件，最后手离工件、扳手或手轮。

2. 长工件经主轴孔装入时加 0.01min。

3. 需要装心轴的工件，装夹时间加 0.07min。

表 E-2　普通车床松开卸下工件时间　　（单位：min）

装夹方法	加力方法	工件质量/kg								
		0.5	1	2	3	5	8	15	25	100
自定心卡盘	手动	0.06	0.06	0.07	0.07	0.08	0.1	0.14	—	
自定心卡盘与顶尖	手动	0.07	0.07	0.08	0.09	0.11	0.13	0.2	0.28	
两个顶尖或自定心卡盘与中心架	手动	0.03	0.03	0.04	0.04	0.04	0.07	0.12	0.19	0.76
专用夹具螺栓压板夹紧	手动	—	—	—	0.12	0.19	0.22	0.30	0.42	
两个顶尖、顶尖与卡盘或制动销	气动	0.02	0.02	0.03	0.03	0.03	0.03	0.05	0.06	
自动定心卡盘或可胀心轴	气动	0.02	0.02	0.03	0.03	0.04	0.05	0.07	—	

注：1. 本表时间包括伸手伸向扳手或气阀，取扳手，松开夹具或开动气阀，从夹具上取下工件、放下，最后手离工件。

2. 长工件经主轴孔卸下时加 0.01min。

3. 需要装心轴的工件，松卸时间加 0.05min。

4. 工件掉头或松开转动一定角度的时间，按一次装夹、一次松卸时间之和的 60% 计算。

表 E-3　普通车床操作机床时间　　（单位：min）

操作名称			时间		操作名称		时间
使主轴回转	用按钮		0.01		对刀		0.02
	用杠杆		0.02		接通或停止走刀		0.01
纵向移动大托板	移动距离/mm	靠近工件	离开工件		转动刀架 90°		0.02
	50	0.03	0.02		使主轴完全停止回转	C616	0.01
	100	0.04	0.03			其他机床	0.03
	200	0.06	0.05				
	300	0.08	0.07		移动尾座		0.06
横向移动大托板	20	0.03	0.02				
	40	0.04	0.03		尾座装刀或卸刀		0.04
	60	0.05	0.04		主轴变速		0.04
	80	0.07	0.06		变换进给量		0.03
	100	0.09	0.06				

表 E-4　普通车床上测量工件时间　　　　　　　　　　（单位：min）

(1) 测量直径

直径/mm		30	50	75	100	150	>150
测量方法	用卡规、塞规（精度 0.01~0.1μm）	0.06	0.07	0.08	0.09	0.1	0.11
	用游标卡尺（精度 0.01~0.1μm）	0.08	0.09	0.1	0.11	0.15	0.18
	用卡规、塞规（精度 0.11~0.3μm）	0.05	0.06	0.07	0.08	0.09	0.10
	用游标卡尺（精度 0.01~0.1μm）	0.07	0.08	0.09	0.1	0.13	0.15

(2) 测量螺纹

螺纹直径/mm	30	50	100	>100
时间	0.17	0.19	0.21	0.27

(3) 测量长度

长度/mm		30	50	70	100	150	>150
测量方法	用游标卡尺	0.08	0.09	0.1	0.11	0.12	0.14
	用样板	0.06	0.07	0.08	0.09	0.11	

注：1. 测量工件包括伸手取量具、测量，放下工件、量具。

　　2. 本表是测量一次的时间，单件定额的测量时间等于表中时间乘测量的百分比。

2. 万能卧式、立式铣床辅助工时的确定（见表 E-5 ~ 表 E-9）

表 E-5　万能卧式、立式铣床上装夹工件时间　　　　　　　　（单位：min）

定位方法	夹紧方法	工件质量/kg									
		0.5	1	2	3	5	8	15	25	50	75
平面凸台或 V 形块	带拉杆的压板手动	0.04	0.04	0.05	0.06	0.07	0.1	0.16		0.6	0.8
	带拉杆的压板气动	0.03	0.03	0.04	0.05	0.06	0.08	0.1	0.15		
	带快换垫圈的压板手动	0.11	0.11	0.12	0.13	0.14	0.16	0.21	0.4		
	带快换垫圈的压板气动	0.05	0.06	0.07	0.08	0.09	0.11	0.17			
销子	带拉杆的压板手动	0.06	0.07	0.08	0.09	0.1	0.12	0.18	0.3	0.24	
	带拉杆的压板气动	0.05	0.06	0.07	0.08	0.09	0.11	0.16	0.2		
	带快换垫圈的压板手动	0.12	0.12	0.13	0.14	0.15	0.17	0.22			
	带快换垫圈的压板气动	0.06	0.07	0.08	0.09	0.1	0.12	0.18	0.22		
机用虎钳	手动	0.05	0.06	0.07	0.09						
	气动	0.03	0.04	0.05							
自定心卡盘、顶尖	气动	0.04	0.05	0.06							
	手动		0.06	0.07	0.08	0.09	0.11				
孔或凹座	带拉杆的压板气动	0.06	0.07	0.08	0.09	0.10	0.12	0.08	0.22		
	不夹紧	0.03	0.03	0.04							
心轴	带快换垫圈的压板手动	0.12	0.12	0.13							
	带快换垫圈的压板气动	0.05	0.06	0.07	0.08	0.09	0.10				

注：1. 本表时间包括伸手取工件装到夹具上，开动气阀或用扳手夹紧工件，最后手离开工件或扳手。

　　2. 需要定向的装夹，增加 0.01min。

　　3. 多件装夹的时间折算系数：2~3 件，0.7；4~6 件，0.6；7~12 件，0.5。

表 E-6　万能卧式、立式铣床上松开卸下工件时间　　　　（单位：min）

定位方法	夹紧方法	工件质量/kg									
		0.5	1	2	3	5	8	15	25	50	75
平面凸台或V形块	带拉杆的压板手动	0.03	0.03	0.04	0.05	0.06	0.09	0.15		0.4	0.5
	带拉杆的压板气动	0.02	0.02	0.03	0.04	0.05	0.07	0.09	0.12		
	带快换垫圈的压板手动	0.05	0.05	0.06	0.07	0.08	0.11	0.17	0.3		
	带快换垫圈的压板气动	0.04	0.04	0.05	0.06	0.07	0.10	0.16			
销子	带拉杆的压板手动	0.05	0.06	0.07	0.08	0.09	0.11	0.17	0.28	0.22	
	带拉杆的压板气动	0.04	0.05	0.06	0.07	0.08	0.10	0.15	0.19		
	带快换垫圈的压板手动	0.06	0.06	0.07	0.08	0.11	0.17				
	带快换垫圈的压板气动	0.05	0.05	0.06	0.07	0.08	0.10	0.16	0.2		
机用虎钳、自定心卡盘	手动	0.04	0.05	0.06	0.08						
	气动	0.02	0.03	0.04							
	气动	0.03	0.04	0.05							
	手动		0.05	0.06	0.07	0.08	0.1				
孔或凹座	带拉杆的压板气动	0.05	0.06	0.07	0.08	0.09	0.11	0.17	0.21		
	不夹紧	0.02	0.02	0.03							
心轴	带快换垫圈的压板手动	0.06	0.06	0.07							
	带快换垫圈的压板气动	0.04	0.05	0.06	0.07	0.08	0.09				

注：1. 本表时间包括手伸向气阀或取扳手，松开工件，取出，最后手离工件或扳手。
2. 多件松卸的时间折算系数：2~3件，0.7；4~6件，0.6；7~12件，0.5。

表 E-7　在万能卧式、立式铣床上操作时间　　　　（单位：min）

操作名称		时间	
开动、停止主轴回转	用按钮	0.01	
接通工作台移动	用按钮	0.01	
改变工作台移动方向	用手柄	0.01	
打开或关闭切削液开关		0.02	
	移动距离/mm	靠近时间	离开时间
纵向快速移动工作台	50	0.03	0.02
	100	0.05	0.04
	200	0.07	0.06
	300	0.10	0.09
	500	0.18	0.17
横向快速移动工作台	25	0.04	0.03
	50	0.06	0.05
	100	0.09	0.08
升降工作台	10	0.20	
	20	0.03	

（续）

操作名称	时间		
用刷子清除夹具上切屑	工件质量/kg	从平面上清除	从凹座内清除
	≤5	0.03	0.04
	5~15	0.06	0.08
	15~25	0.10	0.12
转动夹具	转动部分质量/kg	转45°	转90° / 转180°
	30	0.02	0.02 / 0.03
	50	0.02	0.03 / 0.04
	100	0.03	0.04 / 0.05
转动工件	工件质量/kg	气动夹紧	手动夹紧
	0.5	0.03	0.04
	3	0.04	0.06
	15	0.05	0.08
	25	0.06	0.1
	50	0.07	0.12

注：1. 多件加工的除屑时间折算系数：2~3件，0.7；4~6件，0.6；7~12件，0.5。

2. 转动夹具包括拔出定位销、转位、对定等。

3. 转动工件包括松开工件、翻转、重新装夹等。

表 E-8　在万能立式、卧式铣床上测量工件的时间　（单位：min）

测量长度/mm		30.00	50.00	75.00	100.00	150.00	300.00
测量方法和位置	游标卡尺测平面	0.10	0.12	0.14	0.16	0.18	0.20
	样板测槽面	0.07	0.08	0.09			
	样板测平面	0.04	0.05	0.06			

表 E-9　立式和摇臂钻床上装夹工件时间　（单位：min）

定位方法	夹紧方法	加力方法	工件质量/kg									
			0.5	1	2	3	5	8	15	25	35	50
平面或V形块	压板	手动	0.04	0.05	0.05	0.06	0.07	0.08	0.10	0.18	0.24	0.28
	带手轮螺杆	手动	0.05	0.06	0.07	0.08	0.10	0.12	0.15			
	机用虎钳	手动	0.03	0.03	0.04	0.05	0.06	0.07	0.09			
	自定心卡盘	手动	0.06	0.07	0.08	0.09	0.11	0.14	0.17			
	压板	气动	0.02	0.03	0.04	0.05	0.06	0.07	0.09			
	自定心卡盘或可胀心轴	气动	0.02	0.02	0.03	0.04	0.05	0.06	0.08			
	不夹紧		0.01	0.02	0.02	0.03	0.04	0.05	0.07			
L<100mm 销子	压板	手动	0.05	0.05	0.06	0.06	0.08	0.09	0.11	0.20	0.26	0.30
	带手轮螺杆	手动	0.06	0.07	0.08	0.09	0.11	0.13	0.17			
	压板或可胀心轴	气动	0.03	0.04	0.05	0.06	0.07	0.08	0.10			
	不夹紧		0.02	0.02	0.03	0.03	0.04	0.05	0.08			

（续）

定位方法	夹紧方法	加力方法	工件质量/kg									
			0.5	1	2	3	5	8	15	25	35	50
L>100mm 销子	压板	手动	0.06	0.06	0.06	0.07	0.08	0.10	0.12			
	不夹紧		0.03	0.04	0.04	0.05	0.06	0.07	0.09			
孔凹座	带手轮螺杆	手动	0.05	0.06	0.07	0.08	0.10	0.12	0.15			
	不夹紧		0.01	0.02	0.02	0.03	0.04	0.05	0.07			
	压板	手动	0.04	0.05	0.05	0.06	0.07	0.10	0.10	0.18		

注：1. 本表时间包括伸手取工件装到夹具上，扳动手柄夹紧工件，最后手离手柄。

2. 需要定向的装夹，时间加 0.1min。

3. 液压夹紧与气动夹紧时间相同。

3. 磨床辅助工时的确定（表 E-10~表 E-13）

表 E-10　外圆磨床装夹和松卸工件时间　　　　　　　（单位：min）

装夹方法		工件质量/kg								
		0.5	1	2	3	5	8	15	25	35
装在两顶尖间,手柄或踏板液压(弹簧)夹紧	装	0.05	0.05	0.06	0.06	0.07	0.08	0.11	0.15	0.19
	卸	0.03	0.03	0.04	0.04	0.04	0.04	0.05	0.08	0.10
装在心轴上,用扳手固定,手柄或踏板液压(弹簧)夹紧	装	0.13	0.14	0.15	0.16	0.18	0.21	0.27		
	卸	0.06	0.07	0.08	0.09	0.12	0.15	0.23		
装在带锥度心轴上,手柄或踏板液压(弹簧)夹紧	装	0.05	0.06	0.06	0.07	0.07				
	卸	0.04	0.05	0.05	0.06	0.06				
鸡心夹装在带中心孔的工件上,手柄或踏板液压(弹簧)夹紧	装	0.06	0.08	0.09	0.11	0.15				
	卸	0.04	0.05	0.06	0.07	0.09				
装在自定心卡盘上手动夹紧	装	0.07	0.08	0.09						
	卸	0.06	0.07	0.08						

注：1. 装夹工件的内容包括伸手取工件，把工件装到夹具上、夹紧，最后手离工件。

2. 松开卸下工件的工作内容包括手伸向手柄或扳手，松开工件，取下后手离工件。

表 E-11　内圆磨床装夹和松卸工件时间　　　　　　　（单位：min）

装夹方法		工件质量/kg						
		0.5	1	2	3	5	8	15
以外圆或齿形定位液压夹紧	装	0.06	0.06	0.07	0.08	0.08	0.08	
	卸	0.03	0.03	0.04	0.04	0.05	0.05	
装在自定心卡盘上手动夹紧	装	0.10	0.10	0.12				
	卸	0.09	0.09	0.10				
齿轮套上隔离圈装在卡盘上液压夹紧	装	0.08	0.08	0.09	0.09	0.1	0.1	0.11
	卸	0.05	0.05	0.06	0.06	0.07	0.07	0.08
以柱销或钢球置于齿上装入卡盘,手动夹紧	装	0.14	0.18	0.29	0.4			
	卸	0.09	0.10	0.11	0.12			

注：本表时间所包含的工作内容同外圆磨床。

表 E-12 磨床操作时间 （单位：min）

操作名称			时间	
开动或停止工件、砂轮转动、工作台往复运动			0.02	
接通砂轮快速引进或退出			0.02	
纵向引进或退出砂轮/mm	200		0.04	
	300		0.05	
	400		0.06	
横向引进或退出砂轮/mm	使用设备		引进	退出
	M1631 M1632		0.04	0.03
	其他外圆磨		0.03	0.03
	往复平面磨		0.02	0.02
手动对刀　磨外圆			0.03	
磨外圆和端面			0.05	
磨有长度公差要求的端面			0.08	
磨内圆			0.04	
磨内圆和端面			0.07	
往复平面磨磨平面			0.06	
拉上防护罩			0.02	
取下杠杆百分表			0.01	
清除工作台切屑			0.18	

注：1. 放置杠杆百分表重合于工作进刀。

2. 手动退刀重合于砂轮退出。

3. 计算单件定额时，清除工作台切屑时间除以同时磨削件数。

表 E-13 磨床上测量工件时间

（1）用卡规测量工件外圆

直径/mm		30	50	75
测量精度/mm	0.01~0.05	0.05	0.06	0.07
	0.06~0.15	0.04	0.05	0.06
	0.16~0.30	0.03	0.04	0.05

（2）千分尺测量外圆

直径/mm		30	50	75
测量精度/mm	0.01~0.05	0.07	0.08	0.09
	0.06~0.15	0.06	0.07	0.08

（3）千分尺测量长度

长度/mm	30	50	75
时间/min	0.06	0.07	0.08

（续）

(4)用卡规测量厚度			
厚度/mm		10	30
测量精度/mm	0. 6~0. 10	0. 06	0. 07
	0. 11~0. 20	0. 05	0. 06

(5)用塞规测量孔							
孔径/mm		25	35	50	65	80	100
测量精度/mm	0. 01~0. 05	0. 07	0. 08	0. 09	0. 1	0. 13	0. 16
	0. 06~0. 15	0. 06	0. 07	0. 08	0. 09		

(6)用内径千分尺测量孔(测量精度 0. 01~0. 05μm)					
孔径/mm	35	50	65	80	100
时间/min	0. 09	0. 10	0. 11	0. 12	0. 13

参 考 文 献

[1]　王先逵. 机械加工工艺手册 ［M］. 3 版. 北京：机械工业出版社，2023.

[2]　郑修本. 机械制造工艺学 ［M］. 3 版. 北京：机械工业出版社，2017.

[3]　杜玉雪，朱焕池. 机械制造工艺学（3D 版）［M］. 北京：机械工业出版社，2025.

[4]　刘晓红，张鹏飞. 机械制造工艺与工装 ［M］. 5 版. 北京：高等教育出版社，2024.

[5]　王道林，吴修娟. 机械制造工艺 ［M］. 北京：机械工业出版社，2022.

[6]　陈明. 机械制造工艺学 ［M］. 2 版. 北京：机械工业出版社，2021.

[7]　王玉玲，李长河. 机械制造工艺学 ［M］. 北京：北京理工大学出版社，2018.

[8]　常同立. 机械制造工艺学 ［M］. 2 版. 北京：清华大学出版社，2018.

[9]　朱焕池. 机械制造工艺学 ［M］. 2 版. 北京：机械工业出版社，2020.

[10]　武友德，苏珉. 机械加工工艺 ［M］. 3 版. 北京：北京理工大学出版社，2021.

[11]　张进生，王飞，孙芹等. 机械制造工艺学 ［M］. 北京：机械工业出版社，2020.

[12]　沈永松，游震洲. 机械制造工艺学 ［M］. 北京：科学出版社，2016.

[13]　任青剑. 精密机械制造工艺设计——阅读与学习 ［M］. 西安：西安电子科技大学出版社，2017.

[14]　陈洪涛. 数控加工工艺与编程 ［M］. 4 版. 北京：高等教育出版社，2021.

[15]　王先逵. 机械制造工艺学 ［M］. 北京：机械工业出版社，2019.

[16]　吴瑞明. 机械制造工艺学课程设计 ［M］. 2 版. 北京：机械工业出版社，2024.

[17]　王丹，韩学军. 机械加工工艺 ［M］. 北京：机械工业出版社，2022.

[18]　闵小琪，陶松桥. 机械制造工艺 ［M］. 3 版. 北京：高等教育出版社，2018.

[19]　卞洪元. 机械制造工艺与夹具 ［M］. 3 版. 北京：北京理工大学出版社，2021.

[20]　李益民. 机械制造工艺设计简明手册 ［M］. 2 版. 北京：机械工业出版社，2017.